AIoT智能物联网全栈测试技术
从原理到实战

AIoT Full-Stack Testing
From Theory to Practice

陈　洋
刘丽娟　｜主编
王　康

化学工业出版社

·北京·

内容简介

本书旨在为 AIoT 测试从业者提供完整的智能物联网测试知识体系与实用工具，助力解决实际测试难题。本书从智能物联网测试的角度出发，首先阐述了智能物联网的体系结构与测试框架，然后着重介绍了智能物联网传感器、操作系统、通信网络、云服务平台、AI、安全、隐私等维度的技术基础以及测试要点，最后还介绍了不同类型智能家居产品的测试案例。

本书不仅可供智能物联网硬件、软件以及交互等方向的开发工程师和测试工程师参考，同样也可作为高等院校物联网课程的教材。

图书在版编目（CIP）数据

AIoT 智能物联网全栈测试技术 ： 从原理到实战 / 陈洋，刘丽娟，王康主编. -- 北京 ： 化学工业出版社，2025. 7. -- ISBN 978-7-122-48013-2

Ⅰ. TP393.4；TP18

中国国家版本馆 CIP 数据核字第 2025Y7Z840 号

责任编辑：张　赛　　　　　　　　加工编辑：陈小滔　赵子杰
责任校对：李　爽　　　　　　　　装帧设计：刘丽华

出版发行：化学工业出版社
　　　　　（北京市东城区青年湖南街 13 号　邮政编码 100011）
印　　装：北京云浩印刷有限责任公司
787mm×1092mm　1/16　印张 14¼　字数 333 千字
2025 年 7 月北京第 1 版第 1 次印刷

购书咨询：010-64518888　　　　　售后服务：010-64518899
网　　址：http://www.cip.com.cn
凡购买本书，如有缺损质量问题，本社销售中心负责调换。

定　　价：79.00 元　　　　　　　　　　　版权所有　违者必究

编写人员名单

主　　编： 陈　洋　刘丽娟　王　康

参编人员： 陈　洋　冯　炜　刘丽娟　王　康　萧　桐
　　　　　　董　淼　王大鹏　陶　莹　张剑梅　王　喜
　　　　　　范敬德　聂婷婷　曹　宇　蔡传胜　赵旭玲

序1

　　智能物联网（AIoT）技术的迅猛发展正在深刻改变我们的生活方式和产业格局，从智慧城市的交通管理到工业互联网的智能制造，从智能家居的便捷生活到医疗健康的精准服务，AIoT已成为推动社会进步的核心驱动力。然而，随着技术的广泛应用，系统的复杂性和规模性也在急剧增加，如何确保这些系统的稳定性、安全性和可靠性，成为行业亟待解决的关键问题。

　　在 AIoT 领域，测试技术是保障系统质量的核心环节。然而，当前产业界在 AIoT 测试方面面临诸多挑战：测试方法缺乏系统性、测试工具不够完善、测试标准尚未统一，甚至许多企业对测试的理解仍停留在"功能验证"的层面。这些问题不仅制约了 AIoT 技术的规模化应用，也影响了企业的市场竞争力和用户信任度。

　　《AIoT 智能物联网全栈测试技术：从原理到实战》的出版，正是为了解决这些问题而生。本书从产业界的实际需求出发，系统梳理了 AIoT 测试的核心技术和方法，为企业提供了一套完整的知识体系和实用的测试工具。立足小米 IoT 平台的视角，本书在以下几个方面展现了其重要的价值与意义。

　　首先，AIoT 测试是产业发展的隐形基石。AIoT 技术的核心在于"连接"与"智能"，通过海量设备的互联互通和 AI 算法的深度嵌入，AIoT 系统能够实现数据的实时采集、分析和决策，从而为用户提供智能化服务。然而，这种"连接"与"智能"也带来了极高的系统复杂度。典型的 AIoT 系统多层次、多组件的架构，使得其测试工作变得异常复杂。传统的测试方法往往只关注单一组件或单一层次，无法满足 AIoT 系统的全链路测试需求。而本书正是为了解决这一问题而生。本书从全局视角出发，系统地讲解了 AIoT 测试的核心技术和方法，覆盖了从设备层到应用层的全链路测试流程。

　　其次，理论与实践结合，解决产业痛点。在产业界，我们常常面临测试范围广、难度大，测试环境复杂、成本高，以及测试标准缺失、工具匮乏等痛点。本书不仅深入探讨了 AIoT 测试的理论基础，还结合了大量产业界真实案例，详细讲解了测试的实际操作方法和技巧。例如，传感器性能测试、通信网络测试、云服务平台测试和 AI 算法测试等。这种理论与实践相结合的方式，能够帮助企业更好地理解和应用测试技术，解决实际项目中的难题。

　　此外，本书紧跟技术前沿，融入了边缘计算、隐私计算等新兴技术的测试方法，这些内容不仅能够帮助企业把握行业发展趋势，还能够提升企业的技术竞争力。

《AIoT 智能物联网全栈测试技术：从原理到实战》的出版，标志着 AIoT 测试领域迈出了重要的一步。本书不仅填补了行业在系统性测试方法论上的空白，更为产业界提供了一套科学化、结构化的思维框架与实践指南。通过深入剖析 AIoT 测试的核心技术与应用场景，为企业突破技术瓶颈、优化测试流程提供了切实可行的解决方案，为 AIoT 技术的规模化部署奠定了坚实的技术基础。对企业而言，本书的价值体现在多个维度：通过系统化的测试方法降低研发成本，通过高效的测试工具缩短产品上市周期，通过全面的质量保障增强用户对 AIoT 产品的信任度。

AIoT 技术正在全球范围内重塑产业生态，而测试技术作为保障系统稳定性、安全性和可靠性的核心环节，其重要性不言而喻。希望本书能够成为 AIoT 从业者的重要参考，助力他们在测试领域不断探索与创新，共同构建高可靠、高安全的 AIoT 生态系统，推动全球 AIoT 产业迈向更高水平的发展阶段。

牛坤　总经理
小米 IoT 平台
2025 年 6 月

序 2

在万物互联与智能技术深度融合的当代，物联网技术正以前所未有的深度重构产业格局。作为保障智能系统可靠性的核心支柱，测试技术既承载着理论研究的学术价值，更肩负着支撑工程实践的使命。本书以体系化的学术视角和扎根实践的工程思维，系统阐释 AIoT 测试技术的理论架构与方法体系，为智能物联系统的质量保障构建了兼具深度与实用性的解决方案。

本书在技术框架构建上彰显出鲜明的系统思维。基于物联网分层架构，作者系统解构"感知层-传输层-平台层-应用层"的全栈测试逻辑：在感知层建立涵盖精度标定、动态响应与环境适应性的多维评价体系；在传输层构建协议兼容性、数据完整性与网络稳定性的分级验证模型；在平台层整合云边协同、智能决策与安全防护的复合评估指标。这种层次分明的架构设计，既体现了对物联网复杂系统的深刻理解，亦形成了具有普适指导价值的测试方法论。

本书在前沿技术融合上展现出独到的学术洞察。通过大数据分析技术实现异常模式的可解释性诊断，依托边缘计算框架优化测试任务调度效率，创新构建基于机器学习的自适应测试模型，显著提升了测试系统的动态适应能力。这些技术突破不仅攻克了传统方法在实时性、扩展性等方面的局限，更为测试技术的智能化转型提供了理论支撑。

在工程实践层面，本书构建产学研深度协同创新的系统方法。通过对智能家居、工业物联网、智慧医疗等典型场景的深度剖析，作者团队提炼出具有行业普适性的测试范式：工业物联网领域的实时性验证框架攻克时延敏感系统测试难题，智慧医疗场景的隐私计算评估模型为数据安全保护提供创新方案。这些实践案例既体现对行业痛点的精准把握，亦为跨领域技术迁移提供方法论参考。

在方法创新层面，本书实现理论探索与工程实践的双向贯通。通过构建覆盖系统生命周期的测试体系，将质量保障前移至设计阶段；对传统故障注入方法进行智能化改造，使其适应复杂异构系统的验证需求。这种对经典理论的传承与创新，既保持方法论的严谨性，亦赋予技术体系与时俱进的适应能力。

在行业破题层面，本书提出系统性与针对性并重的解决方案。针对标准碎片化与安全威胁多样化等难题，通过风险评估驱动的测试认证体系提升设备互操作性，构建安全防护纵深测试模型强化系统防御机制。这些技术方案不仅通过严格的学术论证，更在重大工程实践中得到验证。

本书的出版正值全球数字化转型的关键阶段，既是对智能物联测试技术的系统性总结，更是对下一代质量工程体系的战略性规划。作者将抽象的理论原理转化为可操作的工程指南，使本书兼具学术专著的严谨性与技术手册的实用性。对物联网领域的研究者与工程师而言，这既是一部启迪思维的理论著作，更是一本指导创新的实践指南。期待这部凝聚智慧的作品，能在万物智联的时代浪潮中，推动测试技术迈向新高度，护航智能系统安全可靠运行。

杨昉　博士
清华大学电子工程系
2025 年 6 月

序 3

深耕无线通信领域十余年，我亲历了从点对点的双端互联向多端互联蜕变的历程。在参与 CCSA、蓝牙技术联盟（SIG）等标准制定的实践中，我和我的团队深刻领悟到：技术标准的生命力，不仅在于协议栈的精妙设计，更取决于测试验证体系的完备性。每一行协议代码的严谨性，必须通过可量化、可复现的工程实践来验证；每一次技术跃迁的价值，终将在实验室的极端测试场景中接受拷问。这正是《AIoT 智能物联网全栈测试技术：从原理到实战》的核心价值——它将晦涩的协议文本转化为可执行的测试代码，将模糊的"用户体验"拆解为可度量的性能基线，构建了从物理层到应用层的全链路验证框架。

本书以"协议深度解构"为起点，深入探讨了蓝牙技术的革新与挑战。以清晰的逻辑脉络，系统阐述蓝牙协议的演进历程——从 BR/EDR 到 BLE 的技术跃迁，从经典架构到 Mesh 网络的革新突破，既凸显了蓝牙 5.x 在高速传输、精确定位等领域的潜力，又兼顾了低功耗设计的核心诉求。在实践层面，聚焦 AIoT 测试的关键场景，深入解析硬件射频与天线性能验证、软件协议栈一致性和功能性能测试以及功耗测试的方法论，并辅以 nRF Connect、Ellisys 等工具的操作指南，将抽象协议转化为可观测、可复现的工程实践。

在通信协议硬件测试维度，射频性能与天线设计直接决定通信质量的生命线。通过矢量信号分析仪可精准解调蓝牙 5.x 的 GFSK 信号频偏（$\leqslant\pm50\text{kHz}$）与调制指数（0.45～0.55），这是高速模式实现百米级通信的理论根基；在电磁屏蔽室内逐级加载信号强度，可标定 $-103\text{dBm}@125\text{kbps}$ 模式下的接收灵敏度边界（误包率 PER$\leqslant30\%$），为智能设备等远距场景划定性能红线。天线测试则需依托射频暗室与球面扫描系统，生成 3D 辐射方向图量化人体遮挡损耗（HBL）。这些看似冰冷的参数，实则是连接可靠性的温度计，每一度辐射效率的优化都在重塑用户体验。

转向软件测试领域，协议栈的鲁棒性是关乎系统级安全的生死线。SIG 认证测试用例构筑起协议一致性的铜墙铁壁：从 Passkey Entry 双向认证防御 SM 配对的中间人攻击（MITM），到 ATT 层非法 PDU 注入测试锤炼协议状态机抗压能力，每一个用例都是对设备"数字免疫系统"的极限挑战。功耗测试则通过源表与功耗测试仪表绘制μA 级电流波形，构建动态模型，这便是各种低功耗设备续航承诺的数学证明。兼容性测试更需建立跨厂商互操作性矩阵，通过上百款设备组合暴露 GATT 服务 UUID 冲突等隐患，这些潜伏的"协议地雷"，往往在用户家中多品牌设备混用时突然引爆。安全维度的测试革命体现于蓝牙安全靶场的构建：从 RF 嗅探破解 LE Legacy Pairing 加密，到伪造 GATT Notify 数据包实现应用层渗透，如同数字化的压力熔炉，迫使固件在极限负载下暴露出缓冲区溢出等深层次漏洞。这些测试不是简单的缺陷筛查，而是对设备"数字基因"的重编程。

本书的独特之处在于其"双重视角"——它既能像显微镜般解析技术细节，又能以望远镜的格局洞察生态演进。nRF Connect 与 Ellisys 工具链将协议交互转化为可视化波形，WireShark 与 NS-3 构建的万节点 Mesh 网络数字孪生，可预演智能工厂中设备集群的自组织能力；TensorFlow Lite 驱动的射频噪声分类模型，赋予测试系统预判微波炉干扰尖峰的"类人直觉"。当测试用例以代码形式融入持续集成流水线，当性能基线成为产品定义的起点，测试便从成本中心蜕变为价值引擎。这种思维范式转换，正是智能物联网从"万物互联"迈向"万物智联"的关键跃迁。

作为行业发展的亲历者，我深知一本优秀的测试著作不应仅是工具手册，而应是技术哲学的载体。本书通过全屋智能沙箱复现用户环境中的资源竞争场景，通过混沌工程测试云端服务的自愈能力，通过对抗样本训练提升 AI 模型的鲁棒性——这些案例无不传递着一个理念：测试的本质是"以系统化的确定性对抗现实世界的不确定性"。当开发者学会用故障模式库（FMEA）构建预防性策略，当企业将测试数据视为核心资产，当行业联盟基于统一基准建立互认体系，智能物联网的"野蛮生长"时代便将终结。

我郑重向您推荐这部凝聚资深 AIoT 领域测试技术的著作。它不仅是工程师案头的操作指南，更是智能时代质量文明的宣言书。当您翻开这些书页时，您掌握的不仅是频谱仪的操作技巧或协议分析工具的使用方法，而且是捍卫数字世界可靠性的密钥。在蓝牙技术连接的万亿设备网络中，愿每一次握手都能传递信任，每一帧数据皆可承载生命。这便是本书献给每一位技术坚守者的终极价值。

庞帅　副主任
中国信息通信研究院
2025 年 6 月

前言

在人工智能与物联网技术深度融合的背景下，智能物联网（AIoT）系统广泛应用于智慧城市、工业互联网及智能家居等领域。然而，其端-边-云协同架构、海量设备互联及 AI 算法深度嵌入等特性，使得系统复杂度极高，对测试技术提出了严苛要求。

本书专为 AIoT 测试从业者编写，系统化梳理了覆盖"端-云-设"全链路的测试技术，提供从底层设备到云端平台、从硬件到软件的全面测试解决方案，助力构建稳定、安全、可靠的 AIoT 生态系统，推动行业可持续发展。

本书共 9 章，全面覆盖智能物联网端到端测试技术。第 1 章阐述 AIoT 概念、架构、应用场景及测试需求，概述端到端测试核心内容。第 2～9 章深入探讨关键环节的测试技术：传感器测试，确保其在复杂环境下的可靠性；操作系统测试，从进程管理、内存管理等多模块展开，保障运行效率；通信网络测试，聚焦 Wi-Fi、蓝牙等短距离无线通信技术，评估网络关键指标；云服务平台测试，从功能、性能、安全多维度展开；AI 测试，以智能家居为例，介绍数据采集、模型训练及算法评估技术；安全测试，围绕设备、数据和系统安全展开；隐私测试，结合国内外法规探讨关键点；接入产品测试，涵盖智能设备及全屋智能系统的测试方法。

本书从底层到上层，从理论到实践，为 AIoT 测试从业者提供完整知识体系与实用工具，助力解决实际测试难题。同时，书中还融入边缘计算、隐私计算等新兴技术方向的测试方法，极具技术前瞻性。无论是 AIoT 测试工程师、质量保障团队，还是系统架构师，都能通过本书突破技术碎片化困境，掌握端到端全链路测试的系统化方法，提升复杂系统的测试效率与质量，为 AIoT 产业规模化落地筑牢技术根基。

本书力求做到全面系统、内容准确，但由于编者水平有限，书中难免存在不足之处，恳请广大读者批评指正。

编者

目录

第1章
智能物联网测试综述

智能物联网（AIoT）的概念于 2017 年 2 月在《人工智能芯片助阵，物联网将进化为 AI+IoT》一文中被正式提出。从广义上来说，智能物联网即人工智能（AI）和物联网（IoT）相关技术的结合。但需要注意的是，AIoT 并非简单的 AI+IoT，而是应用人工智能、物联网等技术，以大数据、云计算为基础支撑，以半导体为算法载体，以网络安全技术作为实施保障，以 5G 为催化剂，对数据、知识和智能进行的综合集成。智能物联网最终追求的是形成一个智能化生态体系，实现不同智能终端设备、系统平台、应用场景之间的互融互通，乃至万物智联。

智能物联网在推动各行业数字化转型、提升社会运行效率、改善人们生活品质等方面发挥着不可替代的重要作用，但也面临着数据安全、隐私保护、标准统一等诸多挑战，因此，同传统的物联网一样，智能物联网也需要不断地创新与完善相关测试技术及管理机制，以实现更加稳健和可持续的发展。

1.1 智能物联网体系结构

智能物联网在现实中的架构如图 1-1 所示，这是基于智能物联网所设计的某行业的整体解决方案全景图，其中的 PaaS 系统和业务使能平台组合即是一个智能物联网平台。

参照传统物联网体系结构划分，智能物联网一般可分为感知层、传输层、平台层、应用层。

1.1.1 智能物联网感知层

智能物联网的感知层，即我们所说的"端"，是整个智能物联网庞大系统中的"神经末梢"，承担着底层数据采集、信息传输，以及提供基础算力、算法等职能。感知层包括智能物联网产业中的"终端"设备及相关软、硬件，主要包括端侧设备传感器、芯片、通信模组等。

（1）传感器

传感器是物和物之间得以互联的起点。传感器是感知物体及其所处状态、环境等各种信息数据的底层元器件，在收集信息并将其从物理环境传输到数字网络的过程中发挥着关键作用。传感器种类繁多，均用于捕获特定数据，如 CMOS 图像传感器、雷达、指纹传感器、3D 传感器、气体传感器和陀螺仪等。

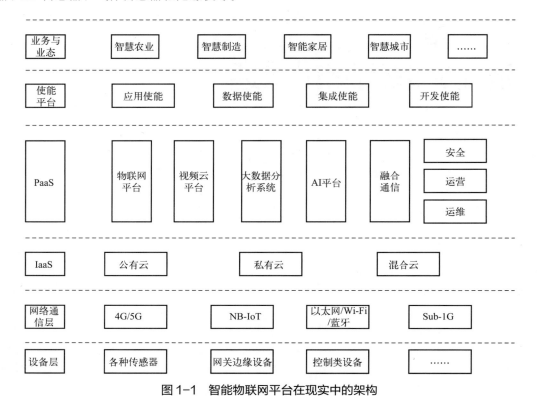

| 业务与
业态 | 智慧农业 | 智慧制造 | 智能家居 | 智慧城市 | …… |
| 使能
平台 | 应用使能 | 数据使能 | 集成使能 | 开发使能 | |

| PaaS | 物联网
平台 | 视频云
平台 | 大数据分
析系统 | AI平台 | 融合
通信 | 安全
运营
运维 |

| IaaS | 公有云 | 私有云 | 混合云 |

| 网络通
信层 | 4G/5G | NB-IoT | 以太网/Wi-Fi
/蓝牙 | Sub-1G |

| 设备层 | 各种传感器 | 网关边缘设备 | 控制类设备 | …… |

图1-1 智能物联网平台在现实中的架构

传感器由传统形态逐渐向智能传感器发展，从最初的结构型传感器，到固体传感器，再到如今的智能传感器，已具备对外界信息进行检测、自诊断、数据处理等能力。当下，MEMS 传感器由于具有体积小、重量轻、成本低、易集成等特性，已成为构筑智能物联网的感知层最主要选择之一。

（2）芯片

智能物联网的发展依赖于这三类核心芯片：SoC、MCU、通信芯片。

SoC（System on Chip），又称系统级芯片，是将系统关键部件集成并实现完整系统功能的芯片电路。SoC 是手机、平板、智能家电等智能化设备的核心芯片。SoC 芯片作为系统级芯片，可集成 CPU、GPU、NPU、存储器、基带、ISP、DSP、Wi-Fi、蓝牙（Bluetooth）等模块，这些模块的介绍如表 1-1 所示。

MCU（Microcontroller Unit），又称微控制器或单片机，是数据收集与控制执行的中心，辅助 SoC 实现智能化。MCU 是把 CPU 的频率与规格做适当缩减，并将内存（memory）、计数器（timer）、USB、A/D 转换、UART、PLC、DMA 等周边接口，甚至 LCD 驱动电路都整合在单一芯片上，形成芯片级计算机，从而实现终端控制功能，具有性能高、功耗低、可编程、灵活度高等优点。MCU 一般分为 4 位、8 位、16 位、32 位和 64 位。

智能物联网通常会将 SoC、MCU 搭配使用，此外还会用到 MPU（Microprocessor Unit，微处理器）。MPU 通常代表一个功能强大的 CPU，这种芯片具备较高的计算性能和丰富的外设接口，如 Intel X86, ARM 的一些 Cortex-A 芯片如飞思卡尔 i.MX6、全志 A20、TI AM335X 等都属于 MPU。

表 1-1　SoC 可集成的模块

模块	说明
CPU	中央处理器，计算机系统的运算和控制核心，是信息处理、程序运行的最终执行单元。采用 RISC（简单指令集）架构的有 ARM、RISC-V、MIPS、ALPHA、Power PC、SPARC、PA-RISC；采用 CISC（复杂指令集）架构的以 X86 为主
GPU	图形处理器，又称显示核心、视觉处理器、显示芯片、显卡，是一种专门在个人电脑、工作站、游戏机和一些移动设备（如平板电脑、智能手机等）上做图像和图形相关运算工作的微处理器
NPU	神经网络处理器，采用"数据驱动并计算"的架构，负责 AI 运算和 AI 应用的实现
存储器	SoC 中常见的包括：SRAM、DRAM、Flash 等
基带	指用来合成即将发射的基带信号，或对接收到的基带信号进行解码的芯片。基带芯片可以外挂，也可以集成于 SoC 中
ISP	图像信号处理器，其优化了图像传感器的输出，提高了图像质量和处理速度
DSP	数字信号处理器，是一种特别适合进行数字信号处理运算的微处理器
Wi-Fi	通信模块，内置基于 IEEE 802.11 标准的无线网络协议
蓝牙	支持设备短距离（一般 10m 之内）通信的通信模块

MCU、MPU、SoC 的各项参数对比如表 1-2 所示。

表 1-2　SoC、MCU、MPU 的各项参数对比

参数	MCU	MPU	SoC
芯片数量	1	需与芯片配合使用	1
成本	低	高	高
操作系统	无	有	有
快启动	是	否	否
位数	4/8/16/32	16/32/64	16/32/64
时钟频率	MHz 级	GHz 级	MHz 级至 GHz 级
存储（RAM）	KB 级	最低 512MB，最高可达 GB 级	MB 级至 GB 级
外挂存储	KB 级至 MB 级（Flash、EEPROM）	MB 级至 TB 级（SSD、Flash、HDD）	MB 级至 TB 级（SSD、Flash、HDD）
USB 接口	偶尔需要	需要	取决于具体应用
复杂接口（以太网、USB2.0 等）	否	是	是
功耗	低	高	取决于具体应用
图像处理	无	无	取决于具体应用
尺寸大小	小	大	小
产品	STM32F103	Intel X86	高通骁龙

（3）通信模组

无线通信模组是一种模块化组件，其通过将芯片、存储器、功放器件、天线接口、功能接口等集成于电路板上，实现了数据无线传输，因而成为物联网的关键设备。可以说，所有通信模组都可以被用来收集海量的设备数据，而基于这些数据，企业可进一步进行相关分析，从而为行业带来价值提升。

对智能物联网时代而言，不同的行业应用对连接有着更加丰富的需求，其对模组产品的要求也就更多样化。例如，基于 NB-IoT 模组的智慧表计已经成为智能物联网时代率先规模化落地的重要领域，Cat 1 模组的市场份额仅用一年时间就从几乎空白猛增至 12%，而具备更高算力的智能模组也在边缘端发挥着越来越关键的作用。因此，从这个角度来看，

各种类型的通信模组都是智能物联网行业的重要组成部分。

1.1.2 智能物联网传输层

传输层主要负责数据传输，因此传输层涉及各种传输技术，包括短距离无线通信、广域网无线通信，以及卫星通信等。

（1）短距离无线通信

短距离无线通信网络包括以 UWB 为代表的超宽带网络，以 Wi-Fi 为代表的宽带网络，以及以蓝牙、ZigBee 为代表的窄带网络等。短距离通信网络主要应用于室内连接和人与人之间的近距离连接。常用短距离无线通信网络协议的对比如表 1-3 所示。

表1-3　常用短距离无线通信网络协议的对比

技术	Wi-Fi	Bluetooth	ZigBee	RFID	NFC
带宽	<10Gbit/s	1~24Mbit/s	250Kbit/s	1Mbit/s	106Kbit/s
传输距离	50～200m	50m	10～100m	10cm～100m	20cm
频段	2.4GHz，5GHz	2.4GHz	2.4GHz	125kHz,13.56MHz,433MHz, 2.4GHz 等	13.56MHz
优点	速率高，部署简单，成本低	功耗低，组网简单，成本低	功耗低，自组网，成本低	读写速度快，穿透性较好，可重复使用，数据记忆量大	功耗低，建网速度快，安全性高
缺点	5G 射频穿透性差	距离低，组网设备数量少，安全性差	速率低，稳定性差	安全性差，标准化差	传输距离近，速率低，无法验证身份
应用	企业园区自建网络，高密场景	各类数据/语音近距离传输，如耳机、手机	家庭自动化，工业现场控制、环境控制、医疗护理等传感器	资产管理，门禁，停车场	目前最大应用场景是手机支付

① Wi-Fi。Wi-Fi 是当前应用最为广泛的无线局域网络。Wi-Fi5 自 2013 年标准化以来，已适用于绝大多数典型室内场景，但对于多用户同时使用、对稳定性要求高的产业应用等场景的应对能力较弱。Wi-Fi6 是第六代无线技术，基于 IEEE 802.11 ax 协议。Wi-Fi6 的单用户数据传输速度比 Wi-Fi5 快 37%，且能为每位使用者提供 4 倍的吞吐量。同时，Wi-Fi6 相较于 Wi-Fi5，信号覆盖更广、更省电、可连接更多设备。

② ZigBee。ZigBee 是应用于短距离、低速率场景的主流无线局域网络之一，主要特点包括低成本（免专利费）、低功耗、短时延、较高可靠性和安全性、高容量等。ZigBee 在智能家居、智慧楼宇等场景的应用非常广泛。此外，近年来 ZigBee 在工业、医疗等领域的应用也有所增加。

③ 蓝牙。蓝牙技术被市场熟知的主要原因是其在智能手机上被大面积普及。但随着低功耗蓝牙模块应用普及，蓝牙敲开了智能穿戴和物联网应用场景的大门，并开始逐步从个人通信应用拓展到产业级应用场景。参与蓝牙市场的企业众多，主要芯片企业包括高通公司、Nordic、紫光展锐、乐鑫科技、泰凌微等。

④ LoRa。LoRa 是全球范围内应用最广泛的非授权频谱广域通信网络，其低功耗、低成本、易部署、广覆盖、容量大的特点在物联网时代得到充分应用，从最初的智能表计、智慧消防等领域扩展到智慧社区、智慧园区、智能家居、智慧农业等领域，发展迅速。

LoRa 联盟是 LoRa 的主要推广者。随着谷歌、腾讯、阿里巴巴等大型企业加入，LoRa

AIoT 智能物联网全栈测试技术：从原理到实战

联盟具有广泛的影响力，发展迅速，目前联盟成员数量超 400 个。

⑤ Sigfox。Sigfox 是一种在法国、英国、意大利、西班牙、葡萄牙等欧洲国家被广泛应用的 LPWAN 网络。主要应用集中在智能工业、公共事业、智能农业、智能政务和智能家庭等领域。Sigfox 芯片市场参与方包括意法半导体、德州仪器、恩智浦、安森美等。中国企业参与度较低。

（2）广域网无线通信

广域网无线通信技术常见的有 5G、NB-IoT。

① 5G。5G 是一种高速率、低时延和容量大的新一代宽带移动通信技术。目前，5G 在智能物联网的应用还处于探索阶段，在运营商、华为等头部企业的积极推动下，国内已经涌现出一批涉及工业、车联网、医疗、电力、港口等领域的标杆项目。未来，随着 5G 基础设施建设完善、网络质量提高、成本降低，5G 在智能物联网领域将发挥独一无二的作用。

② NB-IoT。窄带物联网（NB-IoT）是物联网领域基于蜂窝网络的窄带物联网技术，是当前主流的低功耗广域网（LPWAN）之一。近两年来，在窄带物联网应用市场不断扩大的推动下，NB-IoT 飞速发展。根据 IoTAnalytics 数据，NB-IoT 占全球 LPWAN 连接数的 47% 左右，占比第一。

（3）卫星通信

卫星通信有广覆盖、低时延、宽带化、低成本等特点，是物联网实现全面连接的重要一环。从 20 世纪 80 年代发展至今，低地球轨道通信卫星已经发展到了第三阶段。前两阶段的业务主要包括低速语音、低速数据传输和物联网服务，第三阶段的业务则面向高速率、低时延、大容量的各类业务。

1.1.3 智能物联网平台层

平台层是连接设备到应用场景的关键桥梁，是硬件层和应用层之间的媒介，在设备管理、集成、监控、分析、预测、控制等方面为智能物联网能力的实现提供基础。

（1）智能物联网平台概述

智能物联网平台是一种用于构建和管理物联网解决方案的数字平台，是连接感知层和应用层的中间层，向下从设备侧汇集数据，向上对各个应用领域赋能。物联网云平台的延展性很强，可延伸到 IaaS 基础服务和 SaaS 应用两个领域。而物联网平台与云计算结合，形成更具柔性的服务能力，可以渗透到更广泛的市场环境中，满足更多的场景需求。

根据有关数据，目前全球有超过 600 家物联网云平台，物联网云平台参与主体数量有很多，主要可以分为通信厂商、互联网厂商、IT 厂商、工业厂商、物联网厂商、新锐企业。通信厂商主要包括运营商和通信设备供应商。互联网厂商主要包括阿里巴巴、腾讯、百度、京东等企业，这类企业在生态构筑和 AI 技术上有优势。IT 厂商主要包括浪潮、IBM、中国通服等企业，这类企业在 IT 方面有深刻理解。工业厂商则以富士康、三一集团、施耐德电气、西门子、徐工集团等工业企业为主，平台以工业垂直能力为主。物联网厂商平台主要根植于物联网时代，物联网厂商是为物联网而生的平台企业，主要包括创通联达、联想懂的通信、涂鸦智能、小匠物联、萤石云等。

（2）智能物联网平台的特征

① 大小平台共存，头尾高度集中。近年来物联网云平台数量增长很快，行业新增平台数量不断增加主要有三个方面的原因：第一，智能物联网产业赋能千行百业，许多小型云平台深耕某一细分市场便足以获取生存空间；第二，物联网云平台市场进入门槛不高，即便是那些功能能力和承载能力往往较弱、后续发展乏力的小平台也可进入市场；第三，许多云平台掉队却不急于退出市场，而是基于已有平台技术构建 SaaS 产品，云平台企业的续存能力很强。

物联网云平台市场集中度高，主要是因头部平台企业市场资源丰富，增长迅速；平台能力强大，易吸引大客户；虽然平台市场整体盈利能力不强，但是大平台基本都脱胎于大公司，有着强大的资金续航能力。未来短期内，大小平台共存将是市场主基调，但长期来看，物联网平台市场将走向整合，市场集中度提升，对细分市场充分了解的中小平台企业或将转型为 SaaS 开发商，与大平台合作。

② 分层趋势日益明显。物联网平台发展多年，由于物联网市场碎片化严重、数据壁垒高、推广成本较高等因素，规模化复制难度大，这导致 PaaS 平台市场参与者仍在不断寻找自身的定位。部分企业基于自身对特定行业和场景的 know-how，深入应用场景，并基于部分通用环节试图打造根植于应用场景的"应用型 PaaS 平台"。部分企业凭借强大的接入能力和开发支持能力，继续探索"泛用 PaaS 平台"。

同时，由于云巨头入局，非大型云提供商越来越专注于特定的垂直应用。以微软和 AWS 为代表的云巨头企业在过去几年里发展迅速，收入快速增长。微软和 AWS 涉足物联网领域较晚，但收入增长速度快，这主要因为云巨头企业在过去 5 年中对物联网的大量投资，为物联网最终用户创造了数十种有创新价值的产品和服务。AWS 从最初提供 AWS IoT 单项服务到如今至少提供 8 项与 IoT 相关的服务，包括 AWS IoT Greengrass、AWS IoT Device Defender、AWS IoT Device Management 等。

（3）智能物联网平台的能力

近些年来，人工智能（AI）、大数据、网络安全、区块链等技术的快速发展，促进了数字世界和物理世界的融合，以及业务模式和价值链的重构。这些技术在智能物联网平台中的应用，赋予了物联网新的特性，下面分别进行介绍。

① AI 能力。IoT 开放平台与人工智能的结合形成了 AIoT 开放平台，其根据平台能力可分为开发平台、技术平台、应用平台。开发平台主要集成了开发工具和框架，例如数据集和算力等，来帮助开发者降低开发成本。技术平台聚合了行业通用 AI 能力，通过 API 和 SDK 供开发者调用。应用平台则是直接面对各垂直应用领域的有针对性的能力聚合方案，例如智慧交通、智慧工业等方案。

根据智研咨询组织编撰的《2024—2030 年中国智能物联网（AIoT）行业市场发展态势及未来趋势研判报告》分析，2023 年我国智能物联网市场规模为 11868 亿元，其中消费级市场规模为 4433 亿元，企业级市场规模为 3380 亿元，公共级市场规模为 4055 亿元。

② 大数据能力。物联网的飞速发展催生海量数据洪流，2020 年全球大数据产生量达到 51ZB，据国际数据公司（IDC）预测，2025 年全球数据总量将突破 175ZB。大数据在金融、医疗健康、政务几个大领域成绩突出，在关键技术创新方面控制成本，利用 AI 技术来提升数据管理的能力，加强联动关联分析技术，来提升隐私计算的水平。随着 AIoT 产业进一步发展，物联网产生的数据量在全球整体数据量中占比将进一步提高，并成为主

要数据量来源。

③ 网络安全能力。2021 年 7 月，工业和信息化部《网络安全产业高质量发展三年行动计划（2021—2023 年）（征求意见稿）》明确指出，到 2023 年，网络安全产业规模超过 2500 亿元，年复合增长率超过 15%。为满足监管要求和行业网络安全保障需求，国家相关主管部门加大对重点行业网络安全的政策和资金扶持力度，工业控制安全行业蓬勃发展。

一批网络安全关键核心技术实现突破，达到先进水平。新兴技术与网络安全融合创新明显加快，网络安全产品、服务创新能力进一步增强。为行业量身定做的具有实际效果的安全解决方案得到更多认可，如电网等较早开展工业控制安全的行业，已逐步从合规性需求向效果性需求转变。除外围安全监测与防护外，核心软硬件的本体安全和供应链安全日益得到重视。

④ 区块链能力。区块链历经多年发展，已成为一种通用技术，并从单一的加密货币应用开始扩展到各个领域。2020 年，我国区块链产业链已逐步形成，产业整体呈现良好的发展态势。据华经产业研究院推出的《2025—2031 年中国区块链行业发展运行现状及发展趋势预测报告》，2019~2022 年期间，我国区块链市场规模保持高速增长，但随着区块链产业进入成熟期，市场开始进入理性调整期，2023 年整体产业规模出现略有下降趋势，产业格局逐渐成型。据统计，2023 年中国区块链市场规模约 60 亿元，同比下滑 10.5%。

区块链产业主要由底层技术、平台服务、产业应用、周边服务等几个部分组成，目前区块链系统架构逐步趋于稳定，形成五大关键技术体系，密码算法、对等式网络、共识机制、智能合约、数据存储等几项关键技术都有所突破，行业应用领域越来越宽泛。2021 年 5 月，工业和信息化部、中央网络安全和信息化委员会办公室联合发布《关于加快推动区块链技术应用和产业发展的指导意见》，将应用牵引、创新驱动、生态培育、多方协同、安全有序作为基本原则，并提出赋能实体经济、提升公共服务、夯实产业基础、打造现代产业链、促进融通发展等重点任务。

1.1.4 智能物联网应用层

应用层指智能物联网技术的落地应用，其为客户提供智能终端设备，或结合应用场景为企业提供垂直行业解决方案，并提供实时分析、生产监测等增值服务，这也是智能物联网能够赋能千行百业的根本原因。

智能物联网技术的应用领域一般分为生活领域、生产领域、公共领域。其中生活领域的应用包括智慧出行、智能穿戴、智慧医疗、智慧家庭等；生产领域的应用包括智慧工业、智慧物流、智慧零售、智慧农业、车联网、智慧社区、智慧园区等；公共领域的应用包括智慧城市、智慧表计、智慧安防、智慧能源、智慧消防、智慧停车、智慧防灾等。

1.2 智能物联网测试框架

作为新一代信息技术的高度集成和综合运用，智能物联网测试所面对的挑战性变得愈发严峻，例如当用户必须同时使用多个设备测试物联网应用程序时，查找哪个设备导致了问题，或者其系统中是否有其他问题将变得更加复杂。以下是智能物联网环境下的测试所要面临的一些挑战。

（1）缺乏标准化

日常生活中物联网应用程序的大量部署，使公司之间激烈竞争以构建涵盖各种应用领域的各种产品。新技术和廉价设备的出现，为市场增添了更复杂的物联网架构和非标准的物联网定义。缺乏标准化使得系统验证变得非常复杂，因为没有适当的规则可以依赖和遵循。此外，混合不同公司的产品会产生未知的测试环境变量，测试人员很难理解这些变量。另一方面，物联网在通信协议、业务、电源管理等方面有标准规则，需要特殊工具和特定环境条件进行充分测试，这将增加测试成本和工作量。

（2）物联网设备和平台的异构性

物联网具有异构结构，各种设备通过不同覆盖范围的多个连接模型连接到不同版本的软件平台。因此，使用所有可能的解决方案对每个设备进行单独测试以选择最有效的解决方案是不合逻辑的，因为每个测试方案都可能需要数小时甚至数天才能完成。然而，一种可能的解决方案是向制造商或客户请求设备信息列表（如连接类型、平台版本等），然后收集所需信息，以找到有效和快速测试设备的适当指南。如一些公司提供了关于其产品信息（如界面信息、屏幕大小、操作系统版本、内存容量等）的概述报告，可从其官方网站下载。

（3）具有互操作性的复杂性

设备互操作性是物联网实施和测试中的一个重大挑战。由于通信协议和数据格式的异构特性，不同厂商提供的智能设备间很难实现相互通信。因此，开发人员面临着其产品能否与市场上的其他设备互操作的问题。互操作性测试对测试人员来说具有很大的挑战性，因为测试人员无法得知用户会使用什么以及如何将设备连接到他们的网络。标准化和中间件（即位于操作系统和在其上运行的应用程序之间的软件）可能是解决互操作性问题的方案。

（4）数据安全风险

由于所有物联网设备和平台都连接到互联网以执行其任务，因此它们极易受到安全风险的影响。测试和识别安全问题（如数据泄露、未经授权的访问、威胁等）非常复杂，并且由于在物联网网络内收集、生成和传输了大量敏感数据，因此这些问题无法立即得到解决。测试人员可以利用基于分层的安全测试，而不是单一的安全解决方案来解决这个问题。如测试人员可以将物联网安全测试分层（即根据可能发生的风险及其潜在对策进行分类），如云安全、网络安全、最终用户应用程序安全和设备安全等，这有助于保护每一层不受安全问题的影响。然后，在每一层中可以进一步应用不同的安全措施，如可以执行云安全措施（包括访问控制、数据加密、完整性验证、日志分析等），以保护存储在云环境中的数据。

（5）测试环境和工具

通常，物联网应用程序的质量是基于虚拟化环境和自动化工具来衡量的。由于资源有限（如有限的内存、电池寿命等），开发人员可能会忽略某些特性（如安全性和隐私性），以在短时间内满足要求并跟上物联网市场需求。另一个问题是，没有任何工具可以测试特定物联网产品的所有问题，因为设计一个测试工具或框架来处理不同层和不同动态架构的物联网组件之间的互操作性问题非常复杂。因此，使用不同的工具来测试物联网问题，这是一个成本高昂且耗时的过程。

如今，对适合不同领域基于物联网系统的高效测试方法的需求正在迅速增加，尽管物联网测试复杂，但测试团队对各种设备、应用程序、协议、操作系统等的质量进行的认证工作是令人兴奋的。

1.2.1　智能物联网传感器测试

物联网中常会应用不同的传感器，如温度、湿度和气体传感器，因此测试工作必须面面俱到。传感器测试包括以下内容。

- 检查传感器是否适合应用目标，测试人员应了解每个传感器的功能和用途，并考虑能耗和许多其他因素。
- 测试每个传感器与物联网网络是否正确连接。
- 检查传感器是否获得正确的数据读数。
- 测试传感器是否在危急情况下发送警报信息或激活警报。

1.2.2　智能物联网通信网络测试

物联网中的通信网络测试包括设备和通信基础设施之间的协议测试，以及连接和网络属性测试，以确保高质量的通信。

协议测试是测试物联网系统中物理组件之间的连接规则，以验证应用协议的行为是否满足特定条件下的指标要求的过程。例如测试物联网连接协议（如 Wi-Fi、BLE、ZigBee、RFID 等）的性能、在不同带宽的网络节点之间发送和接收数据包所需的时间，以及在低功率条件或安全攻击下测试接收的数据完整性等。

连接测试分为在线测试和离线测试两种测试场景。

- 在线测试：涉及监控和分析物联网设备与服务之间的通信性能、数据传输速度、功耗和安全问题，以确保高可靠性通信。
- 离线测试：用于在意外连接丢失的情况下测试设备的性能。测试人员检查设备在任何网络条件下是否都能够充分存储收集的数据，并在连接恢复时检索数据，特别是对于需要连续工作的物联网应用程序（如健康监测应用程序）。

测试网络属性侧重于分析和控制所有网络属性，例如物联网通信协议（例如 CoAP，constrained application protocol 和 MQTT，message queuing telemetry transport）、能源效率、数据流量模式（尤其是关键数据）、广播区域以及不同网络组件之间的互操作性。如为了测试设备与任何物联网服务应用程序的连接，不同的协议和通信方法从不同的网络角度测试连接性能，比如传感器、网关、基站、核心网络和服务提供商等。通信是物联网实施的核心部分，然而物联网的异构和动态特性使得通信测试成为最复杂的测试方法。

1.2.3　智能物联网平台测试

智能物联网平台测试主要包含两大部分，即云服务平台测试和人工智能测试。云服务平台测试旨在验证平台在设备管理、消息处理能力等方面的性能和可靠性。人工智能测试旨在验证平台的数据分析、自动化决策等能力，保证平台为用户提供更优的体验。

- 云服务平台测试：主要覆盖平台的设备接入/管理、消息处理等能力的测试。设备管理测试的测试内容包括设备注册、连接稳定性、远程配置更新和故障诊断等功能，确保设备能够高效、安全地接入和运行。消息处理能力测试则重点评估平台在海量数据传输、实时消息推送和异常情况处理等方面的效能，确保数据传输的及时性和准确性。

● 人工智能测试：涵盖数据智能分析、预测性维护和自动化决策等功能，通过模拟真实应用场景验证平台能否提供智能化的服务和优化用户体验。通过全面的测试，确保智能物联网平台为用户提供稳定、可靠且智能的服务。

1.2.4 智能物联网隐私安全测试

智能物联网隐私安全测试是确保智能设备和系统在处理用户数据时能够保护个人隐私的关键环节。测试内容主要包括数据加密、权限管理、数据泄露防护等多个方面，确保设备在收集、传输和存储数据的过程中不泄露用户敏感信息。

此外，还需验证智能物联网产品是否遵循相关的隐私保护法规和标准，如 GDPR（通用数据保护条例）和 CCPA（加州消费者隐私法），并通过模拟攻击和漏洞扫描等手段，评估系统的安全性和抵御外部威胁的能力。

通过全面的隐私安全测试，可以提升用户对智能设备的信任度，确保用户的数据安全与隐私得到充分保护。

1.2.5 智能物联网智慧家庭测试

智能物联网智慧家庭测试旨在全面验证家庭中的智能接入产品的功能与性能，以及智慧家庭场景下的整体用户体验。测试内容包括对接入产品的互联互通性、安全性、稳定性和易用性进行评估，确保设备能够无缝接入智能家居生态系统。

此外，通过模拟实际的家庭应用场景，如远程控制家电、智能安防监控、环境监测与调节等，评估系统的响应速度、协同工作能力和故障恢复机制。通过这些测试，确保智能设备在智慧家庭环境中能够协同工作，提供便捷、安全且智能化的生活体验，提升用户满意度和生活质量。

第2章
智能物联网传感器测试

随着智能物联网的广泛应用，其安全性、可靠性和稳定性也面临着严峻的挑战。为了确保物联网系统的正常运行，智能物联网测试技术显得尤为重要。其中，感知识别测试是物联网测试的关键环节之一，它直接关系到物联网系统对环境信息的感知和理解能力。

在本章中，我们将深入探讨智能物联网感知识别测试的相关技术和方法。通过阅读本章对感知识别测试的详细介绍，读者将了解到如何有效地评估物联网设备的感知能力、识别准确性以及对各种环境变化的适应性。同时，我们还将介绍一些先进的测试工具和技术，帮助读者更好地进行感知识别测试，提高物联网系统的质量和可靠性。

2.1 智能物联网感知识别技术概述

智能物联网感知识别技术是指那些能够使设备和系统感知周围环境并作出相应反应的技术。随着物联网的发展，感知识别技术也在不断地进步，下面将从几个方面来概述智能物联网感知识别技术的现状。

（1）技术构成

智能物联网感知识别技术通常包含以下几个关键组成部分。通过这些关键技术的有机结合，智能物联网能够在各种应用场景中实现对环境参数的多维度感知与基于 AI 的模式识别，为用户提供更加高效、便捷的服务。

- 传感器技术：包括温度、湿度、压力、光照等各种物理量的传感器，以及化学传感器等，它们负责收集环境数据。
- 射频识别（RFID）技术：通过无线电信号自动识别目标对象并获取相关数据，无需人工干预。
- 视觉识别技术：通过摄像头或其他成像设备捕捉目标图像，并利用算法对图像中的物体或特征进行分析识别。
- 定位技术：如 GPS、室内定位系统等，用于确定物体的位置。
- 数据处理与分析：集成数据清洗、特征提取、模式挖掘及 AI 模型（如深度学习、联邦学习），实现从原始数据到决策信息的转化。
- 通信技术：通过有线通信协议或无线通信协议实现不同设备间的数据传输与交换的系统化技术方案。

- 边缘计算：一种在靠近数据源的网络边缘位置部署计算能力的技术架构，通过本地化数据处理降低传输延迟，并提升系统的实时响应效率。

（2）发展现状

目前，智能物联网感知识别技术正在经历快速发展，其特点包括集成度的提高、智能化的增强、标准化的推进、安全性的加强以及生态构建的加速。随着微电子技术的进步，传感器不仅变得更小、更便宜，而且功耗也更低，从而能够部署于更多元化的应用场景中。AI技术的应用进一步增强了物联网设备的智能化水平，使其能够执行更加复杂的任务，如预测性维护、个性化推荐等。行业标准的制定有助于提高不同品牌设备之间的互操作性，促进了整个生态系统的健康发展。随着物联网设备数量的激增，数据安全和个人隐私保护变得尤为重要，因此安全技术也得到了显著加强。与此同时，越来越多的企业开始构建自己的物联网平台，形成完整的解决方案和服务体系，推动了智能物联网生态系统的全面发展。

（3）面临的挑战

尽管智能物联网感知识别技术取得了显著进展，但仍然面临一系列挑战。首先，数据安全与隐私保护是重中之重，需要确保大量敏感数据在传输和存储过程中的安全性。其次，标准化问题是另一个亟待解决的难题，缺乏统一标准可能会限制不同设备间的互操作性，阻碍整个生态系统的协同发展。此外，技术兼容性也是一个关键问题，需要确保新旧技术以及跨平台系统的互操作性。能耗问题也不容忽视，延长电池寿命和降低设备能耗对于提升用户体验至关重要。最后，成本控制同样是重要挑战之一，需要通过技术创新和规模化应用降低物联网解决方案的整体成本，以便更广泛地普及和应用。

综上所述，随着技术的不断进步，智能物联网感知技术将进一步发展，有望实现更高程度的集成化、智能化升级和用户体验优化。同时，随着标准化工作的推进和安全技术的加强，物联网感知技术将在更多领域得到广泛应用，为人们的生活带来更多便利。对于感知技术的测试也显得尤为关键，大规模应用下，如何保证智能物联网源头数据的精准，是我们下面章节所介绍的测试技术的关键所在。

2.2 传感器感知测试

智能物联网的应用领域已从智能家居延伸至工业自动化、健康监护和环境监测等多元化场景。随着应用场景的复杂化，感知传感器的种类与功能呈现指数级增长趋势。为了确保传感器在各种应用场景中的有效性和可靠性，对其进行严格的测试变得尤为重要。本节将详细介绍不同类型的传感器的测试内容和评估标准。

2.2.1 温湿度传感器测试

温湿度传感器是智能物联网系统中非常重要的组成部分，它们广泛应用于环境监测、智能家居、农业、工业制造等多个领域。为了确保温湿度传感器在实际应用中的准确性和可靠性，必须进行一系列严格的测试。

（1）测试项目

- 精度测试：验证传感器在不同温湿度条件下的测量精度。

- 稳定性测试：评估传感器在长时间运行中的性能稳定性。
- 响应时间测试：测量传感器对环境变化的响应速度。
- 抗干扰测试：测试传感器在电磁干扰、光线变化等环境下的表现。
- 环境适应性测试：评估传感器在极端环境条件下的性能。

（2）测试用例
- 标准条件下的精度测试：在标准实验室条件下（如温度25℃、相对湿度50%），比较传感器的读数与标准参考值之间的差异。
- 温度梯度测试：在不同温度范围内（如−20~50℃），记录传感器的读数，并与标准温度计进行对比。
- 湿度梯度测试：在不同湿度范围内（如10%~90%相对湿度），记录传感器的读数，并与标准湿度计进行对比。
- 温度骤变测试：快速改变环境温度，观察传感器的响应时间和数据稳定性。
- 湿度骤变测试：快速改变环境湿度，观察传感器的响应时间和数据稳定性。
- 长期稳定性测试：在一段时间（如一个月）内，定期记录传感器读数，评估其长期稳定性。
- 抗干扰测试：在存在电磁干扰、强光照射等情况下，测试传感器能否正常工作。

（3）测试环境
测试环境的设计应当尽可能模拟实际应用场景，以确保测试结果的真实性和可靠性。
- 标准实验室：用于基本精度测试，提供恒定的温度和湿度环境。
- 环境舱：用于温度和湿度梯度测试，能够精确控制温湿度的变化。
- 自然环境：用于抗干扰测试和环境适应性测试，模拟实际使用环境中的各种干扰因素。
- 模拟极端条件：使用特殊设备创建高温、低温、高湿等极端条件，测试传感器的极限性能。

（4）测试工具
- 标准温湿度计：用于提供参考值，验证温湿度传感器的测量精度。
- 温度/湿度控制器：用于在实验室环境中精确控制温湿度。
- 电磁干扰发生器：用于测试传感器在电磁干扰条件下的表现。
- 数据记录仪：用于记录传感器在测试过程中的数据，便于分析。

（5）智能特性测试
除了基本的性能测试外，还需要对传感器的智能特性进行专门测试。
- 自校准功能测试：验证传感器能否在一定条件下自动校正自身的测量误差。
- 异常检测测试：通过模拟异常情况（如传感器损坏、环境突变等），测试传感器是否能及时检测并报告异常。

2.2.2　人体传感器测试

　　人体传感器在智能物联网系统中扮演着重要的角色，尤其是在智能家居、安防监控、健康管理等领域。为了确保人体传感器在实际应用中的可靠性和准确性，需要对其进行全面的测试。

（1）测试项目
- 检测精度测试：验证传感器对目标对象（如人体）的识别精度。
- 响应时间测试：测量传感器从检测到目标到生成信号所需的时间。
- 抗干扰能力测试：评估传感器在各种干扰条件下的表现。
- 环境适应性测试：测试传感器在不同环境条件下的性能。

（2）测试用例
- 静态目标检测：测试传感器在固定目标（如静止的人体模型）前的表现。
- 动态目标检测：测试传感器在移动目标（如走动的人）前的表现。
- 多目标检测：测试传感器在同一区域内同时检测多个目标的能力。
- 遮挡测试：测试传感器在部分或完全遮挡条件下的表现。
- 光线变化测试：在不同光照条件下（如白天、夜晚、阴影等）测试传感器的性能。
- 温度变化测试：在不同温度条件下测试传感器的性能。
- 电磁干扰测试：在存在电磁干扰的情况下测试传感器的性能。

（3）测试环境
- 实验室环境：用于基本功能测试，提供一个受控环境。
- 模拟家庭环境：用于测试传感器在实际家居环境（不同房间、家具布置等）中的表现。
- 户外环境：用于测试传感器在室外条件（如街道、花园等）下的性能。
- 极端环境：用于测试传感器在极端条件（如高温、低温、高湿等）下的表现。
- 干扰环境：用于测试传感器在电磁干扰、强光源等条件下的表现。

（4）测试工具
- 标准人体模型：用于静态目标检测测试。
- 移动目标模拟器：用于动态目标检测测试。
- 遮挡物：用于遮挡测试。
- 光照控制器：用于模拟不同光照条件。
- 温度/湿度控制器：用于模拟不同温度湿度条件。
- 电磁干扰发生器：用于测试传感器在电磁干扰条件下的表现。
- 数据记录仪：用于记录传感器在测试过程中的数据。
- 数据分析工具：用于验证传感器的数据处理能力。

2.2.3 燃气传感器测试

燃气传感器是一种通过检测可燃气体浓度来保障安全的装置，在工业生产、家庭安防等领域被广泛使用。为了保证燃气传感器的有效性和安全性，需要对其进行一系列严格的测试。以下是关于燃气传感器测试的不同维度的详细介绍。

（1）测试项目
- 灵敏度测试：确定传感器对目标气体的检测下限。
- 响应时间测试：测量传感器从接触到气体到产生报警信号所需的时间。

- 选择性测试：检查传感器是否只对目标气体（如一氧化碳）产生响应，避免将其他气体误报为危险泄漏。
- 稳定性测试：评估传感器在长期工作条件下的性能变化。
- 重复性测试：测试同一气体浓度下传感器输出的一致性。
- 耐久性测试：评估传感器在长时间连续运行或周期性检测循环后的性能保持情况。

（2）测试用例
- 低浓度检测：测试传感器在接近检测下限的气体浓度下的反应。
- 高浓度检测：测试传感器在超过检测上限的气体浓度下的反应，以及过载保护机制。
- 交叉敏感性测试：测试传感器对多种气体的交叉敏感性，确保其他气体的存在不会影响传感器对目标气体的检测。
- 温度影响测试：在不同温度条件下测试传感器的性能。
- 湿度影响测试：在不同湿度条件下测试传感器的性能。
- 老化测试：通过将传感器长时间暴露于目标气体中测试传感器的老化情况。
- 恢复能力测试：测试传感器在暴露于高浓度气体后恢复正常工作的速度。

（3）测试环境
- 实验室环境：用于基础功能测试，提供一个受控环境。
- 模拟工业环境：用于测试传感器在工厂车间等工业环境中的表现。
- 模拟家庭环境：用于测试传感器在住宅中，尤其是厨房等易发生燃气泄漏的地方的表现。
- 模拟极端环境：用于测试传感器在极端温度、湿度等条件下的性能。
- 模拟干扰环境：用于测试传感器在存在干扰气体的情况下的表现。

（4）测试工具
- 标准气体混合物：用于测试传感器的灵敏度和选择性。
- 气体浓度调节器：用于精确控制测试气体的浓度。
- 温湿度控制器：用于模拟不同的温湿度条件。
- 数据记录仪：用于记录传感器在测试过程中的数据。
- 数据分析工具：用于验证传感器的数据处理能力。

2.2.4 门窗传感器测试

门窗传感器是一种常见的智能家居设备，用于监测门窗的状态（开/闭），通常用于家庭安全系统中。为了确保门窗传感器的可靠性，需要对其进行一系列的测试。

（1）测试项目
- 接触式测试：对于接触式的门窗传感器，需要测试磁铁和感应器之间的距离对于触发状态改变的影响。
- 非接触式测试：对于使用红外或其他技术的非接触式门窗传感器，测试其在不同距离和角度下的识别准确性。
- 灵敏度测试：测试传感器对于门窗状态改变的响应灵敏度。
- 抗干扰测试：测试传感器在存在电磁干扰或其他干扰源情况下的稳定性和准确性。
- 耐用性测试：测试传感器在频繁开关门窗情况下的耐用程度。

- 环境适应性测试：测试传感器在不同环境条件下的工作情况，如温度、湿度等。

（2）测试用例
- 安装位置测试：测试传感器在不同安装位置的效果，确保其能够正确检测门窗状态。
- 开门关门测试：模拟门窗频繁开关的动作，测试传感器的响应时间和准确性。
- 距离测试：调整传感器与门窗之间的距离，测试其最大有效检测范围。
- 环境光线测试：测试传感器在不同光照条件下的工作情况，确保光线变化不会影响其正常工作。
- 防水防尘测试：如果门窗传感器声称具有防水防尘功能，则需要测试其在水溅、尘土等环境下的表现。
- 数据分析与处理测试：通过模拟不同的使用场景，验证传感器是否能够正确分析数据，并根据预设逻辑作出响应。

（3）测试环境
- 室内环境：在典型的家庭或办公环境中测试传感器的基本功能。
- 室外环境：测试传感器在户外环境中，特别是面对风雨等恶劣天气条件时的表现。
- 极端环境：模拟高温、低温、高湿等极端条件，测试传感器的工作稳定性。
- 电磁干扰环境：在存在强电磁场的环境中测试传感器的抗干扰能力。

（4）测试工具
- 模拟门窗：用于模拟门窗的开合动作。
- 距离测量工具：用于精确测量传感器与门窗之间的距离。
- 环境模拟器：用于模拟不同的温度、湿度、光线等环境条件。
- 电磁干扰发生器：用于测试传感器在电磁干扰环境下的工作情况。
- 数据收集与分析软件：用于收集并分析传感器发送的数据。

（5）智能特性测试
- 数据分析与处理测试：通过模拟不同的门窗活动模式，验证传感器能否基于历史数据预测门窗的使用模式，并据此优化报警策略。
- 自学习能力测试：如果门窗传感器具备自学习功能，测试其能否根据用户的日常习惯自动调整报警阈值或触发条件。

2.2.5　血糖传感器测试

血糖传感器是用于监测人体血糖水平的重要医疗设备，广泛应用于糖尿病患者的日常监测和管理中。为了确保血糖传感器的准确性和可靠性，需要对其进行严格测试。

（1）测试项目
- 准确性测试：验证传感器的测量结果与实验室标准测量方法的结果之间的差异。
- 重复性测试：评估传感器在同一测试条件下多次测量结果的一致性。
- 稳定性测试：测试传感器在长时间使用后的性能变化。
- 响应时间测试：测量传感器从采样到显示结果所需的时间。
- 抗干扰测试：验证传感器在血液中含其他生化成分（如抗坏血酸、胆红素等）及环境干扰（温湿度波动）下的测量稳定性。
- 舒适性测试：评估传感器在使用过程中对人体的影响，如是否有刺痛感或其他不适。

AIoT 智能物联网全栈测试技术：从原理到实战

（2）测试用例
- 标准样本测试：使用已知浓度的标准血糖样本，测试传感器的测量结果与标准值之间的差异。
- 动态范围测试：测试传感器在不同血糖浓度范围（包括极低和极高血糖水平）内的表现。
- 温度影响测试：在不同温度条件下测试传感器的性能，评估其在不同环境下的准确性。
- 湿度影响测试：在不同湿度条件下测试传感器的性能。
- 血样稳定性测试：测试传感器在长时间未更换血样的情况下的性能变化。
- 用户友好性测试：评估传感器的使用便利性，包括采样方法、显示界面等。

（3）测试环境
- 实验室环境：用于基础功能测试，提供一个受控环境。
- 临床环境：用于测试传感器在实际医疗环境中的表现。
- 家庭环境：用于测试传感器在家庭环境中的使用情况，包括用户操作习惯等。
- 模拟极端环境：用于测试传感器在极端温度、湿度等条件下的性能。
- 干扰环境：用于测试传感器在存在干扰因素（如血液中的其他物质）情况下的表现。

（4）测试工具
- 标准血糖样本：用于准确性测试。
- 血糖浓度调节器：用于生成不同浓度的血糖样本。
- 温湿度控制器：用于模拟不同的温湿度条件。
- 数据记录仪：用于记录传感器在测试过程中产生的数据。
- 模拟服务器：用于接收并验证传感器上报的数据。
- 数据分析工具：用于验证传感器的数据处理能力。

（5）智能特性测试
- 数据分析与处理测试：通过模拟不同的血糖浓度和时间序列数据，验证传感器能否正确分析数据，并根据预设逻辑生成相应的警报或通知。
- 自学习能力测试：如果传感器具备自学习功能，测试其能否根据历史数据调整自身的检测阈值或行为模式，以更好地适应个体差异。

2.3 传感器系统测试

智能物联网感知系统集成测试是智能物联网感知识别系统开发过程中的关键环节之一。在这个阶段，各个单独开发的组件需要被集成到一起，以确保整个系统能够协同工作并满足预定的功能和性能要求。本节将详细探讨系统集成测试的方法和步骤，并进一步展开具体内容。

2.3.1 传感器系统组件测试

1）系统组件组成

为了对感知识别系统进行集成测试，首先必须对系统内的各个组成部分进行清晰的定义。这包括但不限于以下几种核心组件。

（1）传感器（sensor）

传感器负责收集来自物理世界的原始数据，如温度、湿度、光线强度、声音水平等。传感器的核心作用是作为系统的眼睛和耳朵，为后续的数据处理提供必要的信息输入，也就是前面章节介绍的传感器技术。测试该组件前我们需要明确传感器类型、测量范围、精度、数据更新频率、接口标准（如 I2C、SPI 或 USB）以及电源需求等技术细节。

（2）数据处理模块（data processing module）

数据处理模块负责接收传感器传来的原始数据，并对其进行预处理、过滤、存储及分析。核心是通过算法和模型对数据进行分析，提取有价值的信息，为决策提供依据。测试该组件前我们需要明确数据处理的逻辑流程、算法模型的选择、数据存储格式、数据安全策略以及与其他模块的接口协议。

（3）通信模块（communication module）

通信模块用于在不同组件之间或系统与外界之间传输数据，核心是保证信息能够在系统内部以及与外部网络之间准确无误地传递。测试该组件前我们需要明确其支持的通信协议（如Wi-Fi、蓝牙、LoRaWAN）、数据传输速率、加密方式、通信距离以及任何特定的硬件要求。

（4）用户界面（user interface, UI）

用户界面是用户与系统交互的界面，可以是图形化的、基于文本的或是语音驱动的。目标是使用户能够直观地了解系统状态、接收警报、设置参数或执行操作。测试该组件前我们需要明确界面的设计原则、可用性要求、其支持的操作系统平台、界面元素的布局、交互设计以及与后台服务的接口定义。

对于上述的组件，除了上述基本信息外，还应该制定详细的接口定义文档，其中包括但不限于以下三类。

- 输入输出参数：详细列出所有输入输出的数据类型、格式、单位以及任何必需的数据验证规则。
- 功能描述：详细解释每个组件的具体功能，包括它如何与其他组件协作完成特定任务。
- 接口协议：描述数据交换的标准，比如 RESTful API、消息队列、直接文件交换等，并规定请求/响应模式、认证机制和错误处理流程。

明确测试组件沟通和规格后，需要准备测试环境，即为每个组件准备独立的测试环境，确保其能够单独运行并通过单元测试。测试环境应包括模拟的外部系统（如模拟传感器数据流）、数据库和网络配置，以模拟真实工作环境。

2）接口测试

梳理组件之间的接口是确保各个部分协作进行测试覆盖的关键步骤。首先需要梳理接口，详尽地了解接口间数据传输的方式、数据包的结构以及错误处理机制，便于后续做测试覆盖。以下是接口梳理的具体的步骤和内容。

（1）接口规范

- 数据格式：明确数据传输过程中使用的格式，如 JSON、XML、CSV 等。每种数据类型（如传感器数据、控制指令等）都应有明确的数据格式要求。
- 通信协议：明确系统的通信协议，如 MQTT、CoAP、HTTP(S)、WebSocket 等，并明确其版本和配置选项。

- 数据包结构：明确数据包的组成，包括头部信息、负载数据和尾部校验码等部分。确保数据包格式的可读性。
- 版本控制：明确接口定义版本号，确保在测试过程中明确测试版本和更新点，避免影响现有功能。
- 变更日志：记录每次接口更新的具体内容和原因，便于追踪历史变更。

（2）接口测试的步骤和方法

确保接口按预期工作是系统集成测试的重要组成部分。接口测试不仅要验证数据传输的正确性，还要检查数据的完整性和一致性。以下是具体的测试步骤和方法。

- 创建模拟环境：创建模拟环境来模拟传感器或其他组件的行为，生成模拟数据流。
- 使用测试工具：使用自动化测试工具（如 Postman、JMeter 等）来发送请求并接收响应，验证接口的功能。
- 验证数据完整性：验证数据在传输过程中是否丢失或损坏。例如，检查数据包的校验码是否正确。
- 测试数据一致性：测试数据在不同组件之间是否保持一致。例如，比较同一数据在不同时间点上的值是否相同。
- 负载测试：测试接口在高负载情况下的表现，包括响应时间和吞吐量。
- 错误注入：人为注入错误（如网络延迟、数据包丢失等），测试接口的容错能力。

3）组件交互测试

组件之间的交互指的是不同模块或服务为了完成特定任务而相互协作的过程。这些组件可能位于同一个应用程序内，也可能分布在网络的不同位置上。为了保证组件间的高效协作，必须仔细规划它们之间的交互方式，并确保所有的交互逻辑都是健壮且易于维护的。以小米智能物联网为例，感知识别系统的组件交互在米家 APP 应用程序中相关传感器的扩展程序页面，用于向用户提供直观的交互展示（如传感器感知日志、设备状态等信息），如图 2-1 所示。

（1）组件交互逻辑梳理

- 服务端通信：明确交互组件和服务端通信模式。常见的通信包括客户端-服务器模型、点对点模型（P2P）、事件驱动架构（EDA）、微服务架构等。
- 消息队列/中间件：明确消息传递模式，使用的消息队列或中间件来协调组件间的消息传递，如使用 AMQP、Kafka 等技术。
- 同步与异步通信：明确通信方式，对于实时性要求高的场景一般选择同步通信，而对于非实时的场景则一般是异步通信。
- 请求与响应：明确请求与响应模式，确保组件之间的交互逻辑是一致的。

图 2-1　小米智能物联网系统传感器交互页面示意图

- 事务管理：对于涉及多个组件的复杂操作，明确事务管理机制。
- 状态管理：对于需要保存状态的交互过程，明确状态的持久化存储。

（2）组件交互测试的内容

组件交互测试是在模拟实际使用场景下，验证组件之间的交互是否按照设计要求工作的过程。这通常包括以下几个方面。

- 模拟环境：创建一个尽可能接近生产环境的测试环境，用于测试组件之间的交互。
- 脚本编写：编写测试脚本来模拟用户操作，或者模拟组件间的数据交换流程。
- 功能验证：确保每个组件都能正确响应其他组件发出的请求，并能正确处理接收到的数据。
- 性能评估：在不同的负载条件下测试组件的响应时间和处理能力，确保系统在压力下仍能正常运行。
- 故障注入：故意引入某些故障（如网络中断、组件失效等），观察系统的恢复能力和错误处理机制。

在组件交互测试的过程中，还需要特别注意组件之间的依赖关系是否被正确地管理和配置。这一步骤对于防止依赖关系缺失或不兼容而导致的问题至关重要。

2.3.2 传感器系统集成测试

集成测试是智能物联网感知识别系统开发过程中不可或缺的一个环节。传感器系统集成测试通过模拟真实用户场景，验证系统的整体功能、性能和用户体验是否符合设计要求，确保各个组件能够协同工作并且在极端条件下依然能够正常运行。以下是集成测试的具体内容和步骤。

1）典型场景覆盖

设计一个家庭自动化场景，模拟环境变化（如温度、湿度）、动静变化、健康信息变化等，通过感知系统感知变化触发家中灯光变化。测试系统从传感器感知变化到完成设备控制的整个流程。

2）边界条件覆盖

- 网络波动：模拟网络连接不稳定的情况，验证系统在弱网络环境下的表现。
- 设备故障：模拟传感器或执行器故障，验证系统能否及时检测并采取相应措施。
- 数据异常：输入异常数据，如超出正常范围的传感器读数，测试系统的容错能力。

3）测试执行

（1）功能测试

- 逐项测试：逐一验证系统的所有功能点，确保每个功能都能正常工作。例如，测试设备的数据上报、日志展示、参数设置、消息推送（如报警信息）等。
- 交互逻辑：验证各个组件之间的交互逻辑是否正确，如设备与服务器之间的数据交换是否符合设计要求。

（2）性能测试

- 吞吐量：模拟高并发请求，测试系统的最大处理能力（TPS/QPS）。
- 稳定性：长时间运行，观察传感器是否会出现性能下降或崩溃。

（3）故障注入测试

● 网络中断：模拟网络连接突然中断，测试感知系统能否及时检测到并采取相应的恢复措施。

● 设备离线：模拟设备离线或掉线，验证系统能否正确处理设备状态的变化。

● 数据丢失：模拟数据在传输过程中丢失，测试系统能否重传或请求数据。

（4）恢复测试

● 自动恢复：测试系统在故障发生后能否自动恢复，例如重新建立网络连接或重新注册设备。

● 手动干预：验证在自动恢复失败的情况下，是否可以通过手动操作使系统恢复正常运行。

● 日志记录：检查系统能否记录故障发生时的日志信息，以便后续分析问题原因。

（5）用户体验测试

● 界面友好性：测试用户界面是否简洁明了，按钮和菜单布局是否合理。

● 易用性：验证用户能否容易地找到并使用各项功能，例如设备管理、数据查看等。

● 美观性：检查界面设计是否符合设计规范，颜色搭配是否协调。

● 流畅性：通过实际操作验证用户与系统的交互是否流畅，例如点击按钮后的响应速度、页面加载时间等。

● 一致性：测试不同页面或功能之间的交互是否一致，确保用户在使用过程中不会感到困惑。

● 反馈机制：验证系统能否及时给予用户反馈，例如操作成功或失败的提示信息。

通过集成测试，可以确保智能物联网感知识别系统在实际使用中能够稳定、可靠地运行，并且提供良好的用户体验。这不仅提高了系统的整体性能，也为最终用户的使用提供了坚实的保障。

第3章
智能物联网操作系统测试技术

为了使读者对 IoT 操作系统及相关测试技术有基础的了解，本章主要从以下几个部分进行阐述。

- 面向 IoT 的嵌入式操作系统介绍：主要向读者普及操作系统、嵌入式操作系统的基本概念，并介绍面向 IoT 的操作系统的相关特性。
- IoT 操作系统测试：分为进程管理、进程间通信、内存管理、文件系统、网络协议栈、接口遵从性、维测和调试测试、源代码扫描测试工具 8 个模块。本章对其相关概念及测试技术进行介绍。

3.1 智能物联网操作系统概述

大多数的 IoT 设备都基于嵌入式系统（embedded operating system，EOS），区别于通用的笔记本、台式机以及服务器等系统，嵌入式系统广义上来讲就是硬件资源相对有限，用于完成特定工作的系统。

嵌入式操作系统是 IoT 系统的基石，下面我们从操作系统概述、嵌入式系统概述和面向 IoT 的嵌入式操作系统的特性展开讲述，希望能够帮助读者积累相关的基础概念和知识。

3.1.1 操作系统概述

操作系统（operating system）是一种用来管理计算机硬件、软件资源并为在其上运行的计算机程序提供公共服务的系统软件。如果我们把计算机的硬件和软件都看作资源，操作系统就是用来管理这些资源的资源管理器(resource manager)。操作系统为上层应用的开发者屏蔽了底层的不同硬件实现的细节，为上层应用提供了公共的接口服务。

由于篇幅的原因，我们仅讨论操作系统中的核心部分，也称为 kernel 或者内核。一般来说，操作系统的内核包含以下组成部分。

（1）进程（process）、CPU 调度（scheduling）和进程管理

一个进程其实就是一个处于运行状态的程序，或称为一个程序的实例。每个进程都有其对应的地址空间用来存放可执行程序（文本段）、程序中的数据（数据段）以及栈。一般来说，和进程相关联的还有寄存器（包括程序计数器和栈指针）、打开的文件列表以及需要运行该程序所需要的其他信息。

操作系统的一个重要的功能就是多任务的能力，因为用户希望同一时间能够让多个任务并行运行，并且能够让 CPU 或者 I/O 尽可能地做该做的工作。具有多任务（multitasking）能力的操作系统会让 CPU 在同一时间运行多个任务，并且在各个任务间进行频繁地切换，这样用户会感觉到多个任务好像在同时运行一样。如果有多个任务都在等待 CPU 资源，这时候就需要决定哪一个任务在 CPU 上运行，操作系统需要来做这个决定。这被称为 CPU 调度（scheduling）。

除了 CPU 调度，操作系统还需要管理系统中进程的其他的活动，主要包括：创建和删除用户或者系统进程、对进程或者线程进行 CPU 调度、暂定和恢复进程、提供进程间同步的机制、提供进程间通信的机制。

（2）文件和目录

操作系统提供了文件访问的接口，从而把文件和具体的存储设备对应起来，使得开发者可以方便地存取数据，一个文件其实就是一个字节数组，用户可以对每个元素进行读写操作。目录用来对文件进行分组。操作系统会管理和文件、目录相关的活动，主要包括：创建和删除文件、创建和删除目录、执行文件和目录的原语操作、文件和存储设备之间的映射。

（3）输入/输出（I/O）

几乎所有的计算机系统都有 I/O 设备，例如键盘、鼠标和显示器、打印机等，操作系统中的 I/O 子系统就是用来管理这些 I/O 设备的。通常来讲，I/O 子系统包括以下组成部分：用来缓存的内存管理模块、通用的设备驱动接口、特定硬件对应的设备驱动程序。

（4）内存管理

这里谈到的内存指的是主存（main memory），区别于其他的硬盘、闪存等辅助存储器。在计算机系统中，CPU 和 I/O 设备是共享主存的，并且主存是 CPU 唯一能够寻址并访问的存储单元。CPU 会在它的取指周期从主存中读取指令，并在取数周期从主存读取、写入数据，在 CPU 处理磁盘的数据之前，这些数据必须通过执行相关的 I/O 调用放在主存中。一个程序在被执行之前，也必须被加载到主存中，在程序执行的过程中，它也会访问位于主存中对应的指令和数据，在该程序结束时，其对应的主存被标记为可用，以释放空间。

为了提升 CPU 的利用率以及程序的执行效率，通用的操作系统一般都会在主存中同时运行多个程序，内存管理也就应运而生。一般来说，内存管理主要负责跟踪有哪些被占用和空闲的内存区域以及哪些进程在占用这些内存，按需分配和释放内存，决定哪些进程（或者是进程的一部分）和数据会被换出/换入内存。

3.1.2 嵌入式系统概述

嵌入式系统指的是用于完成某种特定功能的计算机系统，区别于通用的笔记本和桌面系统。以下是嵌入式系统有别于通用系统的方面。

- 嵌入式系统经常通过传感器、电动装置来和外部进行交互，所以系统中有用来度量、操作或者与其他外部设备进行交互的接口。
- 嵌入式系统与人交互的界面和传统的计算机不一样，有可能简单到只有一盏灯，也有可能复杂为机器人的视觉系统，有的系统甚至没有人机交互。
- 嵌入式软件通常都是用于实现有限的功能，并且有特定的应用场景。

- 嵌入式系统的效率至关重要，体现在功耗、代码量、执行时间、重量、大小以及价格等方面。

尽管嵌入式系统和通用计算机系统有以上的种种区别，其实两者之间还是有很多共通之处的，具体体现在以下几点。

- 嵌入式系统的功能和应用虽然是特定的，但是为了修复 bug、增强安全性或者增加特性，嵌入式系统的软件升级能力变得越来越重要。

- 和通用操作系统类似，近些年有很多嵌入式系统平台软件被开发出来，用来支持不同种类的应用。手机和智能电视就是很好的例子。

- 嵌入式处理器是嵌入式系统硬件最重要的组成部分，主要有两种：嵌入式微处理器和嵌入式微控制器。嵌入式微处理器（microprocessor）对应通用计算机系统中的 CPU。早期的微处理器包括寄存器、算术逻辑单元（ALU）、控制单元及指令处理逻辑，随着电子工艺的进步，指令集体系（ISA）越来越复杂，并伴随着 memory 和多核被集成到微处理器中。图 3-1 是多核计算机系统处理器示意图。

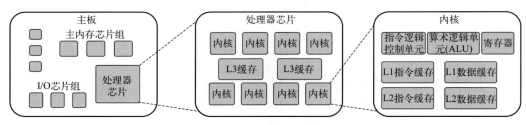

图 3-1　多核计算机系统处理器示意图

嵌入式微控制器（microcontroller）是在一个芯片上集成了处理器、非易失存储器（ROM 或者 flash）、随机存储器（RAM）、时钟以及 I/O 控制单元。嵌入式微处理器通常也被叫作单片机（single chip microcomputer）。微控制器处理器从 4 位到 32 位都有，不像微处理器的主频都是 GHz 单位的，微控制器的主频大都是 MHz 的量级，一般来说微控制器比微处理器要便宜。图 3-2 是一个典型的微控制器示意图。

那么，何时需要考虑嵌入式操作系统呢？

在嵌入式软件设计中，如果产品的需求比较简单，一种被称为"超级循环"（super loop）的程序结构就可以满足需求，这时你可能不需要一个操作系统。超级循环代码示例如下。

```
// C
function main_function()
{
    initialization();
    do_forever
    {
        check_status();
        do_calculations();
        output_response();
        delay_for_next_loop();
    }
}
```

随着系统的需求越来越多，这个超级循环会变得越来越复杂，或者已经无法满足实时性的要求，这时候我们就要考虑引入嵌入式操作系统了。如果所开发的产品涉及网络连接（如 Wi-Fi）、复杂的 UI 或者文件系统，考虑并使用操作系统后也可以使嵌入式开发人员专注在自己的应用开发上。

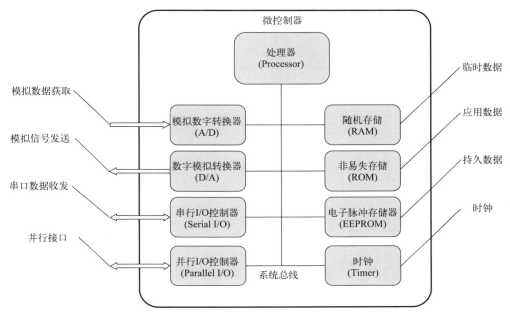

图 3-2　微控制器示意图

前面我们介绍了嵌入式操作系统的基本概念，以下阐明其特性。

- 实时性（real-time）。在很多嵌入式系统中，系统的正确性很大程度上依赖于在确定的时间完成特定的工作。一个系统，如果其操作的正确性能否实现，除了依赖于功能和逻辑的正确与否，还取决于操作完成的时延，那么我们称该系统为实时系统。基于操作响应的及时性，一般可以将实时系统分为硬实时系统和软实时系统：硬实时系统对系统的响应时间有严格的要求，一旦响应时间不满足要求，就可能会引起系统崩溃或者致命的错误；软实时系统在响应时间不满足要求的情况下，系统的使用会受到影响，但不会导致严重的后果。这里介绍一下实时系统和分时系统的区别，分时系统（time-sharing operating system）采用时间片轮转方式，规定每个作业每次只能在给定的一个时间片运行，然后就必须暂停该作业并立即调度下一个作业运行。这样的话，用户看起来是自己的每个作业都能够同时运行，但是分时系统是非抢占式的，也就是说对于紧急的任务，也必须等到其他作业的时间片之后才能够进行调度。而在实时系统中，是抢占式调度。关于调度的知识，会在后续的系列里详细介绍。

- 可配置性（configurability）。嵌入式操作系统会搭配各种不同的硬件以及应用来使用，这就要求嵌入式操作系统可以根据不同的硬件平台以及软件依赖进行灵活的配置。在进行灵活配置的同时，不同组件之间的特性隔离也是设计和测试中需要考虑的重要因素。

● 资源限制（resource constraints）。由于嵌入式系统仅有少量的 ROM、RAM 或者对用电有特殊的要求，对比通用操作系统，嵌入式系统在代码 size、内存占用以及功耗上都有更为严苛的限制。这也要求在编译之前，不必要的组件就应该被去除掉以节省 ROM 和内存的占用。表 3-1 列出了当前主流的嵌入式操作系统，及其特性对比。

表 3-1　主流嵌入式操作系统特性对比

操作系统	NuttX	FreeRTOS	VxWorks	Zephyr	LiteOS
主要厂商	—	亚马逊	风河	英特尔（Linux 基金会）	华为
开源许可	Apache-2.0	LGPL（MIT）	专有许可	Apache-2.0	BSD-3
发布时间	2007 年	2003 年	1987 年	2016 年	2012 年
内存分配	—	—	Best-Fit 算法	—	—
C/C++库	完全集成的标准 C 库、支持 C++11 标准、LLVM 的 libcxx 也是可用选项	—	—	部分实现	
调度器	基于优先级或轮询	基于优先级或轮询			
文件系统	支持文件系统	仅支持 FAT 文件系统	支持文件系统	支持文件系统	支持文件系统
安全性认证	默认无安全性支持	SafeRTOS：依据 Wittenstein SafeRTOS 实现的 DO-178C（航空领域）认证，达到 SIL 3 安全等级	—	进行中，符合 IEC 61508 安全标准	
POSIX 兼容性	完全支持	部分支持	—	部分支持	—

3.1.3　智能物联网操作系统特性

面向 IoT 的操作系统除了嵌入式操作系统的一些要求外，还具备一些其他的特性，本小节会逐一介绍这些特性。

（1）功能完整且模块化

具备丰富完整的 OS 组件，包括任务管理、内存管理、时间管理、通信机制、中断管理、队列管理、事件管理、定时器等操作系统基础组件。可以利用丰富的 OS 组件，快速完成系统的定制和应用的开发，减少开发成本，让产品更快投放市场。其代码复用性强，方便 Linux 平台上现有的开源库和组件移植，方便代码复用。

功能模块化，高度可裁剪。可以支持系统资源使用跨度极大的各种产品形态，开发者可根据实际需求对系统进行定制。物联网中各设备节点由于完成功能不一、采用硬件配置不一，很难采用单一配置的操作系统完成所有的能力支持。因此，需要操作系统可以根据节点任务差异完成操作系统能力的剪裁与配置。比如，一些探测传感器仅需要简单的任务调度能力和通信能力即可，要求操作系统的运行尺寸为几十 B 甚至更小；一些核心控制设备则需要复杂的任务调度、数据通信、文件记录或图形显示等能力，通常操作系统占用几百 KB、几 MB 甚至更大空间。

（2）广泛的互联通信能力

随着嵌入式操作系统在 IoT 领域的广泛应用，其功能日渐丰富，也有了通信需求。面向 IoT 的操作系统需要支持各种无线和有线、近场和远距离的通信方式和协议，比如Wi-Fi、蓝牙、ZigBee、PLC-IoT、UWB 和 NFC 等通信技术。

物联网理念高度关注"连"和"通"，通过传感元器件、通信技术可以实现物联网的"连"，但是真正制约物联网发展水平和潜力的将是保证"通"所需的技术、标准和产品。物联网的互联互通需要解决传感器之间、传感器与通信网、传感器与互联网之间的互联。

（3）可升级可维护

物联网设备的可维护性，即支持设备的安全动态升级（OTA）和远程维护。物联网中的终端节点部署数量较多，通常安装位置位于前端，安装拆卸困难。这就要求这些终端节点具有可重新配置和自适应性、高健壮性和容错性等，在需要的时候操作系统能够提供运行时软件的动态升级，保证软件正常工作。

当操作系统和应用模块需要升级时，最有效的办法就是仅仅升级更新的部分，这就要求在不影响现有系统正常运行的前提下，将需要升级的应用、服务组件或操作系统装载并部署到目标系统中，保证升级后的目标系统能够启用新版本。

（4）低功耗

物联网中的终端节点由于部署的位置、空间、热环境等方面的限制，有着严格的发热控制和低功耗运行要求，因此要求软件具备有效管理处理器、设备等硬件节能功能。此外，由于终端节点智能化程度的不断提升，这些节点陆续采用了操作系统支持应用的开发，以解决原有的直接基于硬件编程模式带来的开发难度大、编程接口不规范、软件重用困难等诸多问题。

传统的操作系统不支持功耗管理策略，目前推出的一些面向物联网的轻型操作系统具备初步的功耗管理能力，如 NuttX、FreeRTOS、LiteOS。这些操作系统通常基于硬件平台提供的功耗操作或调频操作，采用事件触发模式，在任务管理与调度层面实现节能控制。

（5）安全可靠

在物联网中，信息安全与系统安全通常密不可分，比如一些医疗设备、智能家居设备或汽车，不论受到人为干扰还是自身存在安全缺陷，都有可能对人身安全或财产安全造成威胁。在信息安全方面，信息安全伴随着网络发展得到了平行发展，特别是互联网商业化加速了信息安全的发展，出现了各类防火墙、入侵侦测与防御系统，以及事故事件管理策略等，在物联网信息安全方面，也出现了感知层安全防护，感知层网络传输与信息安全、应用服务数据安全防护，以及访问、核心网络与信息的安全防护等安全策略。在系统运行安全认证方面，各行业根据领域与安全等级的差异，提出了各类保障软件质量的安全标准。此外，在操作系统技术层面也提出了时间/空间隔离等安全相关的设计策略。

3.2 智能物联网操作系统测试内容

IoT 操作系统是专门为物联网设备设计的，其通常具备操作系统的一些核心功能，如进程管理、进程间通信、内存管理、文件系统及网络协议栈。为了便于开发者基于不同的操作系统开展上层应用移植以及调试，操作系统一般都会定义自己的接口遵从性规范，并具备特定的维测和调试工具。

本章将从进程管理、进程间通信、内存管理、文件系统、网络协议栈、接口范围遵从性、维测和调试以及源代码扫描方面介绍 IoT 操作系统的测试知识。鉴于操作系统知识的复杂性，在对每个模块的测试技术进行讲解之前，我们会对特定模块再做一些深入的介绍，希望能够帮助读者更好地理解对应的特性测试。

3.2.1 进程管理测试

进程是指一个具有一定独立功能的程序在一个数据集合上的一次动态执行过程。通常基于操作系统的上层业务就是以进程/线程的形式在操作系统中运行。为了保证上层业务能够正确稳定运行，测试范围必须覆盖接口、功能和稳定性这三个方面。

3.2.1.1 接口测试

围绕操作系统提供的进程/线程相关 API 展开测试，如进程的创建、删除、属性设置等。该部分测试中主要验证接口功能的正确性。我们以线程的创建接口为例，其测试代码如下。

```C
//C
// Thread function
static void *Threadroutine(void *arg)
{
    /* The thread doesn't do anything just to test */
    return NULL;
}


//Interface unit test function
void TestPthreadCreate(FAR void **state)
{
    int res;
    pthread_t p_t;
    pthread_attr_t attr;
    size_t statck_size;
    struct sched_param param, o_param;

    /* Initializes thread attributes object (attr) */
    res = pthread_attr_init(&attr);
    assert_int_equal(res, OK);

    /* Set stack size */
    res = pthread_attr_setstacksize(&attr, PTHREAD_STACK_SIZE);
    assert_int_equal(res, OK);

    /* Set a scheduling policy */
    res = pthread_attr_setschedpolicy(&attr, SCHED_FIFO);
    assert_int_equal(res, OK);

    /* Set priority */
    param.sched_priority = TASK_PRIORITY;

    res = pthread_attr_setschedparam(&attr, &param);
    assert_int_equal(res, OK);
```

```
/* Call pthread_create() to create a test thread */
pthread_create(&p_t, &attr, schedPthread02Threadroutine, NULL);

/* Wait for the child thread finish */
pthread_join(p_t, NULL);

/* get schedparam */
res = pthread_attr_getschedparam(&attr, &o_param);
assert_int_equal(res, OK);

/* get stack size */
res = pthread_attr_getstacksize(&attr, &statck_size);
assert_int_equal(res, OK);

/* Complete the test */
}
```

3.2.1.2 功能测试

该部分测试通常通过模拟上层测试用的一些实际场景来构造测试。

1）进程状态

操作系统对于进程有一些生命周期的管理，大致有：进程创建、进程运行、进程等待、进程结束。

进程创建测试场景：模拟上层应用创建并初始化一个进程，完成各种初始化的设置等并使其成功在系统中运行起来。

进程运行测试场景：在进程执行过程中可以让进程进行一些让出 CPU、切换状态、改变优先级等操作来模拟各种使用场景。

进程等待（阻塞）测试场景：进程进入等待状态等待其他进程唤醒、进程资源被抢占而进入阻塞状态等。

进程结束测试场景：正常退出、错误退出、致命错误退出、被其他进程 kill 等。

2）进程调度

进程调度也称为低级调度（CPU 调度），是按照某种调度算法（或原则）从就绪队列中选取进程分配 CPU，主要是协调对 CPU 的争夺使用。在操作系统中，由于进程总数多于处理机，它们必然竞争处理机，为了充分利用计算机系统中的 CPU 资源，让计算机系统能够多快好省地完成我们让它做的各种任务，需要进行进程调度。进程调度的方式主要有以下两种。

可抢占式（可剥夺式）：就绪队列中一旦有某进程的优先级高于当前正在执行的进程的优先级时，操作系统便立即进行进程调度，完成进程切换。

不可抢占式（不可剥夺式）：即使在就绪队列中存在某进程优先级高于当前正在执行的进程的优先级时，当前进程仍将占用处理机执行，直到该进程自己进入阻塞状态，或时间片用完，或在执行完系统调用后准备返回用户进程前的时刻，才重新发生调度让出处理机。

3）进程调度算法

前面简单阐明了进程状态和进程调度的基本概念，接下来介绍一些常用进程调度算法以及其特点，如表 3-2 所示。

表 3-2　进程调度算法分类

先来先服务（FCFS）调度算法	在进程调度中采用先来先服务算法的时候，每次调度就从就绪队列中选一个最先进入该队列的进程，为之分配处理机，即谁第一排队谁就先被执行 特点：有利于长作业（进程）、有利于 CPU 繁忙型的作业（进程）
短作业优先（SJF）调度算法	短作业优先调度算法是从就绪队列中选出一个估计运行时间最短的进程，再将处理机分配给它，直到执行完成，而其他进程一般不抢先正在执行的进程 特点：算法对长作业（进程）不利，长作业（进程）长期不被调度，未考虑进程的紧迫程度。由于是估计运行时间而定，而这个时间是由用户所提供的，所以该算法不一定能真正做到短作业优先调度
时间片轮转（RR）调度算法	RR 调度算法与 FCFS 调度算法在选择进程上类似，但在调度的时机选择上不同。RR 调度算法定义了一个时间单元，称为时间片（或时间量）。一个时间片通常在 1～100ms 之间。当正在运行的进程用完了时间片后，即使此进程还要运行，操作系统也不让它继续运行，而是从就绪队列依次选择下一个处于就绪态的进程执行，而被剥夺 CPU 使用的进程返回到就绪队列的末尾，等待再次被调度 特点：平均执行时间短，简单可行
最高优先级优先调度算法	为了解决在短作业优先调度算法中进程的紧迫程度问题，引入最高优先级优先调度算法，它的方法也很简单，就是在队列中选取优先权最高的进程装入内存。进程的优先级用于表示进程的重要性及运行的优先性。一个进程的优先级可分为两种，即静态优先级和动态优先级 特点：保证高优先级进程的响应时间。这里需要注意最高优先级算法存在一个问题，即优先级反转问题。当一个低优先级进程持有一个高优先级进程需要的资源时，高优先级进程会被阻塞，无法继续执行，这就导致了优先级反转。为了解决这个问题，可以采用优先级继承或者优先级借用等技术

　　功能测试通常需要模拟一些测试场景，比如通过信号量来测试线程之间的同步操作。如以下测试用例，创建一个测试线程，每隔 2s 进行一次同步操作。

```c
//C
static sem_t sched_test_sem;
static void *Threadroutine(void *arg)
{
    int i;
    for (i = 0; i < 5; i++)
    {
        sem_wait(&sched_test_sem);
    }
    return 0;
}


void TestSchedPthreadSynchronization(FAR void **state)
{
    int res;
    pthread_t pthread_id;

    res = sem_init(&schedTask08_sem, 0, 0);
    assert_int_equal(res, OK);

    res = pthread_create(&pthread_id, NULL, (void *)schedPthread08Threadroutine,
NULL);
    assert_int_equal(res, OK);
    for(int i=0; i<5; i++)
    {
        sleep(2);
```

AIoT 智能物联网全栈测试技术：从原理到实战

```
        res = sem_post(&sched_test_sem);
        assert_int_equal(res, OK);
    }

    res = sem_destroy(&sched_test_sem);
    assert_int_equal(res, OK);
}
```

3.2.1.3 压力和稳定性测试

当一个系统由于大量运行的进程、过多的内存使用等而承受很大的压力时，它的表现如何决定了操作系统是否具有很强的稳定性。

以 Linux 操作系统为例，我们可以使用 LTP 测试套件对操作系统进行超长时间的压力测试。测试操作系统功能特性在大负荷压力下的稳定性和可靠性。它基于系统资源的利用率统计开发了一个测试的组合，为系统提供足够的压力。通过压力测试来推断系统的稳定性和可靠性。压力测试是一种破坏性的测试，即系统在非正常的、超负荷的条件下的执行情况。用来评估在超越最大负载的情况下系统将怎样运行，是系统在正常的情况下对某种负载强度的承受能力的考验。

3.2.2 进程间通信测试

通俗来讲，进程间通信（interprocess communication，IPC）可以理解为进程之间的信息交换。进程间通信的方式有多种，不同的应用场景下所使用的通信方式也不一样。因此对于这方面需要做到针对性的测试，针对每一种进程通信方式去设计不同的测试场景。

3.2.2.1 管道测试

对于管道基本功能测试，需要覆盖匿名管道和有名管道两种方式。

对于匿名管道比较直接的测试方式就是创建两个进程，由父进程创建一个子进程，子进程复制了父进程的描述符表，因此子进程也有描述符表，并且它们指向的是同一个管道，由于父子进程都能访问这个管道，因此可以通信。因为管道是半双工单向通信，所以在通信前要确定数据流向，即关闭父子进程各自一端不用的读写。如果一方是读数据就关闭写的描述符。管道的读写端通过打开文件描述符来传递，因此要通信的两个进程必须从它们的公共祖先那里继承管道的文件描述符。上面的例子是父进程把文件描述符传给子进程之后父子进程之间通信。也可以让父进程执行两次创建子进程操作（即 fork 操作），把文件描述符传给两个子进程，然后两个子进程之间通信。总之需要通过 fork 操作传递文件描述符使两个都能访问同一个管道，它们才能通信。

对于命名管道来说，它是文件系统可见的，是一个特殊类型（管道类型）文件，命名管道可以应用于同一主机上任意进程间通信。在管道中，只有具有血缘关系的进程才能进行通信，对于后来的命名管道，就解决了这个问题，FIFO（first input first output）不同于匿名管道之处在于它提供了一个路径名与之关联，以 FIFO 的文件形式存储在文件系统中。命名管道是一个设备文件，因此即使进程与创建 FIFO 的进程不存在亲缘关系，只要可以访问该路径，就能通过 FIFO 相互通信。值得注意的是，FIFO 总是按照先进先出的原则工作，第一个被写入的数据首先从管道中读取。

3.2.2.2　消息队列测试

消息队列亦称报文队列，也叫作信箱，是 Linux 的一种通信机制，这种通信机制传递的数据具有某种结构，而不是简单的字节流。消息队列的本质其实是一个内核提供的链表，内核基于这个链表，实现了"一个数据结构向消息队列中写数据，实际上是向这个数据结构中插入一个新节点；从消息队列汇总读数据，实际上是从这个数据结构中删除一个节点"这一目的。消息队列提供了一个从一个进程向另外一个进程发送一块数据的方法，消息队列也有管道一样的不足，就是每个数据块的最大长度是有上限的，系统上全体队列的最大总长度也有一个上限。

针对消息队列测试，可以创建一个接收进程和一个发送进程，一个进程负责向队列中发送消息，另外一个不断从队列中接收消息。

3.2.2.3　共享存储测试

共享内存允许两个或更多进程访问同一块内存。当一个进程改变了这块内存中的内容的时候，其他进程都会察觉到这个更改。对于共享存储测试可以通过一个实例来进行：创建一个进程 A，开辟一块大小为 4096KB 的共享内存，然后将进程 attach 到该共享内存块上，并执行写操作；然后再创建一个进程 B 每隔 1s 从该共享内存块读取，并对读取的结果进行验证。当然在实际测试中需要根据不同的平台和场景适当调整相关的测试参数。

3.2.2.4　信号量测试

信号量（semaphore）可以被看作是一种具有原子操作的计数器，它控制多个进程对共享资源的访问，通常描述临界资源当中临界资源的数目，常常被当作锁（lock）来使用，防止一个进程访问另外一个进程正在使用的资源。信号量本身不具有数据交换的功能，而是控制其他资源来实现进程间通信，在此过程中负责数据操作的互斥、同步等功能。

信号量工作原理如下。若此信号量的值为正，则进程可以使用该资源。进程将信号量值减 1，表示一个资源被使用，若此信号量的值为 0，则进程进入休眠状态，直至信号量值大于 0，进程被唤醒，重新进入第一步。当进程不再使用由一个信号控制的共享资源时，该信号量值加 1，如果有进程正在休眠等待该信号量，则会被唤醒。因此测试信号量可以覆盖进程同步和互斥这两种场景。

3.2.2.5　Socket 测试

Socket 通信不仅可以跨网络与不同主机进行进程间通信，还可以在同主机上进行进程间通信。在测试其基本功能时可以创建两个进程，一个作为 server，另一个作为 client。两个进程建立 Socket 的链接，然后直接发送数据即可，需要注意的是 Socket 作为进程通信使用时，往往是针对具有大量数据传递的场景，因此在测试时可以根据需要增加传递的数据量以达到相应的测试目的。

3.2.2.6　信号测试

信号是 Linux 系统中一种常用的通信机制，A 给 B 发送信号，B 在收到信号之前执行自己的代码，收到信号后，不管执行什么程序，都暂停运行，去处理信号，处理完毕后再继续执行原来的程序，这是一种软中断。由于信号是通过软件方法实现的，具有很强的延时性，对用户来讲时间非常短，不易察觉，每个进程收到的所有信号都是由内核负责发送，内核负责处理。测试时可以覆盖信号的捕捉、处理和阻塞等。

AIoT 智能物联网全栈测试技术：从原理到实战

3.2.3　内存管理测试

内存管理测试需要测试系统中的最大内存等资源的占用率，防止任务使用的资源超出系统的限制。同时还需要测试系统资源在极端情况下的行为，如系统内存资源被应用程序消耗时，程序长时间运行后的情况等。

对于内存管理测试来说，除了测试系统内存管理的基本功能外，我们还需要重点进行稳定性和压力的测试。我们可以借助丰富的内存测试工具来完成这一类的测试。

- 内存带宽测试工具 mbw。mbw 是一个内存带宽的测试工具，通常用来测试评估用户应用程序进行内存拷贝操作所能够达到的带宽，可以测试内存拷贝 memcpy、字符串拷贝 dumb、内存块拷贝 mcblock 等不同方式下的内存速度。
- 内存压力测试工具 memtester。memtester 的主要功能是捕获内存错误和一直处于很高或者很低的坏位,其测试的主要项目有随机值、异或比较、减法、乘法、除法、与或运算等。通过给定测试内存的大小和次数,可以对系统现有的内存进行上述项目的测试。
- 内存综合性能测试工具 lmbench。lmbench 是一套简易的、可移植的、符合 POSIX 标准的微型测评工具。一般来说，它衡量两个关键特征: 反应时间和带宽。lmbench 旨在使系统开发者深入了解关键操作的基础成本。lmbench 是一个用于评价系统综合性能的多平台开源 benchmark，能够测试包括文档读写、内存操作、进程创建销毁开销、网络性能等，测试方法简单。lmbench 是一个多平台软件，因此能够对同级别的系统进行比较测试，反映不同系统的优劣势，通过选择不同的库函数，能够比较库函数的性能。更为重要的是，作为一个开源软件， lmbench 提供一个测试框架，假如测试者对测试项目有更高的测试需要，能够通过少量修改源代码达到目的（比如现在只能评测进程创建、终止的性能和进程转换的开销，通过修改部分代码即可实现线程级别的性能测试）。
- 内存读写性能测试工具 sysbench。sysbench 是一个开源的、模块化的、跨平台的多线程性能测试工具，可以用来进行 CPU、内存、磁盘 I/O、线程、数据库的性能测试。

3.2.4　文件系统测试

文件系统保存一个文件的真实数据和元数据。真实数据就是文件的实际内容,元数据就是文件的权限和属性等记录。真实数据保存在普通的 block 中，元数据保存在 inode 中。不同文件系统的 block 和 inode 大小也是不尽相同的。计算机系统在发展过程中产生了众多的文件系统,为了使用户在读取或写入文件的时候不用关心底层的硬盘结构,Linux 内核中的软件层为用户提供了一个 VFS 接口,这样用户在操作文件时实际上就是统一对这个虚拟文件系统进行操作了。

我们用 VFS 提供的统一操作接口来进行文件的各种操作，所以文件系统功能主要涉及系统实现的 POSIX（portable operating system interface，可移植操作系统接口）API，包括文件读取与访问控制、元数据操作、锁操作等功能与 API。文件系统的 POSIX 语义不同，实现的文件系统 API 也不同，功能测试要能覆盖到文件系统设计实现的 API 和功能点。

3.2.4.1 文件系统接口测试

这一部分主要通过 POSIX 接口来测试文件系统的一些基本功能,POSIX 由 IEEE 开发并由 ANSI 和 ISO 标准化。POSIX 的目的在于提高应用程序在各种 OS 之间的可移植性,符合 POSIX 标准的应用程序可以通过重新编译后运行于任何符合 POSIX 标准的 OS 上。POSIX 的本质是接口,Linux 是符合 POSIX 标准的,VFS 也要符合 POSIX 标准。因此,文件系统只要满足 VFS 的要求,就可以说符合 POSIX 标准,就具备了良好的可移植性、通用性和互操作性。

3.2.4.2 文件系统压力测试

文件系统的负载能力是有一定的上限的,当系统过载时,系统就有可能出现性能下降、功能异常、文件破坏等问题。压力测试就是要验证系统在大压力下,文件系统是否仍然能够正常运行、功能是否正常,以及测试系统资源消耗情况。压力测试通常采用自动化方式进行,比如一些常见的文件系统压力测试套件 LTP、Iozone、Postmark、Fio 对系统进行持续增加压力,同时使用功能测试方法验证功能正确性,并采用 top、free、ps 等工具对系统资源进行监控。

3.2.4.3 文件系统异常测试

异常测试就是通过模拟构造出一些异常的操作来验证文件系统的性能和容错性,通常主要包括异常掉电、异常重启、系统 crash、文件丢失等。

3.2.4.4 稳定性测试

文件系统挂载运行后,通常都是不间断长期运行,稳定性的重要性不言而喻。稳定性测试主要验证文件系统在长时间(通常至少 7×24h)运行下,系统是否仍然能够正常运行、功能是否正常。稳定性测试通常采用自动化方式进行。通常稳定性挂测期间可以对文件系统适当加压配合,比如开启一些压测工具辅助稳定性挂测。挂测期间需要对文件系统进行不断的监控,通常需要关注的指标有分区资源消耗、内存消耗、CPU 占用等。

3.2.4.5 性能测试

性能是评估一个文件系统的比较关键的指标,根据文件系统在不同场景下的性能表现,可以判断文件系统是否适合特定的应用场景,并为系统性能调优提供依据。文件系统性能主要包括 IOPS、OPS、吞吐量三个指标,分别代表小文件、元数据、大数据的处理能力。性能测试采用自动化方式进行,测试系统在不同负载情况下的性能,主要包括小文件、大文件、海量目录等应用下的 OPS、IOPS、吞吐量,产生 I/O 负载的工具可采用 Iozone、Fio、Filebench 等。

3.2.5 网络协议栈测试

协议测试的目的是确保通信协议的正确实现,以及确保不同的通信设备之间可以正确互联。在商业测试中,协议测试技术非常实用,已经得到广泛应用。目前,除了一致性测试有国际标准外,其他测试技术还没有国际标准。因此,协议测试技术的理论化和标准化工作需要进一步深入研究。

在通信测试中,协议测试仅仅是一种黑盒测试,它并不检查协议代码,而是按照协议标准,通过控制观察被测协议实现或系统的外部行为对其进行评价。协议测试技术包括四种类型的测试：一致性测试（conformance testing），检测协议实现本身与协议规范的符合程度；互操作性测试（interoperability testing），基于某一协议检测不同协议间实现互操作互通信的能力；性能测试（performance testing），检测协议实现的性能指标，如数据传输速度、连接时间、执行速度、吞吐量、并发度等；健壮性测试（robust testing），检测协议实现在各种恶劣的环境下（如注入干扰报文、通信故障、信道被切断等）运行的能力。

在通信发展的历史中，国际标准化组织一直致力于协议一致性测试的研究，因此这种测试最早得到了广泛的关注和研究，并取得了许多有价值的成果。而其他三种测试则主要作为商业测试的手段，以满足具体测试者的需求。20 世纪 90 年代，国际标准化组织 ISO 制订了国际标准 ISO/IEC 9646（ITU-T X.290 系列），该标准描述了基于 OSI 七层参考模型的协议测试过程、概念和方法，是一种重要的协议一致性测试框架。此外，ETSI ETS 300 406 也提供了测试和规范方法，以及协议一致性测试规范，如表 3-3 所示。

表 3-3　一致性测试相关标准

ITU-T 标准号	ISO/IEC 标准号	标准名称
ITU-T X.290	ISO/IEC 9646-1	协议一致性测试方法与框架——基本概念
ITU-T X.291	ISO/IEC 9646-2	协议一致性测试方法与框架——抽象测试集规范
ITU-T X.292	ISO/IEC 9646-3	协议一致性测试方法与框架——树表结合符号
ITU-T X.293	ISO/IEC 9646-4	协议一致性测试方法与框架——测试实现
ITU-T X.294	ISO/IEC 9646-5	协议一致性测试方法与框架——测试实验室和客户需求
ITU-T X.295	ISO/IEC 9646-6	协议一致性测试方法与框架——协议轮廓测试规范
ITU-T X.296	ISO/IEC 9646-7	协议一致性测试方法与框架——实施一致性声明

随着通信技术的不断发展，新的协议变得越来越复杂，这给协议一致性测试带来了很多困难。在实际测试中，即使协议一致性测试通过了，也不能保证互操作性测试一定能够通过。因此，互操作性测试相关研究越来越受到重视。虽然目前还没有国际标准规定互操作性测试，但中国以及 ETSI、ITU-T、ISO 等国际组织都在进行相应的研究工作。具体成果列举如下。

① ETSI TS 102 237"互操作测试方法和途径"、ETSI TS 202 237"互操作测试方法"。

② ITU-T 正在完善 ITU-T Z.itfm"互操作测试框架和方法"。

③ ISO 正在许多协议簇中增加互操作测试。

④ 中国通信行业标准 YD/T 1521—2006《路由协议互操作性测试方法》。该标准主要由原信息产业部电信研究院、华为技术有限公司、中兴通讯股份有限公司参与起草，并由原信息产业部发布。

互操作性测试、性能测试和健壮性测试的研究对商业测试非常实用，已被广泛应用。然而，这些测试的理论化和标准化工作仍需深入研究。协议实现或系统能否通过一致性测试和互操作性测试，是其能否与其他协议等实现互联互通的重要保障。因此，对协议实现进行一致性测试和互操作性测试非常重要。

3.2.5.1　协议一致性测试

ISO/IEC 9646 中对一致性的定义如下："一致性实现应满足静态和动态一致性需求，并与协议实现一致性声明（protocol implementation conformance statements，PICS）中所声明的功能相符合。"一致性测试的主要目的是确定被测实现（implementation under test, IUT）

是否符合标准规定。一致性测试通常使用一组测试案例序列，在特定的网络环境下对被测实现进行黑盒测试，通过比较 IUT 的实际输出和预期输出的差异来判断 IUT 是否与协议描述相一致。一致性测试的拓扑结构如图 3-3 所示。一致性测试的重要特征包括以下三点。

① 被测系统（system under test，SUT）或被测实现定义测试边界。

② 测试由一个能够完全控制 SUT 并拥有观察 SUT 所有通信能力的专门测试系统实施。

③ 测试在开放式标准接口上执行，也就是说接口通信指定在特定协议上。

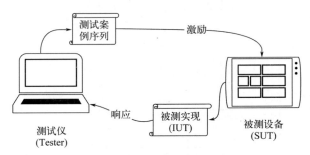

图 3-3　一致性测试拓扑图

根据 ITU-T X.290 系列 ISO/IEC 9646 定义的一致性测试方法，测试标准主要包括五部分。第一部分是测试套结构和测试目的（TSS&TP），由相关标准而得。它们为每个测试提供一个非正式易读的描述，集中于测试意图而不是如何实现。通常在协议层上定义。第二部分是抽象测试套（ATS），是测试例的集合，测试例通过测试描述语言（如 TTCN、XML）描述。第三部分是协议实现一致性说明（PICS），PICS 说明被测实施的要求、能力及选项实现的情况。第四部分是协议实施附加信息（PIXIT），PIXIT 提供测试必需的协议参数（例如特殊地址、计时器值等）。第五部分是可执行测试套（ETS），可以通过 ATS 简单快速地生成。协议一致性测试步骤包括静态测试、动态测试和测试报告。静态测试是测试仪读取 PICS/PIXIT 文件并根据协议标准进行静态测试，检查 IUT 参数说明是否符合标准。动态测试是测试仪根据 PICS/PIXIT 文件和 ATS 生成 ETS，然后执行 ETS 对 IUT 进行激励/响应测试，具体采用的测试类型包括本地测试方式、分布式测试方式、协同测试方式和远程测试方式。测试报告是对测试执行产生的测试记录文件进行分析，按照测试报告描述规格生成的报告，协议一致性测试报告记录了所有测试案例的测试结果：成功（pass）、失败（fail）、不确定（inconclusive）。

3.2.5.2　协议互操作性测试

目前，互操作性测试没有标准的定义，通常用于研发阶段多厂商准正式测试或者运营商的选型测试中。互操作性测试评估被测实现与相连接的相似实现之间在网络操作环境中的交互能力，并且完成协议标准中规定的功能，从而确定被测设备是否支持所需要的功能。

在互操作测试中，最常用的形式是测试单位选择经过一致性和互操作性测试认可的设备来与被测设备进行互操作性测试。互操作性测试的拓扑结构如图 3-4 所示。

互操作性测试的重要特征包括以下三点。

① 认可设备（qualified equipment，QE）和被测设备（equipment under test，EUT）来自不同厂商（至少不同生产线）共同定义测试边界。二者可能是终端设备、网络设备或者

AIoT 智能物联网全栈测试技术：从原理到实战

应用软件，也可能是一个单独设备或者若干设备组合。

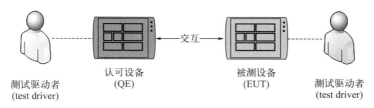

图 3-4　互操作性测试拓扑图

② 互操作性测试基于用户期望的功能，并由用户控制并观察测试结果。测试驱动者（test driver）可以是人工操作也可以是软件程序。

③ 互操作性测试在功能性接口上执行和观察，也就是说接口没有指定在协议级而是功能级上。这些接口包括人机接口（man-machine interface，MMI）、协议设备接口（protocol service interface）、应用程序接口（application programming interface，API）。

互操作性测试过程除了测试使用规范、测试设备和测试驱动与一致性测试不同以外，其他基本与一致性测试类似。互操作性测试过程主要包括两个部分。

① 开发互操作性测试规范过程。该过程通常由互操作者根据测试功能要点进行制定，主要包括以下内容：指定抽象测试架构、准备互操作特征声明（interoperable features statement，IFS）草稿、声明测试套架构（test suite structure，TSS）、写测试目的、写测试案例、IFS 定案。

② 测试过程。主要包括准备测试、具体测试、测试报告。

3.2.5.3　网络测试工具

广义上的网络测试工具可以分为物理线缆测试仪、网络运行模拟工具、协议分析仪、专用网络测试设备、网络协议的一致性测试工具和网络应用分析测试工具等。

物理线缆测试仪通常是指现场测试仪，其诊断能力和纠错速度是选购测试仪的首要指标，同时测试仪也需要具备良好的抗恶劣环境能力。网络测试仪则将网络管理、故障诊断和网络安装调试等功能集中在一个仪器里，可以帮助网络管理人员在较短时间内对网络的运行情况和故障点做出判断。协议分析仪则是能够捕获网络报文的设备，可以用于分析网络流量，找出潜在的问题。当前，大多数的网络测试工作都需要依靠专业的工具来完成，而不同类型的测试工具也有不同的划分，因此掌握一些测试工具的工作原理和了解相关产品对于从事这类工作的人来说是非常必要的。

3.2.5.4　网络异常模拟测试

在网络协议运行的过程中，可能会遇到各种各样的网络问题，如网络延迟、网络掉包、网络节流、网络重发、数据乱序、数据篡改等。为测试网络协议的健壮性，需要模拟以上各种环境，常用的方法一般有两种。

① 通过加干扰的方式，影响信道质量，从而导致丢包、乱序等现象。这种方式可以模拟真实网络情况，但是对丢包率的影响不好量化，干扰强度也不好掌握，例如可能出现在某干扰强度下，丢包率为 3%，再稍微增大一点干扰，丢包率立即就到了 50% 甚至 100% 的情况。

② 直接在网卡上拦截指定的网络数据，来模拟网络异常的情况。在 Windows 系统下

可以使用 Clumsy 来进行网络异常的模拟，用户可以选择 Filter 来拦截指定的网络数据（可根据端口号、网络协议、IP 地址等进行过滤），并可以为拦截到的数据设置延迟、丢包、乱序等来模拟网络异常情况。对于 Linux 设备，需要用到 netem 功能以及 tc 工具。netem 是 Linux 2.6 及以上内核版本提供的一个网络模拟功能模块。该功能模块可以用来在性能良好的局域网中模拟出复杂的互联网传输性能，诸如低带宽、传输延迟、丢包等情况，tc 是 Linux 系统中的一个工具，全名为 traffic control（流量控制），tc 可以用来控制 netem 的工作模式，例如 "tc qdisc add dev eth0 root netem loss 1%" 这个命令将 eth0 网卡的传输设置为随机丢掉 1%的数据包。

3.2.6 接口规范依从性测试

可移植操作系统接口规范（portable operating system interface，POSIX）标准最初由电气和电子工程师协会（Institute of Electrical and Electronics Engineers，IEEE）制定，目的是保证不同操作系统之间的兼容性。POSIX 标准本身非常庞大，在这些标准里面我们主要关注的是 POSIX.1 标准，它规范了基本的操作系统接口，是用于源代码级别的可移植性标准。其最新的版本是 IEEE Std 1003.1, 2013 Edition The Core of the Single UNIX Specification（核心服务），我国的国家标准是 GB/T 14246.1—93《信息技术 可移植操作系统界面 第 1 部分：系统应用程序界面（POSIX.1)》，两者比较起来有一个较大的时间跨度。

3.2.6.1 LTP

LTP（Linux Test Project）是 SGI、IBM、OSDL 和 Bull 合作的项目，目的是为开源社区提供一个测试套件，用来验证 Linux 系统的可靠性、健壮性和稳定性。LTP 测试套件是测试 Linux 内核和内核相关特性的工具的集合。该工具的目的是通过把测试自动化引入到 Linux 内核测试，提高 Linux 的内核质量。LTP 提供了验证 Linux 系统稳定性的标准，设计标准的压力场景，通过对 Linux 系统进行压力测试，对系统的功能、性能进行分析，并以此验证 Linux 系统的可靠性、健壮性和稳定性。

3.2.6.2 Open POSIX Test Suite

Open POSIX Test Suite 所提供的针对 POSIX 依从性测试的主要内容包括基本定义（definitions）测试、接口功能实现（interfaces）测试和接口行为实现（behavior）测试。另外，它还包括了一个对于接口调用的功能测试（functional）和压力测试（stress）。

基本定义（definitions）测试的测试范围如下。

- aio.h - asynchronousinput and output (REALTIME).
- errno.h - system errornumbers.
- sched.h - executionscheduling (REALTIME).
- sys/mman.h - memorymanagement declarations.
- sys/shm.h - XSI sharedmemory facility.
- mqueue.h - messagequeues (REALTIME).
- pthread.h - threads.
- signal.h - signals.
- time.h - time types.
- unistd.h - standardsymbolic constants and types.

AIoT 智能物联网全栈测试技术：从原理到实战

接口功能实现（interfaces）测试的测试范围如下。

- 异步输入输出（aio）。
- 消息队列（mq）。
- 信号（sig）。
- 计时器（timer/clock）。
- 系统线程（pthread）。
- 执行时序安排（sched）。
- 信号量（sem）。
- 内存管理（mm）等。

接口行为实现（behavior）测试的测试范围包括 timers 和 WIFEXITED 两类行为。

3.2.7 维测和调试

维测和调试的目的是确保软件或系统的稳定性和可靠性，及时发现和修复可能存在的问题，以确保软件或系统的正常运行。调试通常需要使用调试工具和技术，例如断点调试、日志记录、追踪等。在软件或系统开发过程中，维测和调试是非常重要的环节，可以帮助开发人员及时发现和修复问题，提高软件或系统的质量和可靠性。

3.2.7.1 GDB 调试

GDB 常用于 Linux 应用程序的调试。在使用 GCC 编译时，需使用-g 选项，保留调试信息，以便进行 GDB 调试。GDB 调试测试示意图如图 3-5 所示。

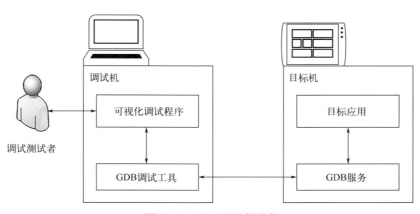

图 3-5　GDB 调试测试

GDB 配置如下。

```
//Apache
CONFIG_DEBUG_SYMBOLS=y
```

进入 GDB 调试。

```
//Apache
gdb ./nuttx
```

后台进入 GDB 调试，需要先通过如下命令找到 nuttx pid。

```
Shell
ps -aux | grep nuttx
```

GDB 的主要命令如表 3-4 所示。

表 3-4　GDB 主要命令

命令	功能
help	查看 gdb 命令类别
r/run	开始/重新开始执行应用程序，应用程序从头开始，直到遇到断点
list	列出源码，持续键入回车，代码向后展开
n/next	单步执行，单步调试 回车重复执行上条命令
focus	显示源码，Ctrl+X+A 退出 focus
finish/fin	结束当前函数
s	跳入函数
b	func/line 用于设置断点，可以在文件某一行，某个函数等
del 1/dis 1/en 1	删除 1 号断点/关闭 1 号断点/打开 1 号断点
info b	查看所有断点
info register	查看寄存器
p var	打印变量，可以打印当前所有变量，打印类型需要匹配
x /10 ptr	向上 dump ptr 附近的 10 个字节内容
set var	设置变量值
bt	查看调用栈
watch 观察点 (地址)	当地址中的内容发生变化，程序会停下来
condition	当 0x565d046c 的内容被修改为 0 时停下来
frame 3	跳到栈的第三层，方便查看当前栈信息
c	继续执行，直到下一个断点
disassemble func	对函数进行反汇编
disassemble /m ptr	反汇编出指针附近的代码
q	退出 GDB

3.2.7.2　内存调试（使用 KASAN）

Kernel Address Sanitizer（KASAN）是一个动态内存错误检测器。它提供了一个快速而全面的解决方案，用于查找释放后使用（use-after-free）和越界错误。

KASAN 使用编译插桩来检查每个内存访问，因此需要 GCC 版本为 4.9.2 或更高。GCC 5.0 或更高版本是检测对堆栈或全局变量的越界访问所必需的。插桩主要是在 llvm/gcc 编译器级别对访问内存的操作（store，load，alloca 等）进行处理。动态运行库主要提供一些运行时的复杂的功能（比如 poison/unpoison shadow memory）以及将 malloc,free 等系统调用函数 hook 住。该算法的思路是：KASAN 使用 shade memory 直接标记内存的状态（global、stack、heap、free），每次内存读写，先检查标记再操作实际内存。

KASAN 的配置如下。

```
//Apache
CONFIG_MM_KASAN=y
```

以下代码为 KASAN 测试示例。代码中的第一条 printf 未越界，第二条 printf 越界，因此立即上报并打印 PANIC 信息，通过 backtrace 信息可以直接定位到越界访问处。

```
//Apache
int main(int argc, FAR char *argv[])
```

```
{
    char *p = malloc(1024);
    printf("Hello, World!!,%d\n", p[1023]);
    printf("Hello, World!!,%d\n", p[1024]);
    return 0;
}
```

3.2.7.3 core dump

当程序运行的过程中出现异常终止或崩溃，操作系统会将程序当时的内存状态记录下来，保存在一个文件中，这种行为就叫作 core dump（译为"核心转储"）。我们可以认为 core dump 是"内存快照"，但实际上，除了内存信息之外，还有些关键的程序运行状态也会同时 dump 下来，例如寄存器信息（包括程序指针、栈指针等）、内存管理信息、其他处理器和操作系统状态与信息。core dump 对于编程人员诊断和调试程序是非常有帮助的，因为有些程序错误（例如指针异常）是很难重现的，而 core dump 文件可以再现程序出错时的情景。

那么，core dump 在什么情况下才会发生呢？例如我们使用 kill -9 命令杀死一个进程会发生 core dump 吗？实验证明是不能的。这里涉及 Linux 的信号机制，例如 SIGQUIT、SIGILL、SIGABRT、SIGSEGV、SIGTRAP 几种信号，在它们发生时会引发 core dump。

为什么我们使用 Ctrl+Z 来挂起一个进程或者使用 Ctrl+C 结束一个进程均不会产生 core dump，因为前者会向进程发出 SIGTSTP 信号，该信号的默认操作为暂停进程（stop process）；后者会向进程发出 SIGINT 信号，该信号默认操作为终止进程（terminate process）。

同样上面提到的 kill -9 命令会发出 SIGKILL 信号，该信号默认为终止进程。而如果我们使用 Ctrl+\来终止一个进程，则会向进程发出 SIGQUIT 信号，默认是会产生 core dump 的。还有其他情景会产生 core dump，如程序调用 abort()函数、访存错误、非法指令等。

core dump 使用需要一块独立的 emmc 分区，目前 ap 全部 ram 生成的 core 文件是 40MB 左右，core dump 区域为 100MB。

```
//Apache
  ap> mkgpt write /dev/mmcsd0 vendor:50M recovery:100M system:150M app:300M
misc:100M i18n:50M font:50M watchface:200M quickapp:150M recovery_b:100M
factory:100M data:2300M coredump:100M

  reboot
```

检查当前分区情况，如图 3-6 所示。

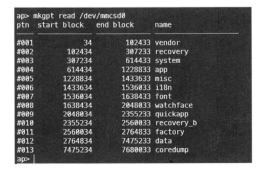

图 3-6　检查当前分区情况

```
//Apache
mkgpt read /dev/mmcsd0
```

以下是一个生成 core dump 转储文件的实例：ap 在 crash 和 boot 后分别做 elf core 的块设备（/dev/coredump）保存和文件系统（/data/coredump）转储，此次 core dump 会将文件名打印在启动 log 中，保存路径为：/data/coredump/Core-ap-31f2478ab4-dirty-Jan-12-2022-12-0-8-1970-1-1-0-0-31.core。

```
//Apache
[ap] board_reset: coredumping ...
[ap] board_reset: rebooting

reboot 后：
[ap] coredump_restore: Coredumping ... [/data/coredump/Core-ap-31f2478ab4-dirty-
Jan-12-2022-12-00-58-1970-1-1-0-0-31.core] ...
[ap] coredump_restore: Coredumping ... [10%]
[ap] coredump_restore: Coredumping ... [20%]
[ap] coredump_restore: Coredumping ... [30%]
...
[ap] coredump_restore: Coredumping ... [100%]
[ap] coredump_restore: Coredumping ... [/data/coredump/Core-ap-31f2478ab4-dirty-
Jan-12-2022-12-00-58-1970-1-1-0-0-31.core]
```

将对应 core dump 文件作为 gdb 工具的参数，就可进行最基本的调试。

```
//Apache
./gdb -c coredump/Core-ap-5758b5e8e7-dirty-Jan-12-2022-16-49-14-1970-1-1-0-0-5.
core coredump/nuttx--data-directory=data-directory
info thread
thread PID
bt
info args
```

3.2.8　源代码扫描测试

3.2.8.1　动态/静态分析检测技术

现在的软件检测已经形成了较为成熟的体系，主要分为动态分析检测技术和静态分析检测技术两个类别。

1）动态分析检测技术

动态分析检测技术是指通过运行待分析的程序来获取程序在某次执行过程中的真实有效信息，从而判断其运行是否符合预期。因为整个执行分析的过程是以真实的软件执行情况为依据的，所以动态分析检测技术是不存在误报的。

程序执行中获取有效信息的方式主要有以下几种。

- 在执行程序的时候，从程序的输出信息中获取。只要是执行程序，程序就会对输入作出相应的反应，因此在执行软件代码的时候，都会有与执行情况相关的信息输出。比如系统的内存使用情况、程序执行的日志信息、执行异常信息、执行结果等。从这些获取的真实有效信息中可以分析得出软件是否存在源代码缺陷。

- 通过软件接口获取。现在有很多程序开发者通过虚拟机获取，这些虚拟机具有特殊的用途，提供相关的接口来输出软件代码执行的信息。

- 通过插装代码截取有效信息。大多数情况下，我们看不到程序执行过程，只能得到输入变量对应的输出变量，通过与预期结果做比较来判断程序的对错。但是有的时候只得到预期结果并不能完全确定程序是正确的，可能换成另外一个变量时就会出现差错。这时，就可以通过插装监控代码来获取程序运行过程中某个变量的变化情况、不同系统组件间的交互信息等。

动态检测是在程序编码完成后进行的操作，不能介入到软件开发的过程中，不能对缺陷进行及时报告。在不同的条件下，需要重复运行程序代码，实现的代价较高。并且动态分析检测中需要真实信息，往往很难枚举出程序执行的所有路径情况，存在很严重的漏报行为。

2）静态分析检测技术

静态分析检测技术是指不运行程序本身，而是对软件源代码进行编译扫描，根据程序的数据流、控制流、抽象语法树进行解析，分析程序中存在的安全漏洞。目前，网络安全界在静态分析检测技术领域上已经提出了许多可以执行的测试技术，主要有自动定理证明、词法分析、数据流分析、基于抽象语法树的语义分析、基于规则检查等，并在这些技术基础上开发出了相应的静态分析工具。

静态分析检测技术的优势主要有以下几点。

- 执行时间灵活。静态分析检测技术可以运用在软件开发的任何阶段，能够快速发现并定位到软件中隐藏的漏洞，从而避免漏洞在软件开发的不同阶段进行污染传递，以此来提高软件的质量，减少软件发布后带来的损失。

- 覆盖范围广。据不完全统计，常用的静态分析检测技术可以发现软件开发中三成到七成的程序代码缺陷问题。

- 自动化程度高。为了提高软件测试的效率，很多开发人员致力于代替手工测试的静态分析工具的研究，已经成功研究出了可以实现相应静态分析检测的工具。软件测试人员在软件测试阶段可以通过使用静态分析检测工具对软件的程序代码进行安全审计扫描分析，得到分析检测报告，从而分析软件的代码中存在的问题及缺陷。

静态分析检测技术相较动态分析检测技术比较明显的特点是不需要运行程序，因此可以介入到软件开发的任何时期，实现早发现早预防。在软件开发初期就对程序进行干预，及早发现并修复软件缺陷，保证后续软件开发正常进行，是软件生产者的不懈追求，因此静态分析检测技术是不二选择。而本部分关注的重点是如何通过静态分析检测技术对软件进行检测，暴露软件中存在的并发漏洞。静态分析检测技术分为4类：基本分析、基于形式化方法的分析、指针分析和其他辅助分析。

（1）基本分析

基本分析技术是一些较为常见的，在很多编译器的编译原理中都会采用的分析方法，包括词法分析、语法分析、类型分析、数据流分析、控制流分析等。

① 词法分析。编译程序的过程被分为5阶段，即词法分析、语法分析、语义分析、中

间代码产生与优化、目标代码生成。词法分析是编译的基础，同样也是静态分析检测技术的基础，其主要是使用词法分析器对源代码的字符流进行扫描，根据词法规则来识别程序中的关键字和单词符号，包括关键字、标志符、常数、运算符、界符等。

② 语法分析。语法分析也是编译程序的一个阶段，所以也是依附于编程语言和编译器来实现的，它把词法分析产生的单词序列按照语法规则重新进行组合，生成语法解析树。在构造语法解析树的过程中，结合语法规则可以判断软件代码的语法结构是否合法。语法分析常用的有自上而下和自下而上两种构建语法解析树的方法。自上而下的构造方法是指从语法解析树的根节点向底部的叶子节点来逐步构造，自下而上是指从叶子节点开始，逐步向根节点构造。

③ 类型分析。在静态分析检测技术中，类型分析就是类型检查，类型检查主要是用来分析程序中的数据类型，判断是否存在错误，达到静态检查的目的。数据类型错误通常是指在代码片段中使用了不符合编程语言类型约束的类型操作。比如在C语言中，乘法运算符的适用对象是有规定的，不能乱用，把两个字符串进行乘法操作会导致运行结果的差异，或者程序中断。类型分析在实际运用中具有高效性，能够快速地检查出软件代码中的类型错误。

④ 控制流分析。控制流分析通过确认软件代码的控制流程，生成控制流图。其基本思路是根据不同的软件代码语句结构之间的关系，对软件代码内部的语句进行合并，以此得到代码结构的相关重要信息。控制流图是软件代码执行过程的图形化表示，可以展示程序可能执行的所有路径，是对软件程序分支跳转关系的抽象描述。通常控制流图由节点和边组成，并且边是有方向的，节点代表软件程序中经过合并的基本语句代码块，边代表软件程序代码块之间的转移方向。

⑤ 数据流分析。数据流分析是指沿着软件程序执行的路径和流动方向来获取数据的相关信息。数据流分析的方法是基于控制流图来实现的。其前期工作是从软件代码中取得源码语义信息，然后把软件代码中变量的取值和使用情况运用代数计算进行确认统计，找出软件代码中的不可达代码。数据流分析主要有三种方法：迭代数据流分析、区间分析和结构分析。

（2）基于形式化方法的分析

形式化方法在逻辑科学中是指分析、研究思维形式结构的方法，适用于软件和硬件系统的描述、开发和验证，使用适当的形式化分析可以提高设计的可靠性和健壮性。基于形式化方法的分析就是采用了数学分析的方法来研究软件代码，首先使用形式化语言来描述软件代码，然后把描述结果和程序一起作为静态代码分析检测工具的输入，以此得到相应的分析报告。常见的基于形式化方法的分析有模型检测、定理证明、约束分析、抽象解释。

① 模型检测。模型检测把系统建模为有限状态转移系统，将系统期望的性质描述为时态逻辑公式，然后在有限状态转移系统上进行穷尽搜索，以检查性质是否被满足。模型检测技术需要先对系统建模，这个转化过程是通过使用抽象技术来实现的，很大程度上会造成原来的软件系统与建模后系统不一致的问题，这种情况会导致分析结果不能完全反映软件系统的真实情况。因此模型检测技术对使用者有较高的要求，必须掌握充分的模型转换知识，才能对系统作出最佳的转换描述。

② 定理证明。定理证明是把需要分析的软件代码转化成数学中常用的定理证明，从而判断其是否满足特定的属性。在静态分析检测技术中，定理证明是一种最为严密的分析技

AIoT 智能物联网全栈测试技术：从原理到实战

术，也是最为复杂和最准确的方法。与模型验证相同，定理证明对数学证明的要求很高，一般情况下，为了能够真实有效地描述指定的属性，使用人员必须通过在待分析的软件代码中添加特定形式的注解来描述软件代码中的前置和后置条件，以及循环不变量。这种额外添加注解的技术使得使用者的成本大大上升，当代码量较大时，定理证明不是静态分析中的最佳选择，这也是定理证明使用存在局限性的原因。

③ 约束分析。约束分析技术同定理证明一样，需要把待分析的软件代码进行转化，这里转化的目标是一组约束，在约束条件中进行求解，寻找满足特定条件的解。

④ 抽象解释。这种技术的要点是对待检测的软件代码进行解析构造，基本思路是把程序代码中包含的变量、函数投影为抽象域，并根据程序描述的具体语义抽象为高层的抽象运算，对抽象域进行不动点的迭代计算，最终对抽象计算出来的不动点进行性质判断，从而检测代码是否符合设计要求。抽象解释在处理复杂的计算机问题或模型的过程中通过对问题进行近似抽象，取出其中的关键部分进行分析，从而减少问题的复杂程度，再综合其他的形式化方法来解决问题。

（3）指针分析

指针分析主要分为两类：别名分析和指向分析。

① 别名分析。用于确定程序中不同变量或内存位置之间的别名关系。在程序中，如果两个变量或内存位置具有相同的地址，则它们被认为是别名。别名分析可以帮助开发人员发现程序中可能存在的别名错误，如内存泄漏、数据竞争等问题。别名分析的主要目标是确定程序中变量或内存位置之间的别名关系。这可以通过对程序源代码的分析来实现。

② 指向分析。用于确定程序中指针的指向关系。在程序中，指针是一种特殊的变量，它存储了一个内存地址，可以用来访问该地址处存储的数据。指针分析可以帮助开发人员发现程序中可能存在的指针错误，如空指针引用、野指针引用、内存泄漏等问题。

（4）其他辅助分析

其他辅助分析技术一般不单独出现，通常作为前面几种分析技术的补充和辅助。常见的有符号执行以及切片分析。

① 符号执行。符号执行通常要把软件代码解析构造成控制流图，然后把代码中的变量值用符号值来表示，并模拟软件代码的执行，以便匹配漏洞检查规则，从而报告代码中的缺陷和漏洞。控制流图反映软件代码的所有执行路径，符号执行通过追踪变量在控制流图中出现的所有路径来获取变量的信息，这样对软件代码的检查就限制在实际执行的路径上。符号执行能够发现软件代码中细小的逻辑错误，是一种高效的静态代码检查技术。但是当软件的代码量比较大、程序较复杂时，执行路径就会出现指数型的增长，存在"空间爆炸"问题，给软件代码的分析带来极大的困难。

② 切片分析。切片分析技术是一种重要的静态分析方法，具体方法是从原有的软件代码中取出比较重要的有影响性的语句成分，构成新的代码片段，即为切片。然后对切片进行分析，以此推断软件代码应有的执行行为，减少了分析的代码量，提高了分析的效率。

3.2.8.2 Coverity 工具

Coverity 是一款商用的静态代码分析检测工具，可以自动检测软件源代码中可能导致产品崩溃、未知行为或灾难性故障的软件漏洞缺陷。它支持的语言有 C、C++、Objective-C、Objective-C++、C#、Java、JavaScript、PHP、Python 和 Ruby。Coverity 能够在操作系统运行流程这个层次监控构建系统，从而获取每一个操作的清晰视图。Coverity 的误报率和漏报率在静态检测工具中是最小的，且具有执行效率高、速度快的特点，具有很高的实用性。下面基于 Coverity 操作展开叙述。

1）查找问题

可以按照 CID 搜索问题。如果知道一个或多个想要检查的 CID，可以在 Coverity Connect 中显示相应问题。查找一个 CID，如图 3-7 所示。

查找多个 CID，需要使用逗号将 CID 隔开，如图 3-8 所示。

图 3-7　查找一个 CID　　　　　　　图 3-8　查找多个 CID

也可以使用视图查找问题。如果不知道问题的 CID，可以使用视图查找需要显示的问题及其相关数据（如文件和组件数据）。从"视图"（View）菜单中选择"现存未解决的高影响问题"（High Impact Outstanding）视图后会出现"缺陷器"（Defector）中的问题，如图 3-9 所示。

图 3-9　使用视图查找问题

2）管理问题

一旦找到并选择了重要的 CID，Coverity Connect 源（Source）窗格会显示问题在源代码中发生的位置，并添加内联详细信息，以便帮助理解和解决问题。

单击"显示选项控制"（Show gutter control）图标可激活显示源代码选项菜单。显示源代码选项菜单可控制以下信息的显示。

● SCM 作者（SCM Author）：检入代码的用户的用户名。

● SCM 修改日期（SCM Modification Date）：将修改后的代码检入 SCM 系统的日期。

● SCM 修订（SCM Revision）：与修改后代码的检入对应的修订编号。修订值取决于 SCM 系统。

- 行编号（Line Numbers）：每一行代码的行编号。
- 问题事件（Issue Events）：导致问题的事件。
- 覆盖率（Coverage）：分析的开发人员测试覆盖的代码行数（仅用于 Test Advisor）。
- 覆盖率排除项（Coverage Exclusions）：可以显示、隐藏或动态更改覆盖率规则（仅用于 Test Advisor）。

3）分类问题

在源（Source）窗格中查看问题之后，可以通过使用分类（Triage）窗格修改问题的一个或多个属性，对问题进行分类，如图 3-10 所示。

4）分析问题

对于常见的问题，我们要进行分析，这里以指针使用问题、函数返回值问题、字符串使用问题为例进行说明。当然，实际操作过程中也会有其他类型的问题，也需要对其进行分析。

（1）指针使用问题

对于指针使用问题，常见的如 null 被解引用，如图 3-11 所示。

null 地址值为 0，而由于任何进程的 0 地址开始存储的都是系统关键地址，比如进程的退出、堆栈维护、键盘处理等系统控制程序的地址，所以解引用空指针可能会导致程序异常终止或拒绝服务。如果想避免出现此类问题，每次使用指针之前用 if 判断一下是否为空指针即可。

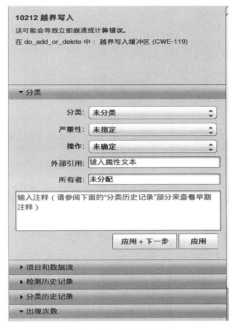

图 3-10　分类问题

常见的指针使用问题还有释放后使用，示例如图 3-12 所示。

> ◈ CID 154959：显式 null 被解引用（FORWARD_NULL）
> 　25. var_deref_op：解引用 null 指针 bsize。
> 170　 bsize->height = (FT_Short)(font->font_ascent + font->font_descent);
> 171

图 3-11　null 被解引用

> ◈ CID 154761：释放后使用（USE_AFTER_FREE）
> 　20. pass_freed_arg：将已释放的指针 msg.data 作为参数传递给 amoviesink_send_frame。
> 73　　　 ret = amoviesink_send_frame(ctx, msg.data);

图 3-12　释放后使用

指针被释放后，存储的地址没有变，只是通知系统把地址指向的内存标记为未使用，并将内存中的数据清空。再使用时会出现野指针或者空指针解引用。因此，需要将指针置为空，避免后面使用时出现野指针的情况。释放后尽量不再使用。

释放已经释放过的指针也会导致程序终止运行，即双重释放问题，如图 3-13 所示。

第 3 章　智能物联网操作系统测试技术

图 3-13　双重释放

未对指针进行初始化就使用也会产生问题，即野指针问题，如图 3-14 所示。

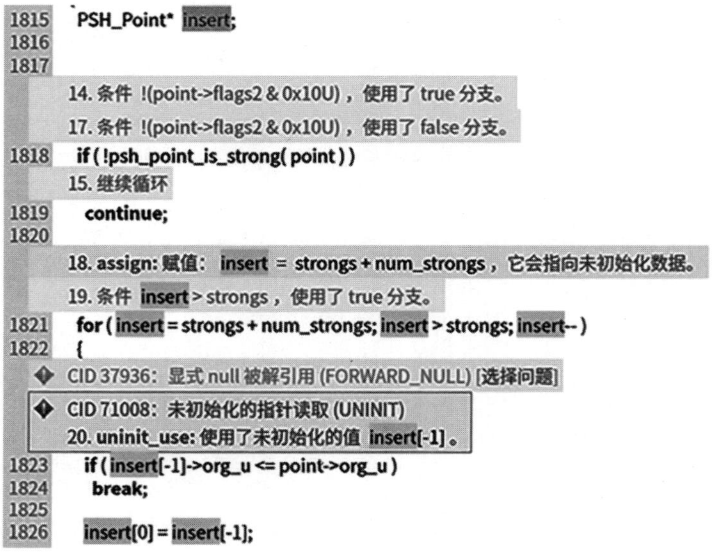

图 3-14　野指针

（2）函数返回值问题

常见的函数返回值问题有缺少 return 语句、未检查返回值等。返回一个指针，如果没有进行检查，则有可能是 null，即出现 null 被解引用的问题。返回值也有可能是错误的值，可能造成错误的值被当正常值使用。

（3）字符串使用问题

对于字符串使用问题，常见的有以下几种。

● 非 null 缓冲区终止。一个字符串放在内存中后，另一个字符串被放置在它的旁边，如果 null 终止不存在，计算机会认为第二个字符串与第一个字符串相连。

● 越界访问。内存越界访问是软件系统主要错误之一，其后果往往不可预料且非常严重。

● 无边界的源缓冲区。函数返回值为字符串时，将未知大小的字符串进行传递。如果该字符串比较大，那么复制到固定大小的字符串时有可能会出现越界写入，使用时先判断大小。

● 不可信分配大小。使用 malloc 分配内存大小时使用了变量指定内存大小，必须在使用时判断变量是否为非负数并判断变量最大值的范围。

AIoT 智能物联网全栈测试技术：从原理到实战

（4）其他常见问题

除上述几类常见问题外，其他类型的问题包括逻辑死代码问题、未初始化问题等。逻辑死代码指程序中永远不会运行的代码，如 return 之后的代码。而未初始化变量的示例如图 3-15 所示。

◆ CID 154964: 未初始化的标量变量 (UNINIT)
　4. uninit_use_in_call: 使用了未初始化的值 msg。在调用 uv_miwear_send_to_server 时，字段 msg.id 未初始化。

```
762  uv_miwear_send_to_server(client->miwear, &msg,
763           client_id_sent_callback, NULL);
```

图 3-15　未初始化变量

第4章
智能物联网通信网络测试

想要将设备接入 IoT 中，首先需确认设备的接入方式，因为不同的网络构成，其设备的接入方式也不一，需基于具体的网络协议来实现。从物理接入方式来看，通常分为无线接入与有线接入。智能物联网中尤以短距离无线通信最为常见。

一般情况下，只要通信双方是利用电磁波进行信息传输，并且传输距离限制在较短的范围内（通常是几十米以内）都可以称之为短距离无线通信。短距离无线通信技术普遍具备低成本、低功耗、对等通信等优势，因此其十分符合智能物联网领域以及全屋智能领域的广泛应用。针对全屋智能的网络部分，常用的技术有 Wi-Fi、蓝牙、ZigBee、PLC 等。

4.1 Wi-Fi

Wi-Fi 是无线局域网的一种组网技术（主要的标准是 IEEE 802.11），广泛应用于家庭、商业和工业场景中，是当前最主流的联网方式之一。

4.1.1 Wi-Fi 概述

Wi-Fi 这个术语经常被误以为是指无线保真（wireless fidelity），类似历史悠久的音频设备分类：长期高保真（1930 年开始采用）或 Hi-Fi（1950 年开始采用）。即便是 Wi-Fi 联盟本身也经常在新闻稿和文件中使用"wireless fidelity"这个词，Wi-Fi 还出现在 ITAA 的一篇论文中。事实上，Wi-Fi 一词没有任何意义，也没有全称。1999 年，几家富有远见的公司联合起来组成了一个全球性非营利性协会——无线以太网兼容性联盟（Wireless Ethernet Compatibility Alliance, WECA），其目标是使用一种新的无线网络技术，无论品牌如何，都能带来最佳的用户体验。在 2000 年，该小组采用术语"Wi-Fi"作为其技术工作的专有名称，并宣布了正式名称 Wi-Fi Alliance（Wi-Fi 联盟），Wi-Fi 联盟在整个协议的发布与演进上起着至关重要的作用。

Wi-Fi 为建筑物内组网提供了极大的便利，避免了物理布线和施工，同时 Wi-Fi 网络的范围可以小到一个房间的范围，也可以大到城镇的级别，带宽可从数十 Mbit/s 到数十 Gbit/s。在范围较小的空间，可以用一个无线路由器连接所有的联网设备，若碰到墙壁导致信号较弱，或者范围略大导致远处的信号较弱，则可以加入信号放大器或者多个无线路由器级联的方式来组网。在范围较大的空间，比如跨楼层的办公空间，则可以采用 AC（access controller）+AP（access point）的方式来组建无线局域网，如图 4-1 所示，这些 AP 通过有线方式连接起来，从而在空间上不受无线传输距离的影响，而用户的无线连接可以在整个区域内进行漫游。

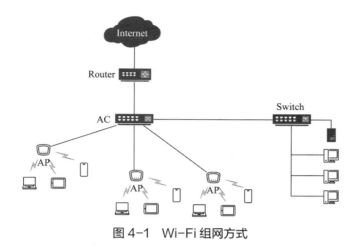

图 4-1　Wi-Fi 组网方式

接下来主要介绍 Wi-Fi 协议，包括 Wi-Fi 协议的标准演进、信道、调制编码、网络架构和协议交互过程等。

4.1.1.1　Wi-Fi 协议演进

Wi-Fi 以 IEEE 802.11 为标准，Wi-Fi 联盟在 2018 年发起"GenerationalWi-Fi"营销项目，基于主要的 Wi-Fi 技术（PHY）版本，引入了更容易让消费者了解的"Wi-Fi 世代名称"（Wi-FiGenerationNames），格式为"Wi-Fi"后跟一个整数，并鼓励采用世代名称作为行业术语。世代名称不影响以前的认证程序名称，对于以前的认证程序（例如 Wi-FiCERTIFIEDac 或更早的程序），继续使用原始认证程序名称。Wi-Fi 联盟没有为 Wi-Fi4 之前的 Wi-Fi 世代分配新名称。

第一代，以 IEEE 802.11 原始标准为准，工作频段为 2.4GHz，最高速率为半双工 2Mbit/s。

第二代，以 IEEE 802.11b 为准，工作频段为 2.4GHz，最高速率为半双工 11Mbit/s，认证项目为"Wi-FiCERTIFIEDb"。

第三代，以 IEEE 802.11a 为准，工作频段为 5GHz，最高速率为 54Mbit/s，认证项目为"Wi-FiCERTIFIEDa"。基于 IEEE 802.11g、2.4GHz 工作频段、最高速率为半双工 54Mbit/s，认证项目为"Wi-FiCERTIFIEDg"。

第四代，以 IEEE 802.11n 为准，世代名称为"Wi-Fi4"，信道宽度为 20MHz、40MHz，工作频段为 2.4GHz 和 5GHz，最高 4 条空间流，最大副载波调制 64-QAM，最高速率为半双工 600Mbit/s，认证项目为"Wi-FiCERTIFIEDn"。

第五代，以 IEEE 802.11ac 为准，世代名称为"Wi-Fi5"，信道宽度为 20MHz、40MHz、80MHz、80+80MHz、160MHz，工作频段为 5GHz，最高 8 条空间流，最大副载波调制 256-QAM，最高速率为半双工 6.9Gbit/s，认证项目为"Wi-FiCERTIFIEDac"。

第六代，以 IEEE 802.11ax 为准，世代名称为"Wi-Fi6"，信道宽度为 20MHz、40MHz、80MHz、160MHz，工作频段为 2.4GHz 和 5GHz，最高 8 条空间流，最大副载波调制 1024-QAM，最高速率为半双工 9.6Gbit/s，认证项目为"Wi-FiCERTIFIED6"。

第七代，以 IEEE 802.11be 为准，世代名称为"Wi-Fi7"，信道宽度为 20MHz、40MHz、80MHz、160MHz、320MHz，工作频段为 2.4GHz、5GHz 和 6GHz，最高 16 条空间流，最大副载波调制 4096-QAM，最高速率为半双工 40Gbit/s。

4.1.1.2　Wi-Fi 协议信道

作为一种无线局域网技术，Wi-Fi 的无线频率是受到管制的，管制机构将 Wi-Fi 的信道限制在了一定的范围内，我们现阶段主要采用的 802.11n 协议主要分布在 2.4～2.48GHz 频段内，如图 4-2 所示，该频段可以分为 14 个信道（其中 14 信道仅在日本特定协议允许使用）。

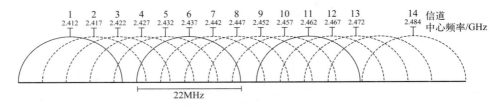

图 4-2　2.4GHz Wi-Fi 信道分布

通过频宽分布图可以看到，信道之间是两两相叠的，这样会带来干扰，如果想要信道不相互交叠，则需要进行信道规划，2.4GHz 信道规划如图 4-3 所示。

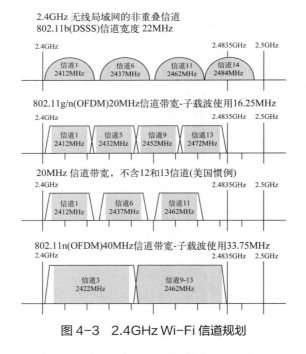

图 4-3　2.4GHz Wi-Fi 信道规划

如果采用 802.11b 的模式进行信道分布，因其信道传输数据需使用 22MHz 频谱，通常推荐使用 1/6/11 三个信道，或者使用 1/6/11/14 四个信道（日本区域）。

如果采用 802.11g/n 的 20MHz 模式进行信道分布，因其信道传输数据需使用 20MHz 的频谱（16.25MHz 的子载波），通常推荐使用 1/5/9/13 四个信道，或者使用 1/6/11 三个信

AIoT 智能物联网全栈测试技术：从原理到实战

道（北美区域）。

如果采用 802.11n 的 40MHz 模式进行信道分布，因其信道传输数据需使用 40MHz 的频谱（33.75MHz 的子载波），通常推荐使用 1-5 扩频，9-13 扩频的两个信道。

4.1.1.3 Wi-Fi 协议调制编码

Wi-Fi 信号本质上是一组射频信号，而如何将射频信号解析成 Wi-Fi 协议可承载的数据，就涉及调制与编码方案。Wi-Fi 协议经历了数十年的发展，这项技术也在逐步进步，表 4-1 列出了历代主流 Wi-Fi 的物理层规范，明确了各个阶段 Wi-Fi 的基础频率、频宽和速率。

表 4-1　Wi-Fi 的物理层规范

协议标准	工作频率/GHz	通道宽度/MHz	速率/（Mbit/s）	调制方式
802.11	2.4	20	1, 2	DSSS
802.11a	5	5	1.5, 2.25, 3, 4.5, 6, 9, 12, 13.5	OFDM
		10	3, 4.5, 6, 9, 12, 18, 24, 27	
		20	6, 9, 12, 18, 24, 36, 48, 54	
802.11b	2.4	20	1, 2, 5.5, 11	DSSS, CCK
802.11g	2.4	20	1, 2, 5.5, 6, 9, 11, 12, 18, 24, 36, 48, 54	DSSS, CCK, OFDM
802.11n（Wi-Fi4）	2.4/5	20	单流最高 72.2	MIMO-OFDM
		40	单流最高 150	
802.11ac（Wi-Fi5）	5	20	单流最高 86.7	MIMO-OFDM
		40	单流最高 200	
		80	单流最高 433.3	
		160 80+80	单流最高 866.7	
P802.11ax（Wi-Fi6）	2.4/5/6	20	单流最高 143.4	OFDMA
		40	单流最高 286.8	
		80	单流最高 600.4	
		160	单流最高 1201	
P802.11be（Wi-Fi7）	2.4/5/6	320	单流最高 2882.4	OFDMA

从表 4-1 来看，每一代的 Wi-Fi 协议在频率、通道宽度、速率、调制方式上都不尽相同，当前 IoT 设备使用的主流速率如表 4-2 所示。

- MCS 索引代表了当前协议所用到的速率级，IoT 设备考虑到使用场景与成本因素，通常用到最高 MCS7 速率。
- 调制方式代表了当前物理层调制信号的方式，BPSK 是最基础的调制方式，IoT 设备通常用到最高 64-QAM（最新 Wi-Fi7 标准已经支持到 4096-QAM），此技术偏向底层，暂不展开解析。
- 编码率指在电信和信息论数据流中有用部分（非冗余）的比例。也就是说，如果编码率是 k/n，则对每 k 位有用信息，编码器总共产生 n 位的数据，其中 n－k 是多余的，Wi-Fi 使用卷积码方式，IoT 设备通常用到 5/6。

- 空间流数代表当前速率所使用到的数据流的数量，如果是单数据流，我们称之为 SISO，而大于等于 2 条数据流，我们称之为 MIMO。多数据流可以叠加当前的传输速率，IoT 设备因为对于数据需求较低，通常仅用到单数据流。
- 速率。根据以上各种参数，我们可以计算出所有的有效速率，而计算之前还有两个变量需要阐明。第一个是频宽，802.11n 协议中支持数据传输频宽为 20MHz 和 40MHz，由于所占用频宽的不一致，因此能够传输的数据流也有区别，40MHz 频宽的速率通常是 20MHz 的两倍。第二个是保护间隔，此参数是用来保护各个报文之间的传输而专门设置的间隔，适用于不同的空口环境，在 802.11n 协议中，长保护间隔通常为 800ns，而短保护间隔为 400ns。

表 4-2　IoT 设备主流速率

MCS 索引	调制方式	编码率	空间流数	速率/(Mbit/s)			
				20MHz		40MHz	
				800ns GI	400ns GI	800ns GI	400ns GI
0	BPSK	1/2	1	6.5	7.2	13.5	15
1	QPSK	1/2	1	13	14.4	27	30
2	QPSK	3/4	1	19.5	21.7	40.5	45
3	16-QAM	1/2	1	26	28.9	54	60
4	16-QAM	3/4	1	39	43.3	81	90
5	64-QAM	2/3	1	52	57.8	108	120
6	64-QAM	3/4	1	58.5	65	121.5	135
7	64-QAM	5/6	1	65	72.2	135	150

4.1.1.4　Wi-Fi 协议网络架构

了解了 Wi-Fi 的基础物理层调制方式以后，再来看看 Wi-Fi 的网络架构。在 802.11 协议里面规定了两种结构：基本服务集（basic service set，BSS）和扩展服务集（extended service set，ESS）。

（1）基本服务集

Wi-Fi 网络结构中最小的独立结构，可以理解为一个基本网络结构单元。基本服务集又分为基础结构型网络（infrastructure）和独立型网络（IBSS）。

基础结构型网络就是我们最常见的 Wi-Fi 网络结构，比如普通家庭所用路由器，家里所有的手机与电脑，还有智能设备都基于此路由器接入网络。这种网络结构的特点是所有的无线终端都连接到一个路由器上，终端之间不能直接通信，路由器带负载能力随着负载增加而下降。如图 4-4 所示，手机、PC、笔记本电脑等站点（station）都接入中间的接入点网络中。

独立型网络的应用是比较少的，仅在一些特殊情况下使用，如当前环境中仅有两台具备 Wi-Fi 功能的电脑需要通信，而此时没有其他方式（如无线路由器、有线网线、优盘等媒介）时，就可以使用独立型网络来进行通信。所以与基础结构型网络相比，其少用了一个路由器作为中间节点，网络内的每个成员都可以进行通信。而且每个电脑或其他无线终端之间都是平等的。如图 4-5 所示，各个电脑（station）之间均是相互通信，没有一个集中的接入点。

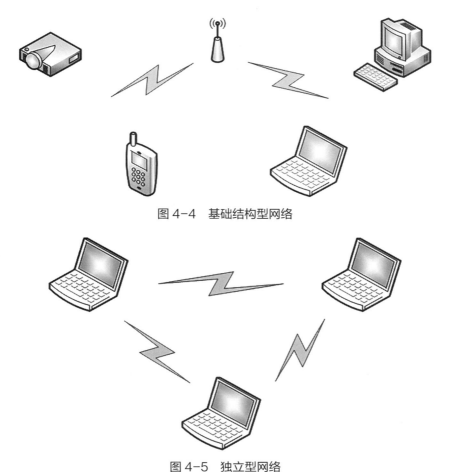

图 4-4　基础结构型网络

图 4-5　独立型网络

（2）扩展服务集

扩展服务集是对基本服务集的扩展，可以理解为多个基本服务集的集合。扩展服务集网需要共享一个 SSID（service set identifier，Wi-Fi 接入点的名称），设备连接到任何一个基本服务集的网络，都可以搜索到相同的 SSID 接入，给你的设备提供无线网络。这种方式适用于无法通过一个路由器进行覆盖的大空间，如中大型公司都采用这种模式给员工或客户提供网络访问。还比如在大的场所，如飞机场、商场、步行街等，搜索到的 Wi-Fi 虽然名称一样，但实际上是由多个无线热点所提供的。所以这种结构也可理解为 Wi-Fi 漫游网络。当前也有部分家庭用户采用类似的结构，以达到全屋 Wi-Fi 覆盖和无缝漫游的效果。如图 4-6 所示，ESS 由多个 BSS 组成，并通过分配系统将网络进行分配。

Wi-Fi 的设置至少需要一个接入点和一个或一个以上的客户端用户（client）。无线 AP 每 100ms 都会将 SSID 经由信标（beacon）数据包广播一次，信标数据包的传输速率是 1 Mbit/s，并且长度通常较短，所以这个广播动作对网络性能的影响不大。因此 Wi-Fi 规定其最低传输速率为 1Mbit/s，以确保所有的 Wi-Fi 客户端都能收到这个 SSID 广播数据包，并借此决定是否要和这一个 SSID 的 AP 连线。用户可以设置要连线到哪一个 SSID。Wi-Fi 系统开放对客户端的连接并支持漫游，这就是 Wi-Fi 的好处。但这亦意味着，一个无线适配器有可能在性能上优于其他的适配器。由于 Wi-Fi 通过无线电波传送信号，所以和非交换以太网络有相同的特点。

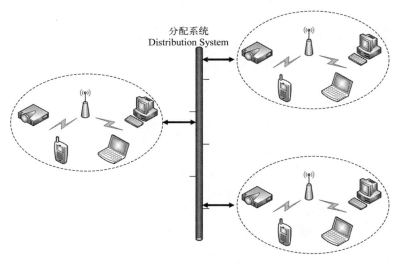

图 4-6　扩展服务集

4.1.1.5　Wi-Fi 协议交互过程

Wi-Fi 协议的基本网络架构架设完成后，就需要进行数据报文的交互与通信，又因为 Wi-Fi 是无线网络协议，所有数据都在空中进行传输，所以其协议交互比有线协议更加复杂，下面进入协议交互部分。

Wi-Fi 协议交互的基础是协议帧，通常 Wi-Fi 把帧区分为 3 类：数据帧、管理帧、控制帧。

1）数据帧

数据帧携带有效的数据和更高层次的数据（如 IP 数据包），所有其余的帧都是为其能够正常传输服务。图 4-7 所示为基本服务集中最常见的数据帧格式。

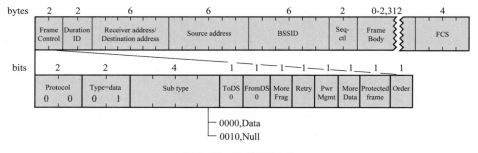

图 4-7　数据帧格式

基础的数据帧主要由 MAC header、携带数据块和 FCS 校验组成。其中 MAC header 中包含了此数据包是在哪个 BSS 网络（BSSID）中的信息，数据发出源设备（Source address）的 MAC 地址，数据接收端设备（Receiver address/Destination address）的 MAC 地址，以此可以确定数据包的流向；数据携带块则是 TCP/IP 协议的数据包。

2）管理帧

管理数据包控制网络的管理功能，下面详细介绍最常见的管理帧。

（1）信标帧

信标帧是在 Wi-Fi 网络中依次按指定间隔发送的有规律的无线信号（类似心跳包），主要用于定位和同步，信标承载着重要的网络维护任务，主要用来声明某个网络的存在。定期发送的信标可以让 station 了解网络的存在，从而调整加入这个网络所必需的参数。基础结构型网络结构中，AP 比如负责广播传输信标帧。信标帧所能传输的范围则是这个网络的基本服务区域。在基础结构型网络里，所有 station 都与 AP 通信，所以 station 不能距离太远，否则将无法接收到信标帧，图 4-8 为信标帧格式。

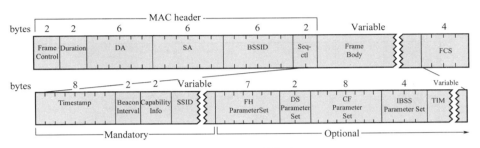

图 4-8　信标帧格式

可以看到，信标帧最主要的目的是宣告当前 AP 所具备的无线能力，包含但不限于支持的无线模式、无线 SSID 名称、支持的速率集、高级特性支持等，当 station 接收到这些信息后就可以给它的连接作为判定因素。

（2）探测帧 probe

通常由 station 广播发起探测请求（Probe Request）来探查当前区域内有哪些 Wi-Fi 网络，当 AP 收到探测帧以后需要进行探测响应（Probe Response）来回复 station 请求的字段。

Probe Request 帧通常会携带 SSID 和当前支持的 Wi-Fi 速率集，收到帧的 AP 会依据当前声明的能力来判断设备是否可以加入网络，如图 4-9 所示。

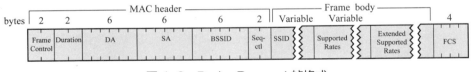

图 4-9　Probe Request 帧格式

如果 AP 发现 station 在 Probe Request 帧中所声明的能力与自身网络兼容，AP 就会用 Probe Response 帧单播响应，其中通常包含了信标帧的所有元素，表示已经通过了探测流程，如图 4-10 所示。

（3）身份认证帧 Authentication

AP 可以通过使用共享密钥或者 802.1X 协议等方式对 STA 进行验证，此时就会用到 Authentication 帧，客户端已经获知 Probe Response 提供的信息，那么它将以单播的形式请求身份的认证，此时的 Authentication SEQ 字段为 1，表示该帧属于认证过程中的第一帧，AP 收到客户端发起的认证请求时，将会以单播的形式回复一个 Authentication SEQ 为 2 的响应。在这两个 Authentication 帧中，都有一个 Status Code 字段用于表示身份认证请求的结果，为 0 时表示成功。Authentication 帧格式如图 4-11 所示。

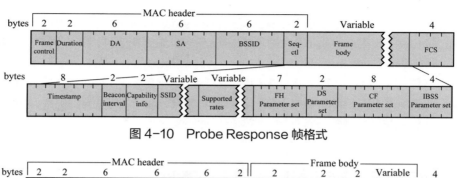

图 4-10　Probe Response 帧格式

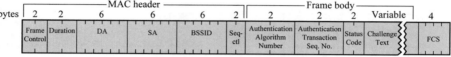

图 4-11　Authentication 帧格式

（4）关联帧 Association

身份认证通过后，客户端就会发送 Association Request 关联请求加入网络，数据帧会附带 Capability Info、SSID、Supported Rates、Beacon Listen Interval 等信息，AP 端收到报文后则会对信息进行检查判定，如果一切符合要求，则恢复 Association Response 帧，完成关联过程。Association 帧格式如图 4-12 所示。

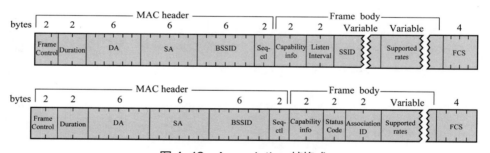

图 4-12　Association 帧格式

（5）取消关联帧 Dissassociation 与取消身份认证帧 Deauthentication

Dissassociation 帧用来终结一段关联关系，与 Association 帧的功能对应；Deauthentication 帧则是用来终结一段认证关系，与 Authentication 帧功能对应。

两者都是当网络中一方发现需要断开 Wi-Fi 连接时使用，此为异常状态，所以断开连接时都会包含一个 Reason Code，以表明为什么需要断开，也是给对端一个答复。Dissassociation 与 Deauthentication 帧格式如图 4-13 所示。

管理帧负责监督，主要用来加入或退出无线网络，以及处理接入点之间连接的转移。

3）控制帧

控制帧主要用于协助数据帧的传递。它们可用来管理无线媒介的访问，常见的控制帧列举如下。

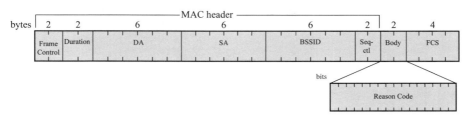

图 4-13　Dissassociation 与 Deauthentication 帧格式

（1）请求发送帧（request to send，RTS）

RTS 帧即请求发送帧，表示发送端想要发送数据之前发送的请求，因为空口传输的不确定性，当传送较长的数据包时，可能因为空口其他设备发送的数据包而冲撞，导致数据包错误，所以在发送长包之前会先请求周边其他设备停止发送，从而清空信道。其中"包长"由网卡驱动程序中的 RTS threhold 定义。此权限仅给单播数据包使用，对媒体的访问只能为单播帧保留，广播和多播帧只是简单地传输。RTS 帧的格式如图 4-14 所示。像所有控制帧一样，RTS 帧只包含帧头，没有数据传输，后面就跟着 FCS 校验码。帧中重点查看Duration，表示后续需要多少时间用于数据发送。

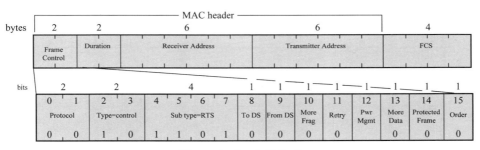

图 4-14　RTS 帧格式

（2）清除发送帧（clear to send，CTS）

当设备收到 RTS 帧以后，根据自身状态判定来使用 CTS 帧回复，表示当前已经清空了信道，对端可以开始进行长包的发送。CTS 帧格式如图 4-15 所示。

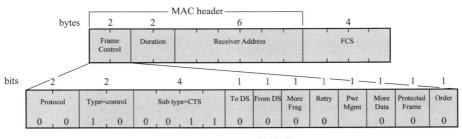

图 4-15　CTS 帧格式

（3）ACK 帧

因为空口环境的特殊性，会存在较多干扰与信号衰减，所以发包以后通常都需要一个ACK 帧来进行确认，保证其数据包已经发送到了对端，通常可用于普通数据包的响应和RTS 帧、CTS 帧的响应。如果是聚合数据包，还需要进行特殊的 Block ACK 确认。ACK

帧格式如图 4-16 所示。

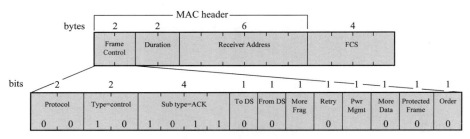

图 4-16　ACK 帧格式

（4）PS-Poll 帧

为了降低 Wi-Fi 业务的能耗，Wi-Fi 协议会有省电的机制。正常情况下，如果 station 需要省电，则会发送一个数据帧，其中帧控制字段中的电源管理子字段（Power Management subfield）设置为 1，用来告诉 AP 自己已进入省电模式，AP 开始为其缓存数据包，当 station 从省电模式中苏醒，便会发送一个 PS-Poll 帧给 AP，以取得任何暂存帧，以此达到给 station 端省电的目的。PS-Poll 帧格式如图 4-17 所示。

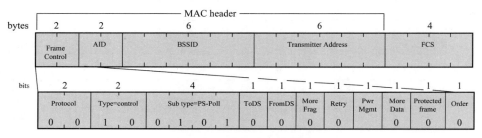

图 4-17　PS-Poll 帧格式

了解了 Wi-Fi 协议的帧类型以后，我们再看看最常见的业务，以 WPA2 加密方式下的 Wi-Fi 连接流程为例进行解析，如图 4-18 所示。

① Beacon：AP 发送信标广播管理帧，广播其当前的接入点信息。

② Probe Request：客户端收到信标帧后向承载指定 SSID 的 AP 发送探测请求帧，同时携带当前自身的能力值。

③ Probe Response：AP 接入点对客户端的 SSID 连接请求进行应答，同时携带当前自身的能力值。

④ Authentication SEQ1：客户端向 AP 接入点申请进行鉴权。

⑤ Authentication SEQ2：AP 对鉴权进行应答，完成鉴权流程。

⑥ Association Request：客户端向 AP 发送连接请求，根据之前了解到的能力值进行协商关联。

⑦ Association Response：AP 对连接请求进行回应与确认。

⑧ EAPOL：进行 4 次握手，完成后建立完整 Wi-Fi 数据链路。

⑨ DHCP Discover：Wi-Fi 链路建立完成后需要传输常规数据，还需要建立 TCP/IP 链路，客户端向服务器端（此处默认 AP 与 DHCP 服务器为同一个设备）发送 IP 地址申请。

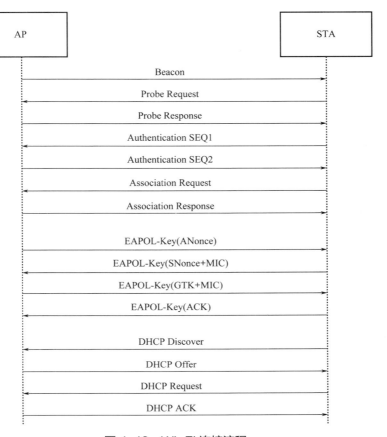

图 4-18 Wi-Fi 连接流程

⑩ DHCP Offer：服务器端收到 DHCP 请求后，根据自身状态，分配一个 IP 地址给到客户端。

⑪ DHCP Request：客户端收到服务器端发送的消息后，追加提出自身请求。

⑫ DHCP ACK：服务器端给出最终响应。

至此，station 端完全接入了 AP 的网络中，即可与 AP 持续进行数据交互。

4.1.2 Wi-Fi 测试

传输网络是 AIoT 智能物联网的基础，所有服务都是在其之上进行数据交互，一旦基础网络出问题，将会对业务造成极大影响，通信测试主要集中在以下三点。

● 传输稳定性。

● 传输安全性。

● 业务可扩展性。

Wi-Fi 类 IoT 的测试设备需从底层到上层业务逐层进行测试覆盖，我们将从以下几个方面进行阐述。

4.1.2.1 Wi-Fi 硬件测试

网络接入通常由 IoT 模组或者网络模块提供，因此硬件测试主要关注 Wi-Fi 模组的射频和天线类测试。

1）射频类测试

硬件射频类测试主要关注以下测试项目。

（1）发送功率（transmitter power）

Wi-Fi 发送功率用来衡量 RF 电路辐射出来的能量强度，也就是我们熟悉的波形-振幅这一参数，能力越大，功率越高，振幅越高。用一个例子来比喻发送功率的概念：两个人吵架，看谁的喉咙声带发出的声音（声音也是以波的形式传输）传播能力较大，声音（功率）越大，气势越大，传播的距离越远，越容易让人听到。功率也是如此。每个国家对无线电的发送功率都有明确的要求与限制，以保证无线电之间不会造成相互干扰，以免导致受干扰区域间的任何无线设备都无法正常通信。

802.11a/b/g/n 模式的发射功率当前没有统一标准，可以根据实际情况灵活应用。但是各个区域的无线管理委员会对此有不同的要求，如 FCC 认证要求北美最大功率不超过 30dBm，SRRC 认证和 CE 认证要求中国及欧洲国家最大功率不超过 20dBm，而 TELEC 认证要求日本最大功率不超过 22dBm。

发送功率表征的是待测物发送无线信号强度的大小，在满足频谱模板、EVM 性能的前提下，功率越大，其性能越好，在实际应用中表现为无线覆盖范围越大。

测量发送功率可以使用功率计、矢量信号分析仪或 IQview/nxn 等仪器设备进行。

（2）接收灵敏度（receiver sensitivity）

接收灵敏度是表征待测物接收性能的一个参数，接收灵敏度越好，其接收到的有用信号就越多，其无线覆盖范围越大，可以理解为功率衡量的是能不能听到，而接收灵敏度衡量的是能不能听清楚。

接收灵敏度同样可以用 IQview/nxn 等仪器来测量，在测量接收灵敏度时，需要使待测设备处于接收状态，用 IQview/nxn 的信号发生器发送特定的包文件，在仪器操作软件上更改信号输出功率，直到 PER（%）（误包率）满足规范规定的要求即可。规范规定的要求如下。

- 11b PER:8%，PSDU length ： 1024B。
- 11g/11a PER:10%，PSDU length：1000B。
- 11n PER:10%，PSDU length ： 4096B。

值得注意的是，接收灵敏度为 IQview/nxn 上的信号输出功率与 IQview/nxn 和待测件之间的 cable、衰减器等总的衰减值之差，而不是单纯看测试的结果。

（3）EVM（error vector magnitude，误差矢量幅度）

误差矢量（包括幅度和相位的矢量）是在一个给定时刻理想无误差基准信号与实际发射信号的矢量差，能全面衡量调制信号的幅度误差和相位误差。

EVM 具体表示发射机对信号进行解调时产生的 IQ 分量与理想信号分量的接近程度，是考量调制信号质量的一种指标。误差矢量通常与 QPSK 等 M-ary I/Q 调制方案有关，且常以解调符号的 I/Q 星状图表示。

误差矢量幅度（EVM）定义为误差矢量信号平均功率的均方根值与理想信号平均功率的均方根值之比，并以百分比的形式表示。测量间隔为一个时隙。EVM 越小，信号质量越好。

误差矢量幅度是实际测量到的波形和理论调制波形之间的偏差。两个波形都通过带宽 1.28MHz，滚降系数 $\alpha=0.22$ 的根升余弦匹配滤波器，再进一步通过选择频率、绝对相位、绝对幅度及码片时钟定时进行调制，以使误差矢量最小。

在实际应用中，需要在发送功率和 EVM 间取一个折中，这就是发送信号功率不能太大的原因。

（4）发送信号频谱模板（transmit spectrum mask）

频谱是频率谱密度的简称，是频率的分布曲线。复杂振荡分解为振幅不同和频率不同的谐振荡，这些谐振荡的幅值按频率排列的图形叫作频谱。频谱广泛应用于声学、光学和无线电技术等方面。频谱将对信号的研究从时域引入到频域，从而带来更直观的认识。复杂的机械振动分解成的频谱称为机械振动谱，声振动分解成的频谱称为声谱，光振动分解成的频谱称为光谱，电磁振动分解成的频谱称为电磁波谱，一般常把光谱包括在电磁波谱的范围之内。分析各种振动的频谱就能了解该复杂振动的许多基本性质，因此频谱分析已经成为分析各种复杂振动的一项基本方法。802.11 标准指定了一个频谱模板，规定了每条信道中允许的功率分配。频谱模板要求信号以指定的频率偏置衰减到特定电平。

无线频谱模板可以用来衡量测量发送信号的质量和对相邻信道的干扰抑制能力，如图 4-19、图 4-20 所示。

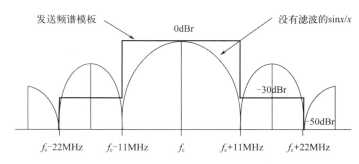

图 4-19　802.11b 标准的频谱模板

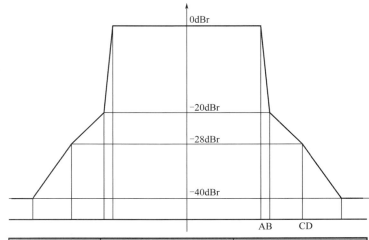

信道容量	AB		CD	
20MHz	9MHz	11MHz	20MHz	30MHz
40MHz	19MHz	21MHz	40MHz	60MHz
80MHz	39MHz	41MHz	80MHz	120MHz
160MHz	79MHz	81MHz	160MHz	240MHz

图 4-20　802.11a/g/n/ac 标准的频谱模板

（5）频率误差（frequency error）

频率误差表征射频信号偏离该信号所处信道中心频率的大小，通常以 IQview 或矢量信号分析仪等仪器来测量，单位为 ppm，即每百万单位（parts per million），而频率以赫兹为单位。

2.4GHz Wi-Fi 测试频率误差要求为：−25ppm<频率误差<25ppm（802.11b）；−20ppm<频率误差<20ppm（802.11a/g/n）。

（6）接收最大输入信号电平（receiver maximum input level）

接收最大输入信号电平是表征 Wi-Fi 产品接收性能的另外一个参数，在接收灵敏度一定的情况下，接收最大电平越高表示 Wi-Fi 产品的动态范围越大。最大输入信号电平应满足表 4-3 要求。

表 4-3 最大输入信号电平

协议标准	误包率/%	数据率/（Mbit/s）	最大输入信号电平/dBm
802.11a	10	6、9、12、18、24、36、48、54	−20
802.11b	8	1、2、5.5、11	−10
802.11g	10	6、9、12、18、24、36、48、54	−30
802.11n	10	MCS0~MCS7	−30

（7）邻道抑制（receive adjacent channel rejection）

干扰信号输出功率与主信号输出功率差值为临道抑制（干扰信号输出功率 − 主信号输出功率），仪器测试原理如图 4-21 所示。

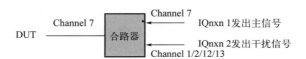

图 4-21 邻道抑制测试原理

11b：主信号到 DUT 接收口的功率为灵敏度加上 6dB，邻道信号频率与主信号频率间隔大于等于 25MHz，邻道信号强度与主信号相差幅度为 35dB，要求 PER 小于 8%。

11g：主信号到 DUT 接收口的功率为灵敏度加上 3dB，邻道信号频率与主信号频率间隔 25MHz，邻道信号强度与主信号相差幅度如表 4-3 所示，要求 PER 小于 10%。

11n（20MHz）：主信号到 DUT 接收口的功率为灵敏度加上 3dB，邻道信号频率与主信号频率间隔 20MHz，邻道信号强度与主信号相差幅度如表 4-3 中所示，要求 PER 小于 10%。

（8）频带边缘及谐波

无线通信产品的频带边缘（band edge）通常是指整个频段边沿左右 1MHz 的杂波信号。这个频带内能量是不固定的，且随着产品带宽不同，其频带边缘杂波也各不相同，这一段的杂波信号实际上跟杂散是同根同族，所以在任何一个地区频带边缘都有一定的限值。例如 2.4GHz 的频带边缘限制工作带宽为 2390~2483.5MHz。

谐波（harmonic wave）从严格的意义来讲是指电流中所含的频率为基波的整数倍的电量，一般是指对周期性的非正弦电量进行傅里叶级数分解，其余大于基波频率的电流产生的电量。从广义上讲，由于交流电网有效分量为工频单一频率，因此任何与工频频率不同的成分都可以称之为谐波。基波是指在复杂的周期性振荡中与该振荡最长周期相等的正弦波分量，相应于这个周期的频率称为基波频率。

谐波产生的原因主要是正弦电压加压于非线性负载，基波电流发生畸变。主要的非线性负载有UPS、开关电源、整流器、变频器、逆变器等。谐波的频率必然也等于基波的频率的整数倍，基波频率3倍的波称之为三次谐波，基波频率5倍的波称之为五次谐波，以此类推。

频带边缘及谐波分别应符合要求，不大于-41.3dBm，两项指标主要规范了频段使用，避免对其他频段产生干扰。

（9）频谱平坦度（spectral flatness）

频谱平坦度反映信号子载波的功率变化，它代表每个子载波的平均功率对所有子载波平均功率的偏离程度。试想一下，如果一个人说话的音量一会儿大一会儿小，那听起来是什么感受？接听方必须不断地适应说话方的音量变化，这肯定会令人不适。无线电接收器也是一样，子载波功率均值的快速变化，会让接收频谱变得不平坦。

平坦度表征待测信号在其所处信道内功率平坦的程度，通常用IQview/nxn来测量，规范要求与实际测试结果如图4-22所示。

子信道索引	范围/dB
0	+2
-16 至 -1，+1 至 +16	-2 至 +2
-26 至 -17，+17 至 +26	-4 至 +2

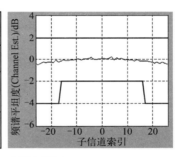

图4-22　频谱平坦度

要求平坦度测试曲线必须在图4-22所示的两条线的范围之内，频谱平坦度影响无线信号的连接性能。

2）天线类测试

鉴于AIoT设备样式千变万化，其天线也是形态各异，如内置天线（钢片天线，PCB印制天线等）、外置天线（胶棒天线，吸盘天线等），针对这些天线，我们需要通过专业的天线测试来进行质量保障，其中重点关注指标项目如下。

（1）方向图

天线的方向选择性：对于发射天线，是指天线向一定方向辐射电磁波的能力；对于接收天线，是指天线对来自不同方向的电波的接收能力。

天线方向的选择性通常用方向图来表示。天线方向图是表征天线辐射特性和空间角度关系的图形。工程设计中，一般用包括最大辐射方向的两个相互垂直的平面方向图来表示天线的立体方向图，分为水平面方向图和垂直面方向图。以发射天线为例，平行于地面在波束最大场强最大位置剖开的图形叫水平面方向图，垂直于地面在波束场强最大位置剖开的图形叫垂直面方向图。

（2）增益

天线的增益是指在相同的输入功率下，天线在最大辐射方向上某点产生的辐射功率和将其用参考天线（通常采用理想点源）替代后在同上点产生的辐射功率密度之比值。

天线的增益表示天线在某一特定方向上集中能量的能力，它是选择基站天线重要的参数之一。

另外，表示天线增益的参数有 dBd 和 dBi。如果参考天线为各向同性天线，增益用 dBi 表示；如果参考天线为半波振子天线，增益用 dBd 表示。由于半波振子天线本身有 2.14dBi 的增益，所以 0dBd=2.14dBi。相同的条件下，天线增益越高，方向性越好，能量越集中，波瓣越窄。

（3）波束宽度

在方向图中，通常都有两个瓣或多个瓣。其中最大的瓣称为主瓣，其余的瓣称为副瓣。

天线辐射功率分布在主瓣最大值的两侧，功率强度下降到最大值的一半（场强下降到最大值的 0.707 倍，3dB 衰耗）的两个方向的夹角称为波束宽度，表征了天线在指定方向上辐射功率的集中程度。波束宽度又称为半功率（角）波束宽度或 3dB 波束宽度。水平面的半功率波束宽度叫水平面波束宽度，垂直面的半功率波束宽度叫垂直波束宽度。主瓣波束宽度越窄，方向性越好，抗干扰能力越强。

（4）前后比

天线方向图中，前后瓣最大电平之比称为前后比。前后比值越大，天线定向接收性能就越好。

基本半波振子天线的前后比，表示了对来自振子前后的相同信号电波具有相同的接收能力。以 dB 表示前后比，典型值为 25dB 左右。

（5）极化方式（polarization）

天线辐射的电磁波的电场方向就是天线的极化方向。天线极化方式可分为线极化、圆极化和椭圆极化。线极化又分为水平极化、垂直极化和±45°极化。如果电波的电场方向垂直于地面，我们就称它为垂直极化波；如果电波的电场方向与地面平行，则称为水平极化波；如果电波的电场方向与地面呈 45°夹角，则称为+45°或−45°极化波。

发射天线和接收天线应具有相同的极化方式，一般地，移动通信中多采用垂直极化或±45°极化方式。

（6）输入阻抗（input impedance）

天线输入端信号电压与信号电流之比，称为天线的输入阻抗。一般移动通信天线的输入阻抗为 50Ω。

输入阻抗与天线的结构、尺寸以及工作波长有关。在要求的工作频率范围内，使输入阻抗的虚部很小且实部相当接近 50Ω，是天线能与馈线处于良好的阻抗匹配所必需的。

（7）电压驻波比（VSWR）

天线的电压驻波比是把天线作为无耗传输线的负载时，在沿传输线产生的电压驻波图形上的最大值与最小值之比。

驻波比是由于入射波能量传输到天线输入端并未被全部吸收（辐射）产生的反射波叠加而形成的。VSWR 越大，反射越大，匹配越差。在移动通信系统中，一般要求驻波比小于 1.5。

AIoT 智能物联网全栈测试技术：从原理到实战

4.1.2.2　Wi-Fi 软件测试

1）协议一致性测试

Wi-Fi 规定了统一的协议规范，但是并不能代表每个芯片的协议均是完全符合协议规范的，所以需要进行协议一致性测试。测试应覆盖以下部分。

（1）Wi-Fi 连接类协议测试

包含关联、鉴权、密码交互、漫游、断开、重连等，如关联阶段，重点关注设备是否将必要的参数通过 request 的报文进行传输，是否存在遗漏，并且需要确认当 AP 回复了正确参数以后能否及时响应，如果回复错误参数能否返回 error。

（2）Wi-Fi 数据传输类协议测试

包含速率协商、重传等，如重传部分，如果报文发出以后收不到 ACK 回复，则需要进行重传，而重传次数是否符合要求，是否会在特定场景下进入长时间重传而不退出，则需要进行测试。

（3）Wi-Fi 控制类协议测试

包含 RTS/CTS、PS-Poll、CTS 2 SELF 等。如 IoT 设备收到别的设备发送的 RTS 报文，则需要根据当前的状态回复 CTS，告知对端已经清空当前信道的时隙，允许进行报文发送；自己进行报文发送时，可以发送 RTS 进行探测，当收到 CTS 回包后再进行报文发送，这样可以减少空口碰撞率。

（4）通用网络类协议测试

因为无线协议仅是空口的协议规范，而其本身也应该符合 TCP/IP 的协议规范，如获取 IP 地址等基础功能，所以不能只进行 Wi-Fi 类协议测试，同时还要进行基础协议（包含 DHCP、TCP/UDP、HTTP、SSL、TLS、IPv6 等）测试。如 DHCP 协议测试，需关注设备进行 DHCP Request 的时候所携带的信息是否正确，当 IP 租期到期以后，是否可以进行 renew，如果 renew 地址未成功，则是否在到期以后 release 掉 IP 地址。

（5）高级协议特性测试

① Wi-Fi6 OFDMA 特性。OFDMA 特性不同于以前的 OFDM 编解码方式，它可以将数据包在频域上进行拆分发送，使数据颗粒度变得更小，对于数据传输的延迟控制得更好，测试时重点关注其在复杂环境下的分频能力，如分频是否可以达到 1MHz 频宽，同时支持多少个设备进行 OFDMA 数据传输，大数据包与小数据包同时存在的情况下 OFDMA 的实现，近距离设备与远距离设备同时传输数据时如何进行频分协商等。

② Wi-Fi6 TWT 特性。TWT 特性旨在提高网络效率，并降低设备的功耗，以此来进行功耗优化。此特性除了关注功耗的最终指标以外，还需要进行协议兼容性的测试。首先需要关注开启了 TWT 的功能后，PPDU 数据包确实是在 TWT 情况下进行发出的，避免部分设备开启了功能，但是仍然没有按照协议的要求发包；其次需要 check 每次连接 TWT 的请求帧中和 Probe Request 帧中，Request Type field 和 Control field 均符合协议要求。

2）通用功能测试

通用功能测试主要用于定义 IoT 设备相关部分，我们通常将其分解到实际业务场景中进行测试。

（1）配网测试

由于 IoT 设备通常不具备配网界面，因此配网流程会相对复杂，需要待测试设备处于 AP 模式，首先控制设备连接到 AP，然后将 SSID 和密码等信息传递到待配网设备后，再触发设备进行配网操作，同时反馈配网成功或失败到控制设备，让用户了解配网是否成功。

测试主要关注以下几个方面：待配网设备是否可被发现，待配网设备在未配网时是否可以被手机连接，是否支持在路由器各种配置下进行连接，是否支持在各种国家地域时正确配网并传输相应的国家码，等等。

（2）断网重连测试

设备在复杂的家居环境中，可能遇到各种各样的网络问题，Wi-Fi 协议作为一种无线传输协议，存在一定的局限性，同时 IoT 设备也可能断电，所以设备的自恢复能力就极其重要。我们主要进行家居环境下的路由器断网重连测试、设备断电重连测试。路由器和设备均需要在有限的时间内恢复上线，如果因为网络等原因暂时无法重连，则仍然需要重试。

（3）设备升级测试

设备升级是作为 IoT 设备的一个重要的基础要求，也是对 Wi-Fi 数据需求量较大的一个场景。我们重点测试版本正常升级，升级过程中异常断网、断电，升级重试机制，升级前后各个功能是否可以正常使用，等等。

（4）设备控制测试

设备控制是 IoT 智能设备的重中之重，我们需要通过通用的 SPEC 语言让所有设备按照指令执行操作，而 IoT 模组需要将 SPEC 语言从手机端通过各种流程传递到设备端。此项测试重点关注正常的设备控制、控制成功率等。

（5）可维可测测试

设备可能存在各种问题，网络也可能存在各种问题，所以可维可测测试是必不可少的。重点关注配网失败的错误消息、设备断网以后的错误消息与重连机制等。

3）性能及稳定性测试

IoT Wi-Fi 性能及稳定性测试重点关注基础业务体验，集中体现在配网、控制、升级等用户实际体验场景上，拆解来看有以下几点。

（1）配网成功率与耗时

配网属于用户接触到设备的首要事务，一切交互都以配网为基础，所以一次配网成功率与耗时属于十分重要的性能指标，测试过程中需要区分各种配网方式，包含但不限于蓝牙配网、AP 配网等。

（2）Wi-Fi 控制响应成功率与耗时

完成设备配网后就完成了基础链路的建立，可以通过 Wi-Fi 通路进行控制，此时的控制响应耗时决定用户业务体验，如果响应耗时高，则无法满足灯类、窗帘类等响应耗时要求比较高的设备的要求。所以控制响应成功率与耗时是最重要的指标之一。测试时需考虑不同的组网环境和信号强度，保证在各种场景下均能满足性能指标要求。

（3）OTA 升级成功率与耗时

智能设备均会提供 OTA 升级功能，以满足用户日益增加的智能业务需求，所以升级的成功率需要进行关注，同时我们发现，有部分设备的主控系统升级的时候会导致设备无法提供服务，所以升级的耗时也需要进行关注。

（4）断网重连耗时

由于无线网络存在不确定性，路由器原因、网络干扰原因等可能导致设备断网，因此，在网络恢复后及时重连，将会提升用户的用户体验，避免设备长时间离线导致无法控制。

（5）串口交互响应

AIoT 设备通常分为通信模块与主控模块两个部分，考虑到两者之间的兼容，通常其交互采用串口指令进行，所以串口交互的响应时间将会决定整体 AIoT 设备的效率。串口交互响应需要进行专项测试，此时不仅仅需要关注其响应的时间，也需要关注其对长指令的处理、各种字符串的解析等。

4.1.2.3 Wi-Fi 功耗测试

目前，世上万物的互联程度越来越高。大量传感器和 AIoT 设备被用于我们的生活中，如温湿度计、门铃、传感器、门锁等，这些设备都无法做到常带电，设备的功耗就决定了其最终的续航表现，其中的许多产品使用低电压、低电流、可充电或不可充电的小型电池。

考虑到高昂的更换成本和环境问题，电池需要具备较长的使用寿命。设计和选择 IoT 设备时，电池使用寿命是一个重要因素。随着万物互联程度越来越高，用户的待机需求越来越高，用电设备的功耗分析也变得越加重要。

IoT 设备绝大多数时间处于休眠状态，电流能耗非常低，当设备运行或通信时，电流能耗非常大，并且电流波形非常多样复杂，会在休眠状态和工作状态来回切换，电流从几毫安到几百毫安来回快速切换。

休眠在 AIoT 设备中不是一成不变的，有些 IoT 设备拥有的休眠模式可能高达数十种，取决于该设备正在处理的工作，某些特定的组件是否参与工作，因此要求测量能力具有宽电流动态范围，从几毫安到几安，以涵盖 DUT 的休眠模式和工作模式。其次，由于 IoT 设备模式转换速度非常快，可能进行通信时功耗就会突然变高，但是停止通信后又会立即切换回低功耗模式，因此要求测量精度与反应程度非常灵敏。推荐使用高精度的功率计来进行测试，常用的如 Monsoon Powermonitor。

4.1.2.4 Wi-Fi 测试场景搭建

1）基础功能测试环境

AIoT Wi-Fi 基础功能测试时对于无线环境要求并不高，只要能够保证其数据正确传输即可，通常我们的测试环境中需要包含已经联网的待测路由器、待测设备、用于配网测试的手机，还有与待测设备进行串口连接的 PC 即可，如图 4-23 所示。

其中待测设备与待测路由器之间的距离建议为近距离，以免环境干扰与信号问题导致测试过程中丢包。

2）客观化测试环境

如果我们需要进行性能测试与业务体验测试，那就需要对测试环境进行标定，基础的功能测试环境无法满足我们的测试要求。

为了避免空口中其他无线设备的干扰，通常我们将设备放入屏蔽箱内进行测试，同时调节路由器与待测设备之间的信号衰减，确保达到我们要求的测试标准环境，如图 4-24 所示。

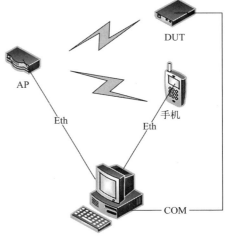

图 4-23　基础测试组网

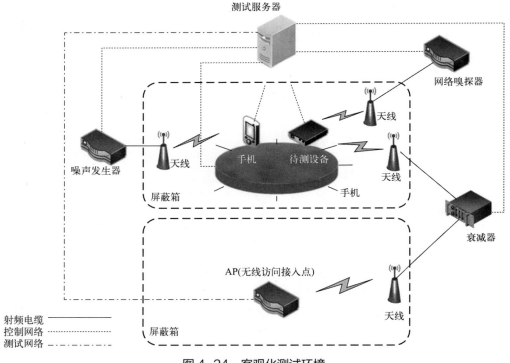

图 4-24　客观化测试环境

测试过程中如果有任何问题，也可直接在待测设备旁进行数据抓包来判定，此环境适用于研发阶段。

3）用户仿真测试环境

AIoT 设备最终的应用场景应该是属于用户环境的，所以我们需要对用户环境进行分析，再进行仿真，最终在实验室中进行用户仿真环境的测试。

为此，首先需要了解影响设备信息传输的几个因素，通常包含空口的信号强度、空口邻居家的环境干扰、空口用户自家的 Wi-Fi 与蓝牙负载等。

因此，可初步给出用户仿真测试环境模型如下。场景中需包含待测设备、辅测路由器、干扰信号，同时需要考量信号衰减程度、干扰距离的远近带来的一系列影响，在标定的场景中进行测试，才能得到稳定的性能测试结果，如图 4-25 所示。

4.1.2.5　Wi-Fi 测试工具及其应用

Wi-Fi 类测试过程中主要用到协议分析工具、网络度量工具、性能测试工具等。

1）空口数据抓包与分析工具

Wi-Fi 类测试无法离开数据包的抓包工具，常用的网络数据包抓包工具有 Windows 平台下的 Omnipeek、WireShark，Linux 平台下的 TCPdump 等自带的工具。

下面我们以 Omnipeek 软件为例来进行无线数据包的抓取。打开抓包软件后需要选择支持无线数据包抓取的网卡才能继续进行（网卡显示为支持 Omnipeek），如图 4-26 所示。

选择需要抓取的 Wi-Fi 信道与频宽即可开始进行数据包的抓取，如图 4-27 所示。

数据包抓取完成后，可以直接在抓包软件中进行数据包解析，如图 4-28 所示的信标帧，

AIoT 智能物联网全栈测试技术：从原理到实战

从数据字段中可以看到这个无线接入点的 SSID 和其支持的各种能力, 包括速率集、Traffic Indication Map、HT Capability Info 等。

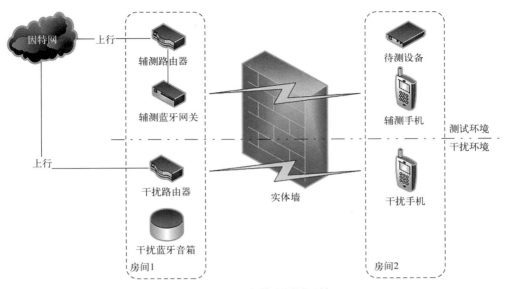

图 4-25　用户仿真测试环境

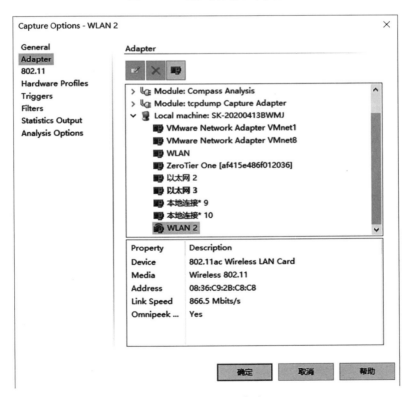

图 4-26　Wi-Fi 抓包

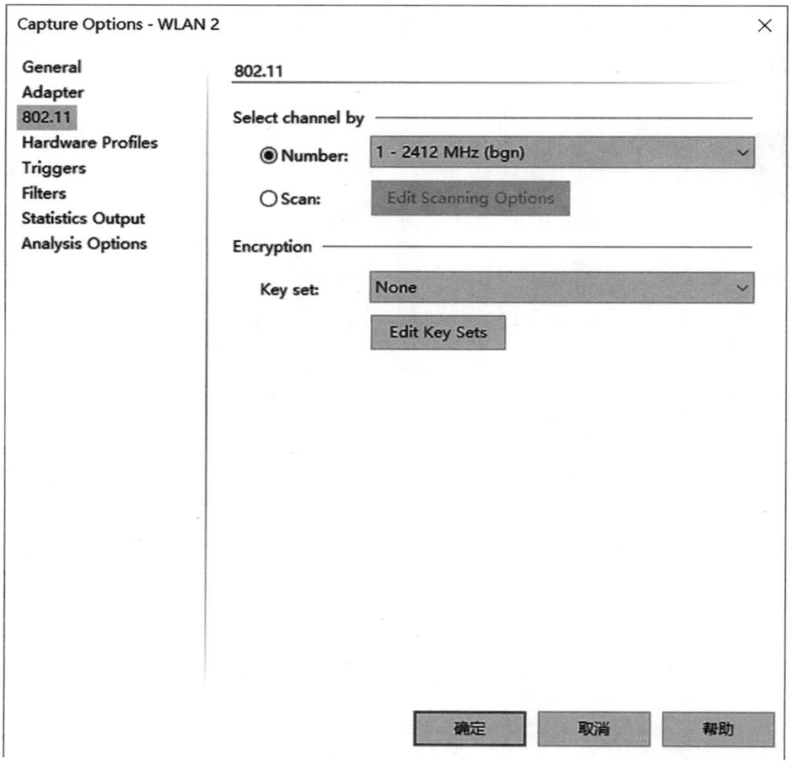

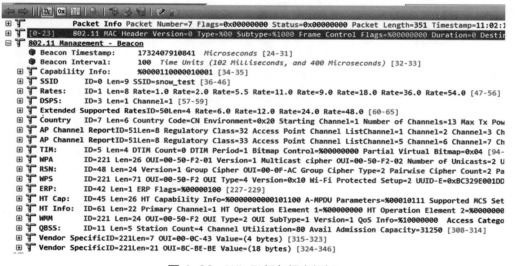

图 4-27　Wi-Fi 抓包信道选择

图 4-28　Wi-Fi 抓包报文解析

WireShark 工具也具备同样的能力，结合正确的网卡即可获取到空口的信息。TCPdump 工具仅能支持无线数据包的抓取，无法直接进行分析。

2）手持式无线度量工具

对于某些简单的测量与分析，无需数据包抓包工具，而直接在智能手机上即可完成，如测量当前空间范围内可以搜索到多少个无线接入点，并且它们的信号分布如何。

对于安卓手机而言，直接打开"开发者工具"选项，并且启用"WLAN 详细日志记录功能"，此时再进入到 WLAN 界面，搜索到的 WLAN 接入点就会显示热点的 MAC 地址、无线频率和 RSSI，据此可以判定周边 Wi-Fi 环境的干扰程度，如图 4-29 中 ChinaNet-YiT2 的接入点，无线频率处于 2412MHz，则对应 2.4GHz 频率的信道 1，而其 RSSI 信号强度则是-37dBm。

此方法不用借助外部工具即可对环境进行基本的探测，但如果对于无线频率不熟悉，则无法了解当前的 Wi-Fi 环境中到底有多少干扰，哪些信道之间会造成干扰影响等。这时可以借助第三方 APK 来进行测试，常用的工具有 Cellular-Z、Wi-Fi 魔盒等，图 4-30 给出两个工具的使用截图，供大家参考。

3）无线性能测试工具

无线测试中最基础的性能测试项目是吞吐量性能测试、丢包率测试、抖动测试等，这些测试与度量都需要借助外部工具才能方便地进行。

（1）iPerf

这是一个主动测量 IP 网络上可实现的最大带宽的工具。它支持调整与时间、缓冲区和协议（TCP、UDP、SCTP 与 IPv4 和 IPv6）相关的各种参数。对于每个测试，它都会报告吞吐、丢包等其他参数，同时工具可跨平台应用于各种系统，包括 Windows、Linux、FreeBSD、iOS、Android 与各种嵌入式系统，工具本身为开源工具，也可以根据自身的系统进行适当的裁剪。

图 4-29　RSSI 测试

AIoT 设备测试中，因为模组本身资源紧张，经常采用此工具来进行无线网络的性能度量。

（2）IXIA Chariot

此工具也通常用于无线环境吞吐测试，其对比 iPerf 的优势在于数据包可以有多种变化，如将 payload 数据与报文格式改为视频数据流或音频数据流，或者通过脚本化语言将数据包的传输附加上部分规则，如每间隔 100ms 传输 1MB 的数据，这使得测试数据更加贴近于用户实际使用场景，具体的应用此处不再展开。

（3）Fping

某些场景下，我们无法在无线测试的两端均安装测试应用，而只能在单侧进行数据传输，此时我们通常采用 ICMP 包来进行探测，大多设备都会默认响应 ICMP 报文，采用 Fping 工具的好处在于其可以将系统默认的 PING 工具参数开放，自定义 PING 的 payload、发包的频率、超时的阈值等，能够在单位时间内得到更加翔实的测试结果。

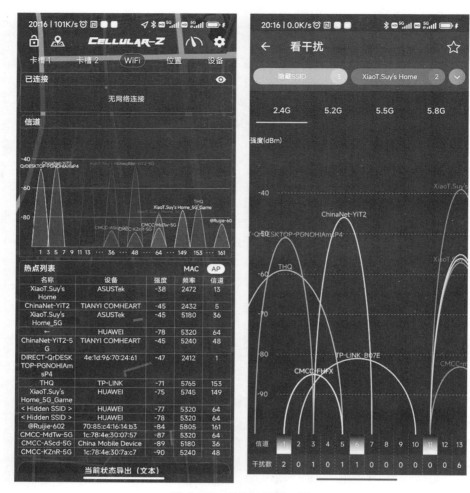

图 4-30　RSSI 测试工具

4.2　蓝牙

前面介绍了基于 Wi-Fi 的短距无线技术，本节则主要介绍基于蓝牙（Bluetooth）的短距无线技术。

4.2.1　蓝牙概述

蓝牙是一种支持设备间短距离通信（一般在 10m 内）的无线电技术，能使包括移动电话、无线耳机、笔记本电脑、相关外设等众多设备之间进行无线信息交换。利用蓝牙技术，既能有效地简化移动通信终端设备之间的通信，也能成功简化设备与因特网之间的通信，从而使数据传输变得更加迅速高效，为无线通信拓宽道路。同时蓝牙作为一种小范围的无线连接技术，能在设备间实现方便快捷、灵活安全、低成本、低功耗的数据通信和语音通信，因此它是目前实现无线短距个人局域网通信的主流技术之一，与其他网络相连接也可

AIoT 智能物联网全栈测试技术：从原理到实战

以带来更广泛的应用。

　　蓝牙技术最早在 1994 年由爱立信公司研发，1998 年 2 月，诺基亚、苹果、三星组成了一个特殊兴趣小组 SIG（Special Interest Group），同年的 5 月爱立信与诺基亚、东芝、IDM 和英特尔这五家著名厂商牵头开展短距无线通信技术的标准化联合开发，旨在提供一种短距离、低成本的无线传输应用技术，并成为未来的无线通信标准。之后随着技术的不断完善，微软、摩托罗拉、三星、朗讯等主流设备厂商开始广泛推广蓝牙技术应用，从而在全球范围内掀起一股"蓝牙"热潮。

- 蓝牙工作在 ISM（Industrial Scientific Medical Band，由国际电信联盟无线电通信局 ITU-R 定义的免费开放给工业、科学、医学的无线频段）2.4GHz 频段且频率范围为 2.400～2.4835GHz，蓝牙将其划分为 79 个信道，每个信道占用 1MHz 的带宽。
- 蓝牙采用 GFSK（高斯频移键控）调制方式且调制指数为 0.28～0.35。
- 蓝牙采用跳频速率为 1600 跳每秒的快跳频和短分组技术（在建链时可提高至 3200 跳每秒），减少同频干扰，保证传输的可靠性。
- 蓝牙的语音调试技术采用连续可变斜率增量调制 CVSD，抗衰落性强，即使误码率达到 4%，话音质量也可接受。
- 蓝牙支持电路交换和分组交换业务，蓝牙支持实时的同步定向连接（SCO 链路）和非实时的异步不定向连接（ACL 链路），前者主传语音等实时性强的信息，后者以数据包为主。
- 蓝牙支持点对点和点对多点通信，按功率等级可划分为 100mW（20dBm）、2.5mW（4dBm）和 1mW（0dBm），相应的有效工作范围为 100m、10m 和 1m。

蓝牙系统的网络结构的拓扑结构有两种形式：微微网（Piconet）和分布式网络（Scatternet）。

- 微微网是通过蓝牙技术以特定方式连接起来的一种微型网络，一个微微网可以只是两台相连的设备，也可以是 8 台连在一起的设备。在一个微微网中，所有设备的级别是相同的，具有相同的权限，它由主设备 master 单元（发起链接的设备）和从设备 slave 单元（最多 7 个）构成，主设备单元负责提供时钟同步信号和跳频序列，从设备单元一般是受控同步的设备单元，接受主设备单元的控制。
- 分布式网络是由多个独立的非同步的微微网以特定的方式连接在一起而组成的。一个微微网中的主设备单元同时也可以作为另一个微微网中的从设备单元，这种设备单元又称为复合设备单元。蓝牙独特的组网方式赋予了它无线接入的强大生命力，同时可以有 7 个移动蓝牙用户通过一个网络节点与因特网相连。它靠跳频顺序识别每个微微网。同一微微网所有用户都与这个跳频顺序同步。

以下主要介绍蓝牙协议，包括蓝牙协议的标准演进、系统构成、协议栈等。

4.2.1.1　蓝牙协议标准演进

　　自 1999 年以来，为改善蓝牙协议标准的数据传输速度、连接质量和功能集合，并推动市场适配，蓝牙技术联盟 SIG 对蓝牙协议进行了多次修订，蓝牙协议从最初的 1.0 版本逐步升级到 5.3 版本，涉及 5 次大版本、共 14 次小协议版本的发布。但即便如此，蓝牙的核心功能从未被彻底改造过，以尽可能保持平台的向后兼容，同时每一次新标准迭代都会在现有功能的基础上增加新的功能，且功能是可选的。表 4-4 显示了蓝牙协议版本的变更以及新增功能的引入时间。

表 4-4 蓝牙协议版本变更历史

蓝牙协议版本	发布时间	数据传输速率	有效距离	关键核心技术
Bluetooth 1.x （1.0 / 1.1 / 1.2）	V1.0：1999 年 V1.1：2001 年 V1.2：2003 年	748～801Kbit/s	10m	
Bluetooth 2.x （2.0 / 2.1）	V2.0：2004 年 V2.1：2007 年	1Mbit/s core 3Mbit/s with EDR	30m	Enhanced Data Rate (V2.0) Secure Simple Pairing (V2.1)
Bluetooth 3.0 + HS	2009 年	3Mbit/s with EDR 24Mbit/s with HS 802.11 Link	30m	High Speed（Optional） L2CAP Enhanced Modes Enhanced Power Control
Bluetooth LE 4.x （4.0 / 4.1 / 4.2）	V4.0：2010 年 V4.1：2013 年 V4.2：2014 年	3Mbit/s with EDR 1Mbit/s Low Energy	60m	Low Energy (V4.0) IoT Features (V4.1) 6LoWPAN (V4.2)
Bluetooth LE 5.x （5.0 / 5.1 / 5.2 / 5.3）	V5.0：2016 年 V5.1：2019 年 V5.2：2019 年 V5.3：2021 年	3Mbit/s with EDR 2Mbit/s Low Energy	240m	2MSym/s PLY / LE Advertising Extensions (V5.0) DirectionFinding (V5.1) LE Audio (V5.2) AdvDataInfo in Periodic Advertising (V5.3)

详细说明如下。

1）1999 年：Bluetooth 1.0

1999 年 7 月 26 日，蓝牙技术联盟 SIG 发布了蓝牙的第一个正式版本，即 Bluetooth 1.0 A，确定使用 2.4GHz 频段。和当时流行的红外线技术相比，蓝牙有着更高的传输速度，而且不需要像红外线那样进行接口对接口的连接，所有蓝牙设备基本上只要在有效通信范围内使用，就可以随时进行连接。一年后的 2000 年 10 月 1 日，为解决一些安全性和兼容性的问题，SIG 又推出了一个标准的 Bluetooth 1.0 B 版本。截至 2000 年 4 月，SIG 的成员数已超过 1500，其成长速度超过任何其他的无线联盟。

2）2001 年：Bluetooth 1.1

蓝牙 1.1 版本正式列入 IEEE 802.15.1 标准，该标准定义了物理层（PHY）和媒体访问控制（MAC）规范，用于设备间的无线连接，传输率约在 748~810Kbit/s，但因为是早期设计，容易受到同频率产品的干扰，影响通信质量。

3）2003 年：Bluetooth 1.2

蓝牙 1.2 版本同样是只有 748~810Kbit/s 的传输率，但针对 1.0 版本暴露的安全性问题，完善了匿名方式，新增屏蔽设备的硬件地址（BD_ADDR）功能，保护用户免受身份嗅探攻击和跟踪，同时向下兼容 1.1 版，此外还增加了四项新功能：AFH（Adaptive Frequency Hopping，适应性跳频技术，减少了蓝牙产品与其他无线通信装置之间所产生的干扰问题）、eSCO（extended Synchronous Connection-Oriented Links，延伸同步连接导向信道技术，用于提供 QoS 的音频传输，进一步满足高阶语音与音频产品的需求）、Faster Connection（快速连接功能，可以缩短重新搜索与再连接的时间，使连接过程更为稳定快速）、支持 Stereo 音效（只能以单工方式工作）。

4）2004 年：Bluetooth 2.0

蓝牙 2.0 版本是 1.2 版本的改良版。新增的 EDR（Enhanced Data Rate，速率增强）技术通过提高多任务处理和多种蓝牙设备同时运行的能力，使得蓝牙设备的传输率可达 3

AIoT 智能物联网全栈测试技术：从原理到实战

Mbit/s，EDR 技术通过减少工作负载循环来降低功耗，且由于带宽的增加，蓝牙 2.0 增加了连接设备的数量。蓝牙 2.0 还支持双工模式，即可以一边进行语音通信，一边传输文档与高质量图片。

5）2007 年：Bluetooth 2.1

为了改善蓝牙技术存在的问题，蓝牙技术联盟 SIG 推出了 Bluetooth 2.1+EDR 版本的蓝牙技术。

新增 SSP（Secure Simple Pairing，简易安全配对）改善了装置配对流程，即以往在连接过程中，需要利用个人识别码来确保连接的安全性，而改进过后的连接方式则是会自动使用数字密码来进行配对与连接；在短距离的配对方面新增 NFC（Near Field Communication，近场通信）机制，即只要将两个内置有 NFC 芯片的蓝牙设备相互靠近，配对密码将通过 NFC 进行传输，无需手动输入；新增的 Sniff Subrating 省电功能，将设备间相互确认的信号发送时间间隔从旧版的 0.1s 延长到 0.5s 左右，从而让蓝牙芯片的工作负载大幅降低。根据官方的报告，采用此技术之后，蓝牙装置在开启蓝牙联机之后的待机时间可以有效延长 5 倍以上。

6）2009 年：Bluetooth 3.0

2009 年 4 月 21 日，蓝牙技术联盟（SIG）颁布了新一代蓝牙核心规范 3.0 版高速标准规范（Bluetooth Core Specification Version 3.0 High Speed），其核心是 Generic Alternate MAC/PHY（AMP），这是一种全新的交替射频技术，允许蓝牙协议栈针对任一任务动态地选择正确射频。为了增大蓝牙的传输速率，蓝牙 3.0 版本新增了可选技术 High Speed，通过集成"802.11PAL"（协议适应层）使蓝牙 3.0 的数据传输率提高到了大约 24Mbit/s，是蓝牙 2.0 的 8 倍，从而轻松实现录像机至高清电视、PC 至 PMP、UMPC 至打印机之间的资料传输；功耗方面，蓝牙 3.0 通过引入增强电源控制（EPC）机制，再辅以 802.11 使实际空闲功耗明显降低；此外，新的规范还具备通用测试方法（GTM）和单向广播无连接数据（UCD）两项技术，并且包括了一组 HCI 指令以获取密钥长度。据称，配备了蓝牙 2.1 模块的 PC 理论上可以通过升级固件让蓝牙 2.1 设备也支持蓝牙 3.0。

7）2010 年：Bluetooth LE 4.0

蓝牙 4.0 版本是迄今为止第一个蓝牙综合协议规范，集合了三种规格：传统蓝牙、高速蓝牙和 BLE（Bluetooth Low Energy）低功耗蓝牙。传统蓝牙以信息沟通、设备连接为重点，高速蓝牙则主攻数据交换与传输，低功耗蓝牙以不需占用太多带宽的设备连接为主，功耗较老版本降低了 90%。这三种协议规范还能够互相组合搭配，从而实现更广泛的应用模式。

蓝牙 4.0 支持两种部署方式：单模式（single mode）和双模式（dual mode）。单模式面向高度集成、紧凑的设备，使用一个轻量级连接层（Link Layer）提供超低功耗的待机模式操作、简单设备恢复和可靠的点对多点数据传输，还能让联网传感器在蓝牙传输中安排好低功耗蓝牙流量的次序，同时还有高级节能和安全加密连接。单模式只能与蓝牙 4.0 互相传输，无法向下与 3.0/2.1/2.0 版本兼容，主要应用于使用纽扣电池的传感器设备，例如对功耗要求较高的心率检测器和温度计。双模式中，低功耗蓝牙功能集成在现有的经典蓝牙控制器中，或者在现有经典蓝牙技术（2.1+EDR/3.0+HS）芯片上增加低功耗堆栈，整体架构基本不变，故成本增加有限，另外双模式可以向下兼容 3.0/2.1/2.0 版本，主要应用于传统蓝牙设备，同时兼顾低功耗的需求。蓝牙 4.0 还把蓝牙的传输距离提升到 100m 以上（低功耗模式条件下），其拥有更快的响应速度和更安全的技术，最短可在 3ms 内完成连接设置并开始传输数据，并使用 AES-128 CCM 加密算法进行数据包加密和认证。

8）2013 年：BLE 4.1

如果说 BLE 4.0 版本主打的是省电特性，那么 BLE 4.1 版本则更聚焦于物联网，它在传输速度和传输范围上变化很小，但在软件方面有着明显的改进，其更新目的是让 Bluetooth Smart 技术最终成为物联网发展的核心动力。BLE 4.1 版本的主要特点如下。

- BLE 4.1 在已经被广泛使用的 BLE 4.0 基础上进行了升级，使得批量数据可以以更高的速率传输，这一改进主要针对刚刚兴起的可穿戴设备，并不意味着可以用蓝牙高速传输流媒体视频。
- 新标准加入了专用通道允许设备通过 IPv6 联机使用，即如果有蓝牙设备无法上网，那么通过 BLE 4.1 连接到可以上网的设备之后，该设备就可以直接利用 IPv6 连接到网络，实现与 Wi-Fi 相同的功能，不过蓝牙完全适应 IPv6 则需要更长的时间，这依赖于芯片厂商对蓝牙设备支持 IPv6 的兼容性适配程度。
- BLE 4.1 版本对于设备之间的连接和重新连接进行了很大幅度的修改，可以为厂商在设计时提供更多的设计权限，包括设定频段创建或保持蓝牙连接，这一改变使得蓝牙设备连接的灵活性有了非常明显的提升。
- 在移动通信领域，BLE 4.1 也专门针对 4G 进行了优化，确保可以与 4G 信号和平共处，即在全新的 BLE 4.1 标准中，一旦遇到 BLE 4.1 和 4G 网络同时在传输数据的情况，那么 BLE 4.1 就会自动协调两者的传输信息，从而减少其他信号对 BLE 4.1 的干扰。

9）2014 年：BLE 4.2

相较上代标准，BLE 4.2 做了以下改进。

- 传输速度更快。BLE 4.2 的数据包所能容纳的数据量相当于上一代的 10 倍左右（V4.1 最大支持 23B 单包数据传输，V4.2 最大支持 255B）。
- 支持 6LoWPAN。6LoWPAN 是一种基于 IPv6 的低速无线个域网标准，BLE 4.2 设备可以直接通过 IPv6 和 6LoWPAN 接入互联网，这使得大部分智能家居产品可以抛弃相对复杂的 Wi-Fi 连接，改用蓝牙传输，让个人传感器和家庭间的互联更加便捷快速。
- 更安全的 LE 连接。BLE 4.0 和 4.1 的配对加密环节都是基于 AES-CCM 加密，但由于 BLE 4.1 双方共享同一密钥，存在被破解的风险和漏洞，BLE 4.2 的 pairing 环节采用 Diffie-Hellman Key Exchange 密钥交换算法进行加密，有效防止中间人破解密钥的事件发生。
- 更好的隐私保护。针对一些应用不希望自身 BD address（Bluetooth device address）被主端设备监控的场景，BLE 4.2 给出了灵活的选择，即从机设备可以选择在广播模式下发送随机 BD address。

10）2016 年：BLE 5.0

BLE 5.0 主要新增的功能包括：

- 更快更远的传输能力，其传输速率是蓝牙 4.2 的 2 倍（速度上限是 2Mbit/s），有效传输距离是蓝牙 4.2 的 4 倍（理论上可达 300m），数据包容量是蓝牙 4.2 的 8 倍；

- 广播数据 payload 可以携带高达 255B；
- 配合 Wi-Fi，可以实现精度小于 1m 的辅助室内定位。

11）2017 年 7 月 17 日：BLE Mesh

2017 年 7 月 17 日，蓝牙技术联盟 SIG 发布了蓝牙 Mesh 标准，不同于传统 Bluetooth Low Energy（BLE）协议的 1 对 1、1 对多的通信方式，它实现了多对多的通信，这使得 Mesh 网络中的各个节点之间可以相互通信。BLE Mesh 协议（在 4.2.1.6 节做详细说明）建立在 BLE 的物理层和链路层之上，也就是说可以和 BLE 4.0 及以上版本的蓝牙设备通信，且 Mesh 网络中每个设备节点都能发送和接收信息，即只要有一个设备连上网关，信息就能够在节点之间被中继，从而让消息传输至比无线电波正常传输距离更远的位置。基于此原理，Mesh 网络就可以分布在制造工厂、办公楼、购物中心、商业园区以及更广的场景中，为照明设备、工业自动化设备、安防摄像机、烟雾探测器和环境传感器提供更稳定的控制方案。总结来说，BLE Mesh 网络是实现物联网的关键"钥匙"。

12）2019 年 1 月 29 日：BLE 5.1

BLE 5.1 主要新增的功能包括：

- 定位精度可达到厘米级别，在室内导航、快速查找手环/遥控器等场景能发挥重要作用；
- 新增位置查找特征。

13）2019 年 12 月 31 日：BLE 5.2

BLE 5.2 主要新增的功能包括：

- 低功耗蓝牙同步通道——LE 同步信道；
- 增强版 ATT，这是通用属性协议（GATT）的升级版本；
- 低功耗功率控制功能——LE 功率控制，新的 BLE 5.2 性能允许动态优化电池寿命，同时将供电维持需求降至最低，从而大大降低成本。

14）2021 年 7 月 13 日：BLE 5.3

BLE 5.3 主要新增的功能包括：

- 蓝牙设备角色命名变更，BLE 5.3 版本对蓝牙设备的角色用词进行了变更，即将主设备（master）变更为中心设备（central），从设备（slave）变更为周边设备（peripheral）；
- 支持包含广播数据信息（ADI）的周期性广播；
- 新增 LE 增强版连接更新功能，通过在低功耗蓝牙中引入亚速率连接（connection sub-rating）模式，极大地降低了在已经建立连接的情况下更新有效连接间隔（connection interval）所需时间；
- 新增 Host 设定 Controller 密钥长度的功能；
- 新增 LE 频道分级功能，BLE 5.3 版本中增加了 LE 频道分级功能，由中心设备（central）激活周边设备（peripheral）上的频道报告功能后，周边设备可定期将每个频道的可用情况报告给中心设备；
- BLE 5.3 版本彻底删除了蓝牙 3.0 版本引入的高速（HS）配置及相关技术规范。

4.2.1.2　蓝牙系统构成

蓝牙系统由两部分组成：Bluetooth Core 和 Bluetooth Application。其中 Bluetooth Core 又分为 Host 和 Controller。在一个蓝牙系统中 Host 只有 1 个，但 Controller 可以有 1 个或

多个。Host 负责在逻辑链路的基础上进行更友好的封装，屏蔽掉蓝牙技术细节，以便应用层更好地运用；Controller 则负责定义射频 RF、基带等偏硬件的规范，并在此之上抽象出逻辑链路。蓝牙系统结构如图 4-31 所示。

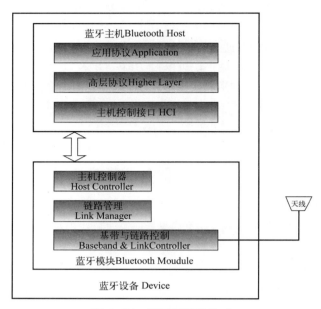

图 4-31　蓝牙系统的构成

图 4-31 中的这些逻辑实体不一定与物理实体一一对应，如在实际应用中 Host 和 Bluetooth Application 可能位于同一物理实体（主控 CPU），而 Controller 可能单独位于另一物理实体（蓝牙模块）中。不同的应用场景催生了不同的蓝牙架构实现方案，主要有如下三种。

1）架构 1：Host + Controller 双芯片标准架构

为保证市场上不同厂商的 AP 芯片和蓝牙模块之间的兼容性，增加手机厂商蓝牙方案选型的灵活性，蓝牙规范定义了一套标准，如图 4-32 所示，即将蓝牙协议栈分成 Host 和 Controller 两部分，其中 Host 跑在 AP 上，Controller 跑在蓝牙模块上，两者通过 HCI 协议（Host Controller Interface，主机控制器接口协议）进行通信，同时该标准也定义了 Host 具体包含协议栈哪些部分、Controller 具体包含协议栈哪些部分、两者之间通信的 HCI 协议如何定义等内容，因此可以称之为双芯片标准方案，只要遵循这套标准，用户就可以随意替换 Host 或 Controller 方案，此外该方案除了应用在手机中，还可应用在任何其他设备中。一般来说，AP 芯片厂商会直接采用 Bluez 等开源协议栈来实现 Host 功能，而 Controller 部分则大部分由蓝牙厂商自己来实现。

2）架构 2：单芯片整体架构

考虑到成本因素，采用一个芯片来实现整个蓝牙协议栈也是一个受欢迎的选择，即把蓝牙协议栈所有功能都放在一个芯片上，如图 4-33 所示，由于 Host 和 Controller 都在同一个芯片上，因此物理 HCI 就没有存在的必要性，Host 和 Controller 之间直接通过 API 接口来交互。

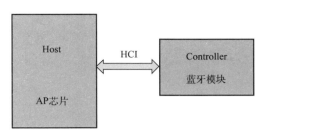

图4-32 Host + Controller 双芯片标准架构   图4-33 单芯片整体架构

3）架构3：自定义双芯片架构

存在一种场景，蓝牙设备功能比较强大，需要一个功能非常强大的 MCU 来做主应用，而蓝牙 SoC 仅仅是整个系统的一部分，在这种情况下大部分蓝牙协议栈功能或者整个蓝牙协议栈功能都是运行在蓝牙 SoC 中，而蓝牙应用则运行在主 MCU 中，主 MCU 和蓝牙 SoC 之间的通信协议由厂商自己定义，因此称为自定义双芯片架构方案，如图4-34所示。这种方案也非常常见，但架构 3 里面有一种非常特殊的情况，即主 MCU 和蓝牙 SoC 之间采用了 HCI 接口进行物理通信，但通信的主体不是 Host 和 Controller，通信包应用数据也不遵循蓝牙核心规格规范，故不能把它看成第 1 种架构。

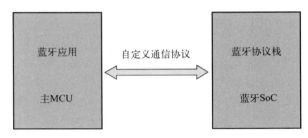

图4-34 自定义双芯片架构

4.2.1.3 蓝牙协议栈

常规的通信协议都具有层次性，便于将复杂问题简单化。其特点是从下到上分层，通过层层封装，每一层只需要关心特定的、独立的功能，易于实现和维护。在通信实体内部，下层向上层提供服务，上层只是下层的用户；在通信实体之间，协议仅针对每一层，实体之间的通信，就像每一层之间的通信一样，这样有利于交流、理解和标准化。蓝牙协议作为通信协议的一种，也遵循这样的规则，从 OSI（Open System Interconnection）模型的角度看，蓝牙协议仅仅提供了物理层（Physical Layer）和数据链路层（Data Link Layer）两个 OSI 层次，但受限于蓝牙协议的特殊性和历史演变等原因，蓝牙协议又有其特殊之处。

蓝牙协议分为四个层次：物理层（Physical Layer）、逻辑层（Logical Layer）、L2CAP 层和应用层（APP Layer）。具体如图4-35所示。

1）物理层

物理层负责提供数据传输的物理通道（通常称为信道），蓝牙的物理层分为 Physical Channel 和 Physical Links 两个子层。

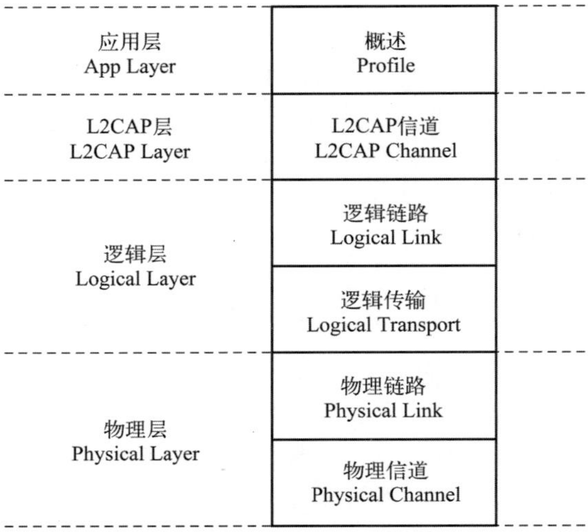

图 4-35　蓝牙协议栈层级

（1）Physical Channel（物理信道）

一个通信系统中通常存在多种类型的物理信道，蓝牙也不例外。蓝牙存在 BR/EDR、AMP 和 LE 三种技术，这三种技术在物理层的实现就不一致。相同点是 BR/EDR、LE 和 AMP 的 RF 都使用 2.4GHz ISM 频段，频率范围是 2.400～2.4835GHz（注：不同国家和地区蓝牙的频率和信道分配情况有所不同，以下描述都以中国采用的"欧洲和美国"标准为准）。

第一个不同点是 BR/EDR 是传统的蓝牙技术。它将蓝牙信道划分成 79 个 channel，每一个 channel 占用 1M 的带宽，并在 Channel 0 和 Channel 78 之外设立保护带宽（lower guard band = 2MHz，upper guard band = 3.5MHz）。同时它采用跳频技术（hopping）使某一个物理信道不是固定地占用 79 个 channel 中的某一个，而是以一定的规律在跳动，但在同一时刻蓝牙设备只能在其中一个物理信道上通信，且为了支持多个并行的操作，蓝牙系统采用时分方式，即不同的时间点采用不同的信道。BR/EDR 技术定义了 5 种物理信道，具体如表 4-5 所示。

表 4-5　BR/EDR 的物理信道

信道名称	信道用途
BR/EDR 查询扫描物理信道 BR/EDR Inquiry Scan Physical Channel	用于蓝牙设备的发现操作（discovery），即常用的搜索其他蓝牙设备（discover）以及被其他蓝牙设备搜索（discoverable）
BR/EDR 页面扫描物理信道 BR/EDR Page Scan Physical Channel	用于蓝牙设备的连接操作（connect），即常用的连接其他蓝牙设备（connect）以及被其他蓝牙设备连接（connectable）
BR/EDR 基本微微网物理信道 BR/EDR Basic Piconet Physical Channel	两个信道主要用在处于连接状态的蓝牙设备之间的通信。区别是 BR/EDR Basic Piconet Physical Channel 使用全部 79 个跳频点，而 BR/EDR Adapted Piconet Physical Channel 则使用较少的 RF 跳频点，是根据当前的信道情况使用 79 个跳频点中的子集，但跳频数目不能少于 20 个
BR/EDR 适配微微网物理信道 BR/EDR Adapted Piconet Physical Channel	
BR/EDR 同步扫描信道 BR/EDR Synchronization Scan Channel	可用于无连接的广播通信

第二个不同点是 AMP 是为高速数据传输设计的技术，其物理层规范直接采用 802.11（Wi-Fi）的 PHY 规范，AMP 物理信道只有一种，即 AMP Physical Channel，主要用于已

连接设备之间的数据通信，和 BR/EDR 技术中的 BR/EDR Adapted Piconet Physical Channel 位于一个级别，可以互相切换使用。

第三个不同点是 LE 是为低功耗蓝牙而生的技术，为了实现低功耗的目标，其物理信道的定义与 BR/EDR 有些许差异。首先 LE 的频带被分成 40 个 channel，每一个 channel 占用 2M 的带宽，同时 LE 技术定义了 2 种物理信道，具体如表 4-6 所示。

表 4-6　LE 的物理信道

信道名称	信道用途
LE 微微网信道 LE Piconet Channel	用在处于连接状态的蓝牙设备之间的通信，和 BR/EDR 一样，采用跳频技术。和 BR/EDR 不一样的地方是，其只会在 40 个频率 channel 中的 37 个上面跳频
LE 广播信道 LE Advertisement Broadcast Channel	用于在设备间进行无连接的广播通信，这些广播通信可用于蓝牙的设备的发现、连接（和 BR/EDR 类似）操作，也可用于无连接的数据传输

（2）Physical Link（物理链路）

物理链路是一个虚拟概念，不对应协议中任何的实体，是对上面提到的物理信道的进一步封装，即不在数据包的封包/解包过程中体现，这里不做说明。

2）逻辑层

逻辑层的主要功能是在已连接的蓝牙设备之间，基于物理链路，建立逻辑信道。蓝牙的逻辑层又分为 Logical Transport 和 Logical Link 两个子层。

3）L2CAP 层

L2CAP 是 Logical Link Control and Adaptation Protocol（逻辑链路控制和适配协议）的缩写。对下，它在用户类 Logical Link 的基础上，抽象出和具体技术无关的数据传输通道（包括单播和广播两类），因此用户就不再需要关心繁杂的蓝牙技术细节；对上，它以 L2CAP channel endpoints 的概念（类似 TCP/IP 中的端口），为具体的应用程序提供独立的数据传输通道。

4）应用层

蓝牙应用层指 profile，也可以翻译为服务，为实现不同平台下的不同设备的互联互通，蓝牙协议为各种可能的、有通用意义的应用场景都制定了规范，如 SPP、HSP、HFP、IPv6/6LoWPAN 等。

4.2.1.4　蓝牙核心规范

蓝牙规范有两类：一类是蓝牙核心规范，由 Bluetooth Core Specification 定义，囊括到 L2CAP 层，以及相关的核心 profile；另一类是蓝牙 Application 规范，包含了各种各样的 profile 规范，如图 4-36 所示。

以下分别简述核心规范中不同模块的用处。

1）Controller 部分

（1）BR/EDR、LE、AMP

蓝牙的物理层包括 BR/EDR、BLE、AMP 三种，负责在物理信道上收发蓝牙 packet。其中 BR/EDR 和 BLE 还会接收来自 Baseband 的控制命令来控制 RF 频率选择和 timing，AMP PHY 使用 802.11 规范，不做叙述。

（2）Link Controller 和 Baseband Resource Manager

Link Controller 和 Baseband Resource Manager 共同组成了蓝牙的基带。Link Controller

负责链路控制，根据当前物理信道、逻辑信道和逻辑传输的参数将数据 payload 组装成 Bluetooth packet，另外通过链路控制协议 Link Control Protocol（在 BLE 是 Logical Link Layer Protocol）实现流控（flow control）、回应（ACK）、重传（retry）等机制；而 Baseband Resource Management 则主要用于管理 RF 资源。

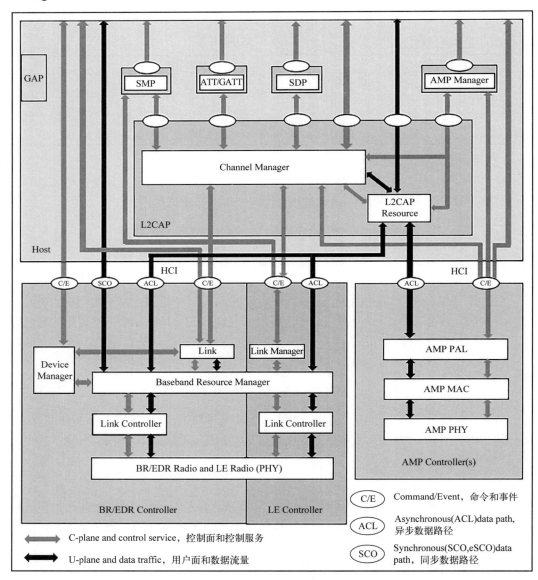

图 4-36　蓝牙核心规范框架图

（3）Link Manager

主要负责创建、修改、释放蓝牙逻辑连接（Logical Link），同时也负责维护蓝牙设备之间物理连接（Physical Link）的参数，其主要功能通过链路层管理协议（在 BR/EDR 是 Link Management Protocol，在 BLE 是 Link Layer Protocol）完成。

（4）Divice Manager

主要负责控制蓝牙设备的通用行为（蓝牙数据传输之外的行为），主要包括：搜索附近的蓝牙设备、连接其他的蓝牙设备、使本地蓝牙设备 connectable 和 discoverable、控制本地蓝牙设备的属性（如本地蓝牙设备的名字、link key 等）。

2）HCI 接口

HCI 接口即 Host Controller Interface，蓝牙 Host 和 Controller 是通过 HCI 接口以 HCI 协议进行通信的。

3）Host 部分

（1）L2CAP

L2CAP 包含 2 个模块：Channel Manager 和 L2CAP Resource Manager。Channel Manager 负责创建、管理、释放 L2CAP 信道，L2CAP Resource Manager 负责统一管理、调度 L2CAP 信道上传的 PDU（Packer Data Unit）以确保那些高 QoS 的 packet 可以获得物理信道的控制权。

（2）SDP

SDP（Service Discover Protocol，服务发现协议）也是基于专用的 L2CAP 信道，用于发现其他蓝牙设备能提供哪些 profile 以及这些 profile 有何特性，在了解清楚其他蓝牙设备的 profile 及其特性后，本蓝牙设备可以发起对自己感兴趣的蓝牙 profile 的连接动作。SDP 只提供发现服务的机制，不提供使用这些服务的方法。

（3）AMP Manager

AMP Manager 基于 L2CAP 信道，和对端的 AMP Manager 交互，用于发现对方是否具备 AMP 功能，以及收集用于建立 AMP 物理链路的信息。

（4）GAP

GAP（Generic Access Profile）是一个基础的蓝牙 profile，用于提供蓝牙设备的通用访问功能，包括设备发现、连接、鉴权、服务发现等。GAP 是所有其他应用模型的基础，它定义了在蓝牙设备间建立基带链路的通用方法，还定义了一些通用的操作，确保了 2 个蓝牙设备可以通过蓝牙技术交换信息，以发现彼此的应用程序。GAP 实现的功能列举如下。

- 定义 GAP 层的蓝牙设备角色（role），包括：advertiser（发出广播的设备）、observer 或 scanner（可以扫描广播的设备）、initiator（能发起连接的设备）、master（或 central，指连接成功后的主设备，即主动发起 packet 的设备）、slave（或 peripheral，指连接成功后的从设备，即被动回传 packet 的设备）。

- 定义 GAP 层的、用于实现各种通信的操作模式（operational mode）和过程（procedures），包括：broadcast mode and observation procedure（实现单向的、无连接的通信方式）、discovery modes and procedures（实现蓝牙设备的发现操作）、connection mode and procedures（实现蓝牙设备的连接操作）、bonding mode and procedures（实现蓝牙设备的配对操作）。

- 定义 User Interface 有关的蓝牙参数，包括：Bluetooth device address（蓝牙地址）、Bluetooth device name（蓝牙名称）、Bluetooth passkey（蓝牙 pincode）、class of device（蓝牙 class，和发射功率有关）。

4.2.1.5 低功耗蓝牙 BLE

前面提到，蓝牙 4.0 版本是迄今为止第一个蓝牙综合协议规范，集合了三种规格：传统蓝牙、高速蓝牙和 BLE（Bluetooth Low Energy）低功耗蓝牙。传统蓝牙以信息沟通、设备连接为重点，高速蓝牙则主攻数据交换与传输，前两者统称为经典蓝牙（Classical

Bluetooth）；低功耗蓝牙以不需占用太多带宽的设备连接为主，功耗较老版本降低了90%。这三种协议规范还能够互相组合搭配、从而实现更广泛的应用模式。

BLE 是 Bluetooth Low Energy 的缩写，又叫蓝牙 4.0，区别于蓝牙 3.0 和之前的技术。BLE 前身是 NOKIA 开发的 Wibree 技术，主要用于实现移动智能终端与周边配件之间的持续连接，是功耗极低的短距离无线通信技术，并且其有效传输距离被提升到了 100m 以上，同时只需要一颗纽扣电池就可以工作数年之久。BLE 是在蓝牙技术的基础上发展起来的，既同于蓝牙，又区别于传统蓝牙。BLE 设备分单模和双模两种，双模简称 BR，商标为 Bluetooth Smart Ready，单模简称 BLE 或者 LE,商标为 Bluetooth Smart。Android 在 4.3 后才支持 BLE，这可以解释不是所有蓝牙手机都支持 BLE，而且支持 BLE 的蓝牙手机一般是双模的。

1）BLE 与经典蓝牙的对比

（1）高速连接实现

从工作频段上，经典蓝牙在 2.4GHz 频段共划分了 79 个信道，每个信道带宽 1MHz，而 BLE 协议采用了更简单的发射器和接收器，它将频带划分为间隔 2MHz 的 40 个信道，其中 37/38/39 信道为广播信道，其他 37 个信道为数据信道。独立广播信道的引入加快了设备查找和接入操作，使得 BLE 能在最快 3ms 内完成连接，而传统蓝牙的连接建立过程需要数秒。图 4-37 描述了 2.4GHz 频段中 BLE 和 Wi-Fi 的频段对比分布。

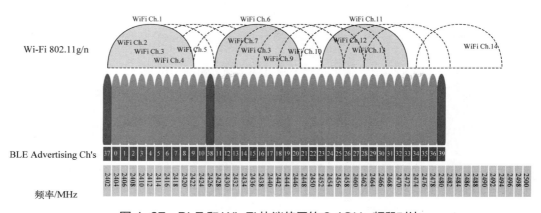

图 4-37　BLE 和 Wi-Fi 协议使用的 2.4GHz 频段对比

（2）待机功耗下降

经典蓝牙动辄采用 16～32 个信道广播，而 BLE 仅使用 3 个广播信道，且每次广播时射频的开启时间由经典的 22.5ms 减少到 0.6～1.2ms,这样大大降低了广播数据导致的待机功耗。此外 BLE 还设计了用深度睡眠状态来替换经典蓝牙的空闲状态的机制，在深度睡眠状态下，主机长时间处于超低的负载循环状态（duty cycle），只在需要运作时由控制器来启动，因主机较控制器消耗更多的能源，故这样的设计节省了更多能源。

（3）传输距离、可靠性和安全性的提高

经典蓝牙传输距离为 2～10m，BLE 则提高到 60~100m，传输距离大幅提升。考虑到电磁波在传输过程中易受干扰，蓝牙技术联盟（SIG）制定 4.0 规范时，在射频、基带协议、链路管理协议中采用了可靠性措施，包括差错检测和校正、数据编码、差错控制等，极大提高了 BLE 数据传输的可靠性；另外为保证数据传输的安全性，BLE 协议使用了 AES-128

CCM 加密算法进行数据包加密和认证。

2）BLE 协议栈和规范

BLE 协议栈的整体架构图如图 4-38 所示。

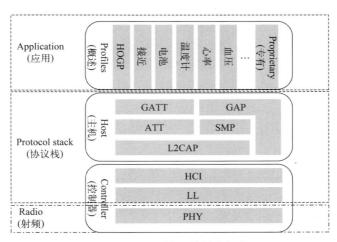

图 4-38　BLE 协议栈整体架构图

可以发现，BLE 协议栈在不同层级的模块与 Bluetooth 协议栈存在些许差异，具体列举如下。

（1）物理层（Physical Layer，PHY）

PHY 层用来指定 BLE 所用的无线频段、调制解调方式和方法等，前文已提到 BLE 将分配的 2.4GHz ISM 频段划分为间隔 2MHz 的 40 个通道。

（2）链路层（Link Layer，LL）

LL 层是整个 BLE 协议栈的核心，除了在 40 个物理信道上收发数据，控制 RF 收发相关的参数外，还需要解决物理信道共享的问题，以及提供校验、重传等机制以确保数据传输的可靠性。

针对有限的 40 个信道和无线的设备接入需求，LL 将 BLE 的通信场景分成两类：一是数据量较少、发送不频繁、对时延不敏感的场景，采取的方式是选择 3 个信道（Channel 37/38/39，2402MHz、2426MHz、2480MHz）作为广播信道；二是数据量较大、发送频率较高、对时延较敏感的场景，选择一个为通信双方建立独立通道的方法（即 connection 过程），同时为了增加容量、增强抗干扰能力，在信道间做随机但有规律的切换（即跳频 hopping 技术）。

（3）安全管理层（Security Manager Protocol，SMP）

BLE 通信的安全保障主要通过 SMP 实现。该协议规范了三个核心安全流程，配对（pairing）、认证（authentication）及数据加密（encryption）。值得注意的是，SMP 在确保通信安全时需同步解决交互层面的可用性问题——即如何在强化安全防护的同时，避免操作复杂度影响用户使用体验。

（4）属性协议层（Attribute Protocol，ATT）

基于物联网信息采集的需求，BLE 抽象出了 ATT 协议（Attribute Protocol）用来定义用户命令及命令操作的数据，该协议将这些"信息"以"attribute"（属性）的形式抽象出来，并提供一些方法供远端设备（remote device）读取、修改这些属性的值（value），同时还定义该数据可以使用的 ATT 命令。

（5）通用属性配置文件层（Generic Attribute Profile，GATT）

GATT 用来规范 attribute 中的数据内容，并运用 group（分组）的概念对 attribute 进行分类管理。GATT 的层次结构依次是：profile>service>characteristic。profile 位于 GATT 结构最顶层，由一个或多个和某一应用场景有关的 service 组成；service 则包含一个或多个 characteristic，也可以通过 include 的方式，包含其他 service；characteristic 是 GATT 中最基本的数据单位，由一个 properties、一个 value、一个或多个 descriptor 组成，characteristic properties 定义了 characteristic 的 value 如何被使用，及 characteristic 的 descriptor 如何被访问，characteristic value 是特征的实际值，characteristic descriptor 则保存了一些和 characteristic value 相关的信息。需要特别说明的是，GATT 并非 BLE 协议栈的必需组件。在没有 GATT 的极端情况下，设备间虽然能建立物理连接，但将面临两大核心问题：首先，数据交互缺乏标准化语义框架；其次，设备功能描述失去统一规范。正是通过 GATT 层的抽象化设计和多样化的应用配置文件（Profiles）支持，BLE 实现了技术生态的范式转变——既保持了协议的轻量化特性，又解决了 ZigBee 等传统无线方案长期存在的兼容性难题，这种架构优势使其成为当前出货量最大的 2.4GHz 无线通信技术方案。

3）BLE 广播

BLE 设备是通过 BLE 广播来发现其他设备的，即一个设备进行广播表明自身存在，而另一个设备进行扫描，继而实现互相之间的连接和通信。BLE 频段使用 37、38、39 三个广播信道进行顺序广播（最新的 BLE 规范 5.x 中对广播通道进行了扩展，使蓝牙设备也可以在其他通道上发送广播报文，以下主要以 BLE 4.x 来介绍），即每一个广播事件都会在三个广播信道中进行数据传输且每一个事件都以最小的信道编号开始传输，当存在广播事件时，该 PDU 是依次从广播信道 37、38、39 中进行传输，而非同时在三个信道中一起广播。

（1）BLE 广播场景

BLE 协议中，广播通信主要有两种使用场景：一是单一方向的、无连接的数据通道，数据发送者在广播信道上广播数据，数据接收者扫描、接收数据；二是用于连接的建立。

（2）涉及协议层次

BLE 广播涉及的协议层次主要包括 GAP、HCI 和 LL。GAP 负责从应用程序的角度，抽象并封装 LL 提供的功能，以便让应用更简单地进行广播通信，需要注意的是 GAP 并不是必需的，也就是说，我们可以在没有 GAP 参与的情况下，进行广播通信；HCI 负责将 LL 提供的所有功能，以 command/event 的形式抽象出来，供 Host 使用；LL 则位于最底层，负责广播通信有关功能的定义和实现，包括物理通道的选择、相关的链路状态的定义、PDU 的定义、设备过滤（device filtering）机制的实现等。

（3）BLE 广播参数

广播相关的参数大致有以下几种：广播间隔（advertising interval）、广播类型（advertising type）、自身地址类型（own_address_type）、定向地址类型（direct_address_type）、定向地址（direct_address）、广播信道（advertising_channel_map）、广播过滤策略（advertising_filter_policy）、广播数据（advertising data）和扫描回应数据（scanreponse data）等，以下对广播间隔和广播类型进行详细描述。

① 广播间隔（advertising interval）。设备每次广播时，会在 3 个广播信道上发送相同的报文。这些报文被称为一个广播事件。两个相邻广播事件之间的时间称为广播间隔。但

设备周期性发送广播时，设备间时钟不同程度的漂移会使两个设备可能在很长一段时间同时广播而存在干扰，故为防止这一情况的发生，发送时间均会加扰动，即在上一次广播事件后加入"0~10ms"的随机延时。所以两个相邻的广播事件之间的时间间隔（T_adv event）＝广播间隔（adv interval）+广播延时（adv delay），其中，adv interval 必须是"0.625ms"的整数倍，范围在 20ms~10.24s 之间。

② 广播类型（advertising type）。广播类型共有 4 种：非定向可连接广播（ADV_IND）、定向可连接广播（ADV_DIRECT_IND）、非定向不可连接广播（ADV_NONCONN_IND）和非定向扫描广播（ADV_DISCOVER_IND/ADV_SCAN_IND）。

- 可连接的非定向广播（ADV_IND）。用途最广，最常见的广播类型，包括广播数据和扫描响应数据，它表示当前设备可以接受任何设备的连接请求。
- 可连接的定向广播（ADV_DIRECT_IND）。定向广播类型是为了尽可能快地连接，俗称回连包。这种报文包含两个地址：广播者的地址和发起者的地址。发起者收到发给自己的定向广播报文之后，可以立即发送连接请求作为回应。
- 不可连接的非定向广播（ADV_NONCONN_IND）。仅仅发送广播数据，而不想被扫描或者连接，也是唯一可用于只有发射机而没有接收机设备的广播类型，常用于 BLE Mesh、Beacon 项目。
- 可扫描的非定向广播（ADV_SCAN_IND）。又称可发现广播，这种广播不能用于发起连接，但允许其他设备扫描该广播设备。这意味着该设备可以被发现，既可以发送广播数据，也可以响应扫描发送扫描回应数据，但不能建立连接。这是一种适用于广播数据的广播形式。

（4）BLE 广播报文

BLE 广播报文结构由前导码 Preamble（1B）、接入地址 Access Address（4B）、协议数据单元 PDU（0~37B）和 CRC 校验码（3B）组成，其中协议数据单元 PDU 又分广播信道 PDU 和数据信道 PDU。详细报文结构如图 4-39 所示。

① 前导码（Preamble）。用来同步时序，可以是 0x55 或者 0xAA，由接入地址的第一个比特（0 或 1）决定。在广播报文里面，这一字节为 0xAA。

② 接入地址（Access Address）。广播通道的接入地址固定为 0x8E89BED6，数据通道则是随机值，不同的连接有不同的值。在连接建立后的两个设备间使用。

③ 协议数据单元 PDU。协议数据单元 PDU 又分广播信道 PDU 和数据信道 PDU：广播信道 PDU 由 1B 的报头（PDU Header）、1B 的报文长度（Length）和 0~37B 的数据（Payload）组成；数据信道 PDU 的组成格式与广播报文类似，区别在于包含的参数不一致。

④ CRC 校验。报文的最后是 3B 的循环冗余校验。CRC 对报头、长度域以及净荷域进行计算。

（5）BLE 扩展广播

在 2016 年 12 月更新的蓝牙 Core_v5.0 中，更新了 LE Advertising Extensions，即扩展广播，它作为新添加的特性增加了广播的消息量传输。BLE 5.x 把广播信道抽象为两类。一种叫主广播信道（Primary Advertisement Channels），工作在 37、38、39 三个信道中，蓝牙 4.x 的广播使用的都是主广播信道，其广播也可称为经典广播（Legacy Advertising）；另一种叫第二广播信道（Secondary Advertising Packets），工作在 0~36 信道中，这是蓝牙 5.0 新增的，该广播也可称为扩展广播（Extend Advertising）。扩展广播即在 Primary Advertising

Physical Channel（37/38/39 信道）上发一个 EXT_ADV 的包，其间包含了下一个和它关联的包的所在地（Secondary Advertising Physical Channel）的信息，这个所在地不在 37/38/39 信道而是在其他 37 个数据信道中的 1 个，具体是哪个由 EXT_ADV 来决定。

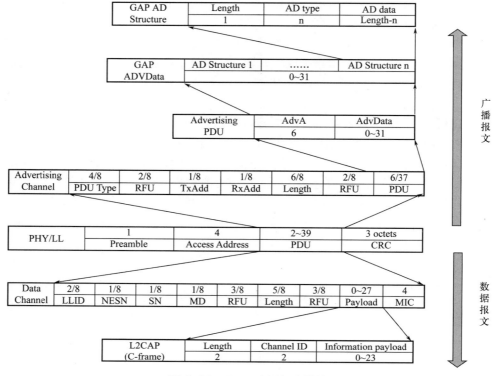

图 4-39　BLE 广播报文结构

Extend ADV PDUs 的通用格式称为 Common Extended Advertising Payload Format，由 Header + Payload 组成，其中 Payload 遵从的格式如图 4-40 所示。

Payload			
Extended Header Length (6bit)	AdvMode (2bit)	Extended Header (0~63octet)	AdvData (0~254octet)

图 4-40　Extend ADV PDUs 的 Payload 格式

- 扩展包头长度（Extended Header Length）：6bit，代表后面的 Extended Header 域的长度。
- 扩展广播模式（AdvMode）：2bit，代表不同的 ADV 模式，包含是否可连接、是否可扫描，及它们的组合。
- 扩展包头（Extended Header）：0~63octet，是可变长度的。
- 扩展包数据（AdvData）：0~254octet，代表携带的数据，其长度也是动态的。

4.2.1.6　BLE Mesh

BLE 作为蓝牙发展中的后续产物，目前支持的应用场景非常有限，在 connection 状态下的数据传输，也是点对点的数据传输，虽然现在 BLE 能够支持多连接（multi-connection），但是其最大连接数和直接的硬件资源强相关，所以无法支持无限个连接，即便能够支持很

AIoT 智能物联网全栈测试技术：从原理到实战

多连接，在 BLE 5.x 时代引入的多 PHY 规格中，Coded PHY 125Kbit/s 状态下的连接交互长度依然很有限制。各种限制造成了应用场景的单一化，无法实现互联互通的需求，故 BLE Mesh 就应运而生。

BLE Mesh 是蓝牙技术联盟（SIG）推出的蓝牙 BLE 组网的规范，SIG 通过 BLE 作为载体，制作了一套星形网状的拓扑类型的多对多的组织。每一台设备都可以与网络中的其他设备进行通信，设备间的通信以消息的形式传递，一台设备可以将某一台设备发来的消息中继到另一台设备，这样就可以扩展端到端的通信范围，这个范围远超过一个单独设备蓝牙无线电所覆盖的范围。BLE Mesh 被设计用于大规模节点互相通信的网络支持，其应用目标场景是楼宇自动化、传感器网络以及更多的 IoT 应用。

根据 BLE Mesh 组网以及 Mesh 本身的规范来说，它可以支持更多的节点通信，更远的消息传播距离（中继节点），更低功耗的 IoT 节点（低功耗节点），可靠的消息传输（安全加密）。比如在停车场，在楼宇自动化，在室内超市等场景，均可以部署 BLE Mesh 节点，通过 Mesh 本身的特性来达到安全、可靠的数据交互的目的。就 Mesh 本身而言，它是基于 BLE ADV 的一层应用，可以将其理解为 Host 层的一个新增特性，它的数据通过 ADV 发送，通过全窗 SCAN 来接收，以 ADV/SCAN 作为载体，定义不同的节点类型以及数据的含义，以实现 Mesh 网状结构。BLE Mesh 是基于广播和 Flooding（泛洪）来实现的，Flooding 协议是相对比较简单的 Mesh 网络路由技术且不用维持路由表，但网络层中的数据包以广播的形式发送/转发，会在网络中产生大量重复的数据包，对网络的整体功耗有很大负面影响。故当前 BLE Mesh 支持的 Flooding 路由协议不适合传输大量的数据，仅适合规模较小的网络。

从 2017 年 BLE Mesh 协议发布到现在，生态链相关的产品已经比较成熟。已有很多非常便宜的支持 BLE Mesh 的模组（比如小米、泰凌微），以及支持 BLE Mesh 的嵌入式操作系统（比如 AliOS Things）。Mesh 主要应用场景的特点是：大范围的覆盖能力、拿来即用、对大规模节点设备的监测与控制能力、尽可能优化的低功耗能力、射频资源的有效利用、可扩展性强、与目前的智能手机/平板/PC 产品兼容、工业标准级别/政府级别的安全性。

1) BLE Mesh 基本概念

以下介绍 BLE Mesh 的一些基本概念。

（1）网络拓扑

Mesh 网络是一个多对多的网络，每个设备节点都可以和别的节点自由通信，且很多节点可以中继（relay）收到的消息。

（2）节点和元素（node & element）

想象一个由数千个设备组成的网络，每个设备都通过低功耗蓝牙（BLE）短脉冲无线连接进行通信。BLE Mesh 网络上的这些设备称为节点（node），每个节点都会发送和接收消息，信息可以从一个节点到另一个节点中继，使消息能够传播到比无线电波通常允许的更远的距离。节点并非 Mesh 网络中的最小单元，每一个节点中至少有一个元素（element），称为主要元素，并且可能有其他元素。元素由定义节点功能和元素条件的实体组成，每个元素都有唯一确定的地址叫作单播地址（unicast address）且每个单元都可以独立寻址以便进行单独的控制。如一个灯泡节点有两个元素（开关和亮度），元素的条件和状态就分别为开或关、0~10 亮度等级。

（3）模型（model）

模型（model）定义了一组状态、状态转换、状态绑定、消息和其他相关行为。节点中的元素必须支持一个或多个模型，并且模型定义了元素所具有的功能。蓝牙 SIG 定义了许多模型，其中许多被故意定位为"通用"模型（16 位），以涵盖典型的使用场景，如设备配置、传感器读数和灯光控制等领域。根据实际应用，model 可分为以下三类。

- server model：包含模型的元素可以发送或接收的状态、状态转换、状态绑定和消息的集合。
- client model：没有定义任何状态，相反只定义了诸如发送到服务器模型的 GET、SET 和 STATUS 消息之类的消息。
- control model：包含服务器和客户端模型，允许与其他服务器和客户端模型进行通信。

设备中的模型属于元素，每个设备都有一个或多个元素，每个传入消息都由元素中的模型实例处理。为了能够唯一地解决消息的处理方式，每个元素只有一个模型实例可以为特定的消息操作码实现处理程序。如果设备具有相同模型的多个实例，则必须将每个实例分配给单独的元素。同样，如果两个模型为同一个消息实现处理程序，则这些模型必须位于不同的元素中。

以如下例子来说明。最简单的通用模型是通用 OnOff 服务器模型定义了一个单独的 State，称为 Generic OnOff，它的值可能是 0x00 表示 Off，或 0x01 表示 On。该模型定义了四种类型的消息。这四个消息分别是：Generic OnOff Get、Generic OnOff Set、Generic OnOff Set Unacknowledged、Generic OnOff State。Generic OnOff Get Message 被支持 Generic OnOff 服务器模型的 element 接收时，会导致 element 回复 Generic OnOff Status Message，该消息报告 Generic OnOff State 的当前值；Generic OnOff Set Message 被支持 Generic OnOff 服务器模型的 element 接收时，会导致 Generic OnOff State 的值发生变化，并且可以预期包含该 element 的物理设备将反映这种状态值以某种预期方式发生的变化（例如打开或关闭灯），Generic OnOff Set 被称为 Acknowledged Message，这意味着它需要来自 element 的响应，在 Generic OnOff Set 的情况下，预期的响应是 Generic OnOff Status Message，Generic OnOff Set Unacknowledged Message 与 Generic OnOff Set Message 具有相同的语义，只是它不需要元素以状态消息进行响应，Generic OnOff State Message 可以由元素发送以报告其 OnOff 状态，这是一个未确认的消息，因为接收它的元素不需要响应。蓝牙 SIG 定义的模型称为 SIG 模型。供应商也可以定义自己的模型，这些模型被称为供应商模型（32 位），并附带消息和状态。

（4）状态和属性（status & property）

状态（status）代表了一个元素当前所处的情况。例如，一个灯可能处于开，也可能处于关，这两者就称之为 status。状态是可以发生变化的，状态的变化可能是瞬间的，也可能是一个过程时间，如果是一个过程时间，那么称之为转换时间。

属性（property）则代表了具体含义的数据，比如一个温度传感器元素的数据，室外温度或室内温度，这就是它的属性。

（5）地址（address）

节点在 BLE Mesh 网络内能够准确地发送、接收和/或中继消息的关键在于地址，BLE Mesh 寻址方案不同于低功耗蓝牙（BLE）寻址方案，它定义了四种类型的地址（16 位），用于描述消息的来源（源）和去向（目的地），如图 4-41 所示。

值	地址类型
0b0000000000000000	unassigned address
0b0×××××××××××××××（含0b0000000000000000）	unicast address
0b10××××××××××××××	virtual address
0b11××××××××××××××	group address

图 4-41　BLE Mesh 地址分类

① 单播地址（unicast address，0x0001~0x7FFF）。设备添加到网络时，会被分配一系列代表它的单播地址。设备的单播地址无法更改，并且始终是顺序的。单播地址可以唯一地识别出 1 个元素，在单个 Mesh 网络中最大支持 32767（$2^{15}-1$）个。任何应用程序都可以使用单播地址直接向设备发送消息。

② 虚拟地址（virtual address，0x8000~0xBFFF）。虚拟地址可以赋给一个或多个元素，且可以由多个节点共有。虚拟地址类似于标签，可以在设备出厂前就配置，标签可以使节点容易在网络被识别和应用，如可以表示某个厂商生产的某一个特定型号的摄像头。配置客户端可以分配和跟踪虚拟地址，但是两个设备也可以使用某种带外（OOB）机制创建虚拟地址。与组地址不同，这些地址可以由所涉及的设备商定，并且不需要在集中供应数据库中注册，因为它们不太可能被复制。虚拟地址的一个缺点是在配置过程中需要多段消息将标签 UUID 传输到发布或订阅节点。虚拟地址可以具有从 0x8000 到 0xBFFF 的任何值。

③ 组地址（group address，0xC000~0xFFFF）。组地址是 BLE Mesh 网络中的另一种多播地址，代表来自一个或多个节点的多个元素，最大支持 16384（2^{14}）个组播地址，其中组地址分两种类型：动态分配（0xC000~0xFEFF，共 16128 个）和固定地址（0xFFFC、0xFFFD、0xFFFE、0xFFFF）。0xFF00~0xFFFB 的 256 个组地址供将来使用。

● 0xFFFC：发送到所有启用代理功能的节点。
● 0xFFFD：发送到所有启用好友功能的节点。
● 0xFFFE：发送到所有启用中继功能的节点。
● 0xFFFF：发送到所有节点。

④ 未分配地址（unassigned address，0x0000）。16 位全零的地址，表示元素还没有配置地址。可以通过将模型的发布地址设置为未分配的地址来禁用模型的消息发布，未分配的地址不得用于消息的源地址或目的地址字段。

（6）发布和订阅（publish & subscribe）

BLE Mesh 网络使用发布/订阅（pub/sub）模型进行消息传输。生成消息的节点被称为发布消息（publish），对接收消息感兴趣的节点订阅（subscribe）它们感兴趣的地址。消息可以发布到单播、组或虚拟地址。消息可以作为对其他消息的回复发送，也可以是未经请求的消息。当模型发送回复消息时，它使用消息发起者的源地址作为目标地址。发送未经请求的消息时，它使用模型的发布地址作为目标地址。节点中的每个模型都有一个发布地址。在接收消息时，节点内模型的每个实例（一个节点中可能有多个模型）可以订阅接收来自一个或多个组或虚拟地址的消息。订阅消息的模型使用模型的订阅列表来定义它们可以从中接收消息的有效地址。当模型接收到消息时，模型会检查其订阅列表。当订阅列表上的地址设置为模型的元素单播地址或属于节点的固定组地址时，它被认为是匹配的。

图 4-42 以一个家庭网状网络来举例，它由 4 个开关和 6 个灯泡组成，网络通过发布/订阅方法允许节点相互发送消息。

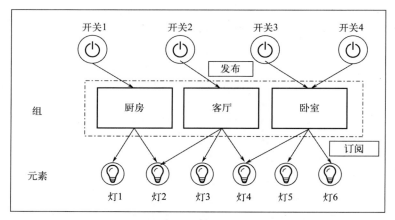

图 4-42　家庭网络下的发布/订阅示例

如图 4-42 所示，开关 1 可以发布消息到厨房组，而灯 1/灯 2 都订阅了厨房组，故可以接收来自厨房的消息，换句话说，开关 1 可以控制灯 1/灯 2 的开关。

（7）配网（provisioning）

配网（provisioning）是蓝牙网状网络中最重要的概念之一。它用于将设备添加到网状网络。添加到网络的设备称为节点，用于向网络添加节点的设备称为供应器（通常是平板电脑、智能手机或 PC）。这个过程包括以下五个步骤。

① 信标（beaconing）阶段。未配置的设备通过在广播数据包中发送网格信标广播信标来宣布其可用性，这是蓝牙 Mesh 标准中引入的一种新型广播数据类型。触发此过程的常见方法是通过未配置设备上定义的按下按钮的顺序来触发。

② 邀请（invitation）阶段。当配置器扫描到未配网设备发送的信标时，它会向该未配网的设备发送邀请（invitation），这使用了蓝牙 Mesh 网络中引入的一种新型 PDU（Provisioning Invite PDU），然后未配网设备在该 PDU 中使用有关其能力的信息进行响应，包括设备支持的元素数量、支持的安全算法集、其公钥的可用性使用带外（OOB）技术、此设备向用户输出值的能力和此设备允许用户输入值的能力等，如图 4-43 所示。

③ 交换公钥（exchange public keys）阶段。蓝牙 Mesh 网络中的安全性涉及对称和非对称密钥的组合使用，例如椭圆曲线 Diffie-Hellman（ECDH）算法。在 ECDH 中公钥在供应商和要供应的设备之间交换，这是直接通过 BLE 或通过带外（OOB）通道完成的，如图 4-44 所示。

图 4-43　配网邀请示意图　　　　图 4-44　配网交换公钥示意图

AIoT 智能物联网全栈测试技术：从原理到实战

④ 身份认证（authentication）阶段。此步骤是对未配网的设备进行身份验证，这通常需要用户通过与供应商和未供应设备进行交互来执行操作，身份验证方法取决于所使用的两个设备的功能，在一种称为输出 OOB 的情况下，未配网的设备可以以某种形式向用户输出随机的一位或多位数字，例如多次闪烁 LED 灯，然后通过某种输入方法将该号码输入到供应设备中。其他情况包括输入 OOB（其中数字由供应商生成并输入未供应的设备）、静态 OOB 或根本没有 OOB。无论使用何种认证方法，认证还包括确认值生成步骤和确认检查步骤。

⑤ 分发配网数据（distribution of provisioning data）阶段。身份验证完成后，每个设备使用其私钥和从其他设备发送给它的公钥派生会话密钥。然后，会话密钥用于保护连接以交换额外的供应数据，包括网络密钥（Network_Key）、设备密钥（Device_Key）、IV 索引（IV Index）的安全参数以及分配给供应设备的单播地址等。此步骤完成后，未配网的设备加入蓝牙 Mesh 网络并成为节点。

（8）安全（security）

安全性是 BLE Mesh 网络设计的核心，它的使用是强制性的，这与 BLE 的安全不同，BLE 的安全是可选的，由开发人员决定是否包含它。所有 BLE Mesh 消息都是经过加密和身份验证的，且网络安全、应用安全和设备安全都是独立处理的，同时在 BLE Mesh 网络的生命周期内也可以更改安全密钥。由于网络、应用程序和设备级别之间的安全性分离，因此存在以下三种类型的安全密钥。

① 网络密钥（NetKey）。NetKey 用于网络层通信，拥有此共享密钥使设备成为网络的一部分（也称为节点），蓝牙 Mesh 网络里的每个节点都有一个相同的网络密钥（NetKey），正是这个密钥使得节点成为这个网络的一员。假设 BLE Mesh 网络可以分成几个子网络，那每个子网络都有其单独的 NetKey，这个 NetKey 只有当前子网络成员节点才有，其他节点没有；假设 BLE Mesh 网络没有子网，该 BLE Mesh 网络内的所有通信都使用相同的网络密钥。同时从 NetKey 还派生出网络加密密钥和隐私密钥两个密钥。拥有 NetKey 允许节点解密和验证网络层，允许消息中继，但不能解密应用程序数据。

② 应用密钥（AppKey）。应用密钥是在 BLE Mesh 网络中的节点子集（通常是那些参与通用应用程序的节点）之间共享的密钥，用于应用程序数据。在一个 BLE Mesh 网络中，可以有许多不同的 AppKey，每个 AppKey 都对应一种特定的应用（如照明应用，热力应用，门窗安全系统应用等），例如灯和开关拥有照明应用的 AppKey，但没有热力系统的 AppKey，只有网络中的温度调节装置才拥有热力系统的 AppKey。AppKey 用于在应用程序级别对消息进行解密和验证，但它仅在一个网状网络内有效，而不能跨多个网络。

③ 设备密钥（DevKey）。这是一个特定于设备的密钥，在配置过程中使用，用于保护未配置设备和配置者之间的通信。每个节点都有一个独一无二的设备密钥，这个密钥只有启动配置设备（如手机）知道。设备密钥可以用在开通配置过程，以确保启动配置设备与节点之间的安全通信。

（9）特性（features）

BLE Mesh 网络中，所有的节点都可以收发数据，但并不是每个节点的特性都一样，Mesh 根据场景，为节点增加了特性的描述，一共有 4 种特性，分别是中继（Relay）、代理（Proxy）、友（Friend）和低功耗（Low Power）。当然，并不是所有的节点都支持上述的特性，可以不支持上述 4 种，仅仅作为一个普通节点，也可以同时支持上述特性的几个组合，同时拥有多种功能。

① 中继（Relay）。中继特性是通过广播载体接收和重传网状消息的能力，支持更大的网络。顾名思义，拥有中继特性的节点，能够将收到的消息再次发送出去，消息可以多次跳跃到其他的节点，以覆盖整个 BLE Mesh 网络。但是消息并不是无限制地跳跃，消息跳跃的次数，是受到一个称为 TTL（time to live）的字段进行控制，它指定了消息在 BLE Mesh 网络中的跳跃次数，每次被中继一次，TTL 就减一，当 TTL 为 0 的时候就停止中继。中继特性能够使得 Mesh 网络扩张得很大，覆盖的范围更广。

② 代理（Proxy）。有一种情况，存在一个现有的 BLE Mesh 网络，还有一个不支持 BLE Mesh 的手机，而这个手机也想加入 BLE Mesh 网络。基于此，SIG 组织定义了一个叫作代理（Proxy）特性，该特性建立在 BLE 的 GATT 协议之上，允许设备从代理节点从公开的 GATT 特征中读取和写入代理协议 PDU，继而执行代理协议 PDU 和 BLE Mesh PDU 之间的转换。那么这个拥有代理特性的节点就可以将手机的意图翻译为 BLE Mesh 网络懂得的含义，而使手机在 BLE Mesh 网络中存活。所以这个 Proxy 功能的目的就是允许没有集成蓝牙 BLE Mesh 协议栈的 BLE 设备与 BLE Mesh 网络中的任何节点进行通信。

③ 友（Friend）和低功耗（Low Power）。友节点（Friend node）和低功耗节点（Low Power node）彼此密切相关，是一起出现的。在 BLE Mesh 网络中，有的节点对功耗敏感（可能安装的是电池），有的节点可能对功耗不敏感（插电），那么就有一种方案，低功耗的节点尽量地去睡眠以节约功耗，隔一段时间醒来收取消息，那么它睡眠期间的消息需要被另一个一直处于活跃的节点缓存，等待低功耗节点来获取消息，并把它要的数据吐给它。BLE Mesh 网络将上述情况定义为，长期处于休眠并偶尔唤醒接收数据并交互的节点为"低功耗"节点（Low Power node），存储低功耗节点消息，并在低功耗节点醒来时将消息发送给低功耗节点的那个节点为友节点（Friend node）。它们之间的关系称为"友谊"（Friendship），友节点是为了低功耗节点的存在而存在的，友谊是允许功率受限节点参与网状网络同时保持其功耗优化的关键。

实际的 BLE Mesh 网络以图 4-45 为例。

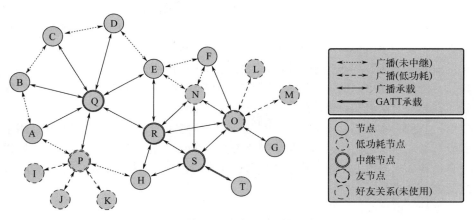

图 4-45 BLE Mesh 网络示意图

图 4-45 中显示了 3 个中继节点（Q、R 和 S）、3 个友节点（N、O、P）、5 个低功耗节点（I、J、K、L 和 M）、1 个代理节点（T）和 9 个普通节点，其中友节点 N 没有任何好

AIoT 智能物联网全栈测试技术：从原理到实战

友关系，低功耗节点中 I、J 和 K 有友节点 P 作为它们的朋友，L 和 M 有友节点 O 作为它们的朋友，代理节点 T 仅使用 GATT 承载连接到 BLE Mesh 网络，故节点 S 必须将所有消息转发到 T 或从 T 转发所有消息。如果一条消息要从代理节点 T 发送到低功耗节点 L，那么 T 将使用 GATT 承载将消息发送到中继节点 S，节点 S 将使用中继功能转发此消息，节点 H、R、N 和 O 都处于节点 S 的无线电范围内，故它们将收到此消息。作为低功耗节点 L 的朋友的友节点 O 将存储该消息，如果该消息是分段消息，则节点 O 将在较低的传输层以确认进行响应。稍后，节点 L 唤醒时将轮询节点 O 以检查新消息，以便 O 将 T 最初发送的消息转发给 L。

2）BLE Mesh 协议栈

蓝牙技术联盟 SIG 在官网上给出的 BLE Mesh 相关协议栈有 4 个，分别是 Mesh Profile 1.0.1、Mesh Model 1.0.1、Mesh Device Properties 2 和 Mesh Configuration Database Profile 1.0.1，其中 Mesh Profile 是对协议栈进行整体介绍的文档，且在 Spec 上给出了 Mesh 协议栈的架构，如图 4-46 所示。

SIG 针对 BLE Mesh 引入了一套建立在低功耗蓝牙技术 BLE 之上的全新的协议栈，它在 Bluetooth Low Energy 协议的基础之上，添加了七层协议栈，从下到上分别是 Bearer Layer、Network Layer（实现 MEHS 功能）、Lower Transport Layer、Upper Transport Layer、Access Layer、Foundation Model Layer、Model Layer，其目的主要是希望在软件架构中进行清晰的抽象，将 Mesh 协议栈的所有功能分别抽象到不同的层次结构上，将单一的功能抽象到单一的层次。下面简要介绍一下每一层的作用。

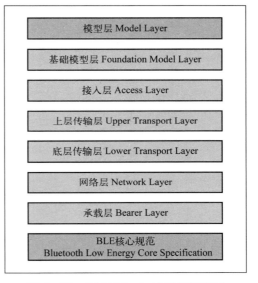

图 4-46　BLE Mesh 协议栈架构图

（1）承载层（Bearer Layer）

承载层定义了如何使用底层低功耗堆栈传输 PDU。目前定义了两个承载层：广播承载层（advertising bearer）和 GATT 承载层。前者利用 BLE 的 GAP 广播和扫描功能来传送和接收 Mesh PDU，后者为不支持广播承载层的设备提供代理服务，间接地与 Mesh 网络中的节点通信。

（2）网络层（Network Layer）

网络层定义了各种消息地址类型和网络消息格式。中继和代理行为通过网络层实施。实现功能包括：

- 定义地址的类型（未配置地址、单播地址、群组地址、虚拟地址）；
- 定义 Network PDU；
- 过滤来自承载层的输入消息，以确定是否向上层传输和是否丢弃来自下层传输层的输出消息；
- 支持多个承载层，每个承载层可具有多个网络接口，可以实现同一节点部分元素之间的通信；
- 中继和代理功能。

（3）底层传输层（Lower Transport Layer）

在需要时，底层传输层能够处理 PDU 的分段和重组。实现功能包括：

● 传输上层传输层下发的 PDU，如果 PDU 超过了单包长度限制则进行分段；

● 接收网络层上传的 PDU，如果是分段的数据包则进行重组。

（4）上层传输层（Upper Transport Layer）

上层传输层实现的功能包括：

● 对传入和传出的消息进行解密、加密、认证；

● 传输控制消息，控制消息生成于节点的内部，并在不同节点间的上层传输层间传输，比如 friendship 消息、heartbeat 消息。

（5）接入层（Access Layer）

接入层负责应用数据的格式、定义并控制上层传输层中执行的加密和解密过程，并在将数据转发到协议栈之前，验证接收到的数据是否适用于正确的网络和应用。具体功能包括：

● 定义应用数据的格式；

● 定义并控制上层传输层的加解密过程；

● 在将数据上传到堆栈之前，对来自上层传输层的数据进行验证，判断是否适用于该网络和应用（判断消息中 NetKey、AppKey 是否有效）。

（6）基础模型层（Foundation Model Layer）

基础模型层负责实现与 Mesh 网络配置和管理相关的模型。

（7）模型层（Model Layer）

模型层涉及模型的实施，因此涉及一个或多个模型规格中定义的行为、消息、状态、状态绑定等的实现。模型层是用户应用开发过程中打交道最多的一个层。

3）BLE Mesh 应用实例

如以上对 BLE Mesh 的概述中提到的，BLE Mesh 被设计用于大规模节点互相通信的网络支持，其数据包格式针对小型控制数据包进行了优化，以发出单个命令或报告，但不适用于数据流或其他高带宽应用程序，其应用行为包括简单的控制和监控应用，如光控或传感器数据采集等，针对的目标场景是楼宇自动化、传感器网络等，以及更多的 IoT 应用。

随着智能家居概念被用户广泛接受，以"屋"为核心的全屋智能家居成为新的热点，那 BLE Mesh 网络技术在智能家居中是如何工作的呢？图 4-47 是一个简单的示例，用于演示 BLE 网格在智能家居中的作用。如图 4-47 所示，让我们假设一个有走廊和 3 个房间（厨房、客厅和卧室）的智能家居环境，每个房间至少有 1 个灯泡。客厅和卧室有恒温器，用于控制温度。智能手机应用程序在单一网状网络中扮演供应商与添加灯泡和恒温器的角色，通过交换消息实现它们之间的通信。

● 与温控器 T2 通信，最直接的方式是通过灯泡 B1~B5 将消息传递到温控器 T2。但是这条最短路径可能会被家中的墙壁或其他金属器具挡住，在这种情况下，中继节点 B2、B3、B4、B5 可以帮助智能手机应用程序到达恒温器 T2。

● 智能手机应用程序用于与不支持 BLE Mesh 但支持 BLE 的恒温器 T2 通信。因此智能手机应用程序必须找到一个代理节点，该节点可以作为与网状设备通信的中介，灯泡 B1 是这里的代理节点，它接收来自智能手机应用程序的消息并将消息发布到整个网状网络。

AIoT 智能物联网全栈测试技术：从原理到实战

● 走廊里的灯泡 B3 只是一个中继节点，在网络中传递消息，灯泡 B4 和 B5 作为恒温器 T1 和 T2 的友节点，恒温器被抽象为低功耗节点。

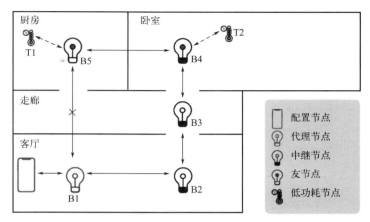

图 4-47　BLE Mesh 应用实例

4.2.2　蓝牙测试

IoT 蓝牙类测试从底层硬件测试、软件测试和功耗测试等方面进行覆盖，具体描述如下。

4.2.2.1　蓝牙硬件测试

IoT 蓝牙设备的硬件测试可划分为射频测试和天线测试。

1）射频测试

蓝牙射频测试配置包括一台测试仪和被测设备（equipment under test，EUT），其中测试仪作为主单元，EUT 作为从单元。两者之间可以通过射频电缆相连也可以通过天线经空中传输相连。测试仪发送 LMP 指令，激活 EUT 进入测试模式，并对测试仪与 EUT 之间的蓝牙链路的一些参数进行配置，如测试方式是环回还是发送，是否需要跳频，是单时隙分组还是多时隙分组等。测试模式是一种特殊的状态，出于安全的考虑，EUT 必须首先设置为 "Enable"，然后才能在空中激活进入测试模式。被测设备按照所执行功能的不同，可分为发射机和接收机，一般的 IoT 蓝牙设备都是发射机，仅有包含蓝牙网关或蓝牙 Mesh 网关功能的终端（如音箱）兼作发射机和接收机。基于经典蓝牙和低功耗蓝牙的区别，射频测试也需要区分 BR/EDR 和 BLE，以下仅就 BR/EDR 的射频测试作说明。

（1）发射机射频测试

BR/EDR TX 的射频测试包括以下 9 个测试项，分别为：输出功率测试、功率密度测试、功率控制测试、频率范围测试、20dB 带宽测试、相邻信道功率测试、调制特性测试、初始载波容限测试和载波频率漂移测试。

① 输出功率测试。测试仪对初始状态设置如下：链路为跳频，EUT 置为环回（loop back）。测试仪发射净荷为 PN9，分组类型为所支持的最大长度的分组，EUT 对测试仪发出分组解码，并使用相同的分组类型以其最大输出功率将净荷回送给测试仪。测试仪在低、中、高三个频点，在整个突发范围内测量峰值功率和平均功率。规范要求峰值功率和平均功率各小于 23dBm 和 20dBm，并且满足以下要求：

- 如果 EUT 的功率等级为 1，平均功率> 0dBm；
- 如果 EUT 的功率等级为 2，−6dBm<平均功率<4dBm；
- 如果 EUT 的功率等级为 3，平均功率<0dBm。

② 功率密度测试。初始状态同输出功率测试，测试仪通过扫频，在 240MHz 频带范围内找到对应最大功率的频点，然后以此频点进行时域扫描（扫描时间为 1min），测出最大值，规范要求小于 20dBm/100kHz。

③ 功率控制测试。初始状态为环回，非跳频。EUT 分别工作在低、中、高三个频点，回送调制信号为 PN9 的 DH1 分组。测试仪通过 LMP 信令控制 EUT 输出功率，并测试功率控制步长的范围，规范要求在 2dB 和 8dB 之间。

④ 频率范围测试。初始状态同功率控制测试，测试仪对 EUT 回送的净荷为 PN9 的 DH5 分组扫频测量。

- 当 EUT 工作在最低频点时，测试仪找到功率密度下降为−80dBm/Hz 时的频点 f_L。
- 当 EUT 工作在最高频点时，测试仪找到功率密度下降为−80dBm/Hz 时的频点 f_H。

对于 79 信道的系统，规范要求 f_L、f_H 位于 2.4～2.4835GHz 范围内。

⑤ 20dB 带宽测试。初始状态同功率控制测试，EUT 分别工作在低、中、高三个频点，回送调制信号为 PN9 的 DH1 分组。测试仪扫频找到对应最大功率的频点，并且找到其左右两侧对应功率下降 20dB 时的 f_L 和 f_H。20dB 带宽 $Df = |f_\mathrm{H}-f_\mathrm{L}|$，规范要求 Df 小于 1MHz。

⑥ 相邻信道功率测试。初始状态同功率控制测试， EUT 工作频点分别为第 3 信道、第 39 信道和第 75 信道，回送净荷为 PN9 的 DH1 分组。测试仪扫描整个蓝牙频段，测试各个信道的功率。

- 要求相邻第 2 道的泄漏功率小于−20dBm。
- 相邻第 3 道及其以上的泄漏功率小于−40dBm。

⑦ 调制特性测试。初始状态同功率控制测试，EUT 分别工作在低、中、高三个频点。测试仪以所支持的最大分组长度发送净荷为 11110000 的分组并对 EUT 回送的分组计算频率偏移的峰值和均值，分别记为 $Df_{1\mathrm{max}}$ 和 $Df_{1\mathrm{avg}}$。测试仪以所支持的最大分组长度发送净荷为 10101010 的分组，并对 EUT 回送的分组计算频率偏移的峰值和均值，分别记为 $Df_{2\mathrm{max}}$ 和 $Df_{2\mathrm{avg}}$，要求满足以下条件：

- 至少 99.9%的 $Df_{1\mathrm{max}}$ 满足 140kHz< $Df_{1\mathrm{max}}$ <175kHz；
- 至少 99.9%的 $Df_{2\mathrm{max}}$ < 3115kHz；
- $Df_{2\mathrm{avg}} /Df_{1\mathrm{avg}}$ < 30.8。

⑧ 初始载波容限测试。EUT 为环回状态，回送净荷为 PN9 的 DH1 给测试仪。测试仪先将链路置为非跳频，EUT 分别工作在低、中、高三个频点，然后测试仪再将链路置为跳频。测试仪根据 4 个前导码计算载波频率 f_0，要求与标称频率 f_TX 的差小于 75kHz。

⑨ 载波频率漂移测试。初始状态同功率控制测试，EUT 分别工作在低、中、高三个频点，回送调制信号为 10101010 的 DH1/DH3/DH5 分组。测试仪先根据 4 个前导码计算载波频率 f_0，然后每 10bit 净荷测试一次频率，其与初始载频的差为瞬时频率漂移。最后测试仪将跳频打开，重新测试所有频点下的瞬时频率漂移。瞬时频率漂移之间的差定义为漂移速率。

- 对于 DH1 分组，要求每次的瞬时漂移小于 25kHz。
- 对于 DH3、DH5 分组，要求载波瞬时漂移小于 40kHz。

AIoT 智能物联网全栈测试技术：从原理到实战

● 规范还要求载波漂移速率小于4000Hz/10μs。

（2）接收机射频测试

对于接收机测试来说，所有指标的测试都是基于误比特率的统计，并且至少要统计1600000bit。众所周知，在误帧率较大的情况下统计误比特率没有任何意义，因此，为了准确测试收信机的性能，测试仪必须能测试由CRC误差、不正确的净荷长度、同步字出错、HEC出错、EUT给MT8850A回送NACK分组、在预期的时隙内没有收到EUT发送的分组6种情况导致的FER。

蓝牙接收机测试包括6个测试项，分别为单时隙灵敏度测试、多时隙灵敏度测试、C/I性能测试、阻塞性能测试、互调性能测试和最大输入电平测试。

① 单时隙灵敏度测试。初始状态为环回，非跳频。EUT分别工作在低、中、高三个频点，回送调制信号为PN9的DH1分组。依照蓝牙规范的要求，测试仪控制其输出功率，以使EUT的收信功率为-70dBm。蓝牙规范允许EUT发送的射频信号具有75kHz的初始误差和40kHz的频率漂移，即总共允许有115kHz的误差。此外，还要考虑调制、符号定时等引起的误差。假如EUT的收信机性能由一个输出"完美"信号的测试仪来测试，其测试结果不足以提供冗余度来适应真正的无线传输环境，用户将得到一个关于收信机质量的错误结果。经验告诉我们，对于有扰测试，蓝牙收信机的灵敏度一般会劣化4～10dB，具体值与分组长度和蓝牙芯片种类有关。测试仪必须支持有扰发射（dirty transmitter），即将干扰加入发送的蓝牙信号中，每20ms一组，从第一组依次到第十组，再返回第一组，不断重复。此外，蓝牙基带信号还受一正弦波调制。使用测试仪对误码率进行统计，要求误码率BER小于0.1%。此外有条件的话，最好在跳频状态下重新测试一遍。

② 多时隙灵敏度测试。测试方法类似于单时隙灵敏度的测试，区别在于分组类型为DH3、DH5。

③ C/I性能测试。初始状态同单时隙灵敏度测试，EUT分别工作在低、中、高三个频点。测试仪发送的有用信号为净荷PN9的DH1分组，同时还发送净荷PN15的蓝牙干扰信号。使用测试仪进行误码率统计，要求BER小于0.1%。

④ 阻塞性能测试。阻塞特性是指在其他频段存在大的干扰信号时，接收机接收有用信号的能力。初始状态同单时隙灵敏度测试，EUT收发频点为2460MHz（58号信道）。测试仪不仅发送净荷为PN9的DH1分组作为有用信号，而且发送频率在30MHz到12.75GHz之间的连续波干扰信号。有用信号的功率电平比参考灵敏度高3dB，参考灵敏度是指满足一定的误码率情况下，接收机可以接收的最小电平。

● 使用测试仪统计误码率，如果BER大于0.1%，则测试仪记录此时干扰信号的频点，要求频点的个数小于24。

● 保持其他条件不变，仅把干扰信号的电平降为-50dBm，测试仪记录BER大于0.1%时的干扰信号的频点，要求其个数小于5个。

⑤ 互调性能测试。互调特性是指存在两个或多个跟有用信号有特定频率关系（它们的互调产物刚好落在有用信号带内）的干扰信号的情况下，接收机的接收能力。初始状态同单时隙灵敏度测试，EUT收发频点相同，分别为低、中、高频点。测试仪不仅发送净荷为PN9的DH1分组作为有用信号，其功率比参考灵敏度高6dB，而且发送功率为-39dBm、频率为f_1的正弦波干扰信号，以及功率为-39dBm、频率为f_2的PN15调制的蓝牙干扰信号。2倍的f_1与f_2的差正好等于EUT的收信频点，并且f_2-f_1为3MHz、4MHz或5MHz。使用

测试仪统计误码率，要求 BER 小于 0.1%。

⑥ 最大输入电平测试。最大输入电平即蓝牙接收机的饱和电平。初始状态同单时隙灵敏度测试，EUT 工作于低、中、高频点。测试仪发送净荷为 PN9 的 DH1 分组信号，并控制其发射功率，以使 EUT 收信机入口处的电平为−20dBm。使用测试仪统计误码率，要求 BER 小于 0.1%。

2）天线测试

天线模块几乎是所有通信电子设备上不可或缺的模块，良好的天线设计方案不仅能够使设备运行更稳定，同时又是设备质量优劣的重要体现形式之一。常用的天线种类有下列四种。

● 板载 PCB 式天线：采用 PC 蚀刻而成，成本低但是性能有限，可调性好，可大批量用于蓝牙、Wi-Fi 无线通信模块。

● SMT 贴片式天线：常用的有陶瓷天线，其占用面积少，集成度高，容易更换，适用于对空间要求小的产品，但是该类型天线价格稍贵且带宽偏小。

● 外置棒状天线：性能好，无需调试，方便更换，增益高，适用于各种终端设备。

● FPC 天线：通过馈线连接，安装自由，增益高，通常可以使用背胶贴在机器非金属外壳上，适用于性能要求高且外壳空间充足的产品。

蓝牙 IoT 设备基于外观和设备规格要求，多采用板载天线。故针对板载天线的发送和接收性能的测试，主要是从天线的关键性能指标入手，如电压驻波比（VSWR）、天线增益（gain）、输入阻抗（input impedance）等，这些关键指标已在 4.1.2.1 中描述，在此不再赘述。

从业务层面，蓝牙板载天线的方向角测试是主要的测试手段，主要覆盖天线朝向和信号强度两个维度，前者是将板载天线设备相对于对端设备选择一定角度进行放置，如 0°、90° 和 180°，后者是将板载天线设备与对端设备的距离由近拉远，构造信号强度"强、中、弱"，再测试不同情况下发送/接收性能是否符合要求。图 4-48 演示了板载天线的 BLE Mesh 模组与蓝牙 Mesh 网关（带蓝牙 Mesh 网关功能的音箱）在不同天线朝向下的测试情况。

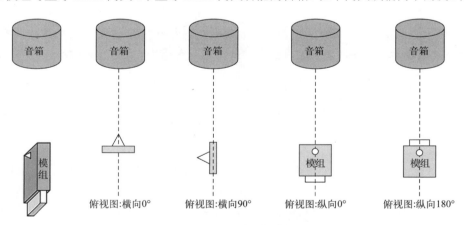

图 4-48　板载天线 BLE Mesh 模组与蓝牙 Mesh 网关测试情况

4.2.2.2　蓝牙软件测试

IoT 蓝牙软件测试先从蓝牙的协议一致性开始，再基于 IoT 蓝牙设备的上层业务来拆解和测试覆盖。具体如下。

1）协议一致性测试

一个蓝牙设备具有蓝牙功能且在产品外观上标明蓝牙标志，就必须通过一个 BQB（Bluetooth Qualification Body）认证。BQB 认证包括射频一致性测试、协议一致性测试、配置文件的兼容性测试、符合性声明和相关技术文件审核。其中协议一致性测试需要针对蓝牙官方规格定义的各类软件协议进行测试，如 SDP（Security Discover Protocol，安全发现协议）、SMP（Security Manager Protocol，安全管理协议）、GAP（Generic Access Profile，通用接入概述）、GATT（Generic Attribute Protocol，通用属性协议）等。蓝牙设备的协议一致性一般由具有蓝牙认证测试资格的实验室完成，这边就不作描述。

2）通用功能测试

以下分别从经典蓝牙和低功耗蓝牙两个方面说明。

（1）经典蓝牙通用功能测试

当前 IoT 设备中使用经典蓝牙功能的品类主要包括可穿戴手表/手环、蓝牙耳机、智能音箱等，相关通用功能测试如下。

① 蓝牙开关测试。即蓝牙的开关（disable/enable），关注打开/关闭的成功率和反复开关的稳定性。

② 设备类型/能力测试。蓝牙标准协议规定了蓝牙设备的类型，包括了可被扫描可被连接、可扫描不可被连接、不可扫描不可被连接和不可扫描可被连接四种，需要根据实际设备支持能力进行连接的遍历测试。

③ 设备输入输出能力测试。蓝牙标准协议规定了蓝牙设备的六种输入输出能力（NoInputNoOutput、DisplayOnly、DisplayYesNo、KeyboardOnly、KeyboardDisplay 和 Unknown），配对过程中设备根据自身与对端的 IO capability 选择合适的配对模式，包括 just work、passkey entry、numeric comparison 和 OOB，故需要根据实际设备支持进行配对和连接的遍历测试。

④ 交互测试。蓝牙设备与对端设备之间的配对和连接需要考虑交互性，包括本端发起对端接收/拒绝、对端发起本端接收/拒绝等。

⑤ 异常测试。异常测试主要考量配对和连接过程中的异常情况，例如发起时对端断电/关闭广播、连接后对端断电再上电等。

⑥ 应用测试。应用测试主要针对经典蓝牙应用协议（如 A2DP、HFP、SPP、HID 协议等）的实际场景，如本端或对端发起 A2DP/HFP/SPP/HID 连接是否成功及相关应用是否使用正常等，合预期、待配网设备是否支持宣传的各种配网方式（扫描配网或 PINCODE 配网）等。

（2）低功耗蓝牙通用功能测试

低功耗蓝牙通用功能测试部分则主要考虑 BLE Mesh 通用功能，主要覆盖设备的基础功能，包括配网、删除、上下行消息和 OTA 升级等。

① 设备配网测试。设备的配网是 BLE/BLE Mesh 设备最基础的功能，且配网方式也多样（扫描配网、PINCODE 配网等），需要根据实际设备支持能力进行遍历测试。BLE/BLE Mesh 设备的配网测试需要关注的方面包括配置器是否可以灵活地发现全部处于待配网状态的设备（设备数分别为 0 个、1 个或多个）、待配网设备是否可以配网成功和配网时间是否符合预期、待配网设备是否支持宣传的各种配网方式（扫描配网或 PINCODE 配网）等。

② 设备删除测试。除了可配网外，BLE/BLE Mesh 设备也需要能够被删除，部分 IoT 厂商设备还要求设备被删除后能够再次配网成功。BLE/BLE Mesh 设备的删除测试需要关注的方面包括设备（1 个或多个）是否可以删除成功、设备被删除后是否可以再次被扫描发现（可选）、设备被删除（手动重置或通过配置器删除）后是否可以再次配网成功等。

③ 设备 GATT 直连测试。无论 BLE/BLE Mesh 设备处于待配网状态还是已配网状态，只要设备能发送可连接广播包，就能够被对应的配置器通过 GATT 直连。BLE/BLE Mesh 设备的 GATT 直连测试需要关注的方面包括设备是否能够被配置器 GATT 直连成功，直连成功后配置器是否可以控制设备（若设备可以被控制）、断开连接后重新连接是否成功等。

④ 设备消息上报测试。BLE/BLE Mesh 设备消息的及时上报是 IoT 设备的一个重要基础需求，它直接关系到 IoT 设备的用户体验，是 IoT 设备之间互联互通的核心基础需求。BLE/BLE Mesh 设备的消息上报测试需要关注的方面包括设备是否按照周期正常上报消息、设备上报多条消息时是否存在乱序或丢包、删除后再次绑定的设备是否正常上报消息等。

⑤ 设备控制测试。BLE Mesh 设备的控制测试也是 IoT 设备的重中之重，我们需要通过通用的语言让所有设备按照指令执行响应的操作，这是 IoT 设备之间互联互通的核心基础需求。BLE Mesh 设备的控制测试需要关注的方面包括设备的控制是否符合预期、设备的控制成功率和控制时间是否符合用户体验要求等。

BLE 设备在配网状态下仅支持上行消息上报，而不支持下行控制命令下发，故着重针对 BLE Mesh 设备进行控制测试，若 BLE 设备可以被控制，则它可通过 GATT 与配置器直连进行控制。

⑥ 设备升级测试。BLE/BLE Mesh 设备的升级测试也是 IoT 设备的重要基础需求，设备版本的迭代优化是提升 IoT 设备用户体验的重要手段。BLE/BLE Mesh 设备的升级测试需要关注的方面包括设备升级是否正常和升级时间是否符合预期、设备升级过程出现异常时的恢复或重试机制、升级前后设备的各个功能是否可以正常使用等。

3）性能测试

性能测试同样分经典蓝牙和 BLE Mesh 来说明。

（1）经典蓝牙性能测试

经典蓝牙的性能主要聚焦在时长和成功率两个维度，前者包括经典蓝牙发现/被发现时长、配对时长和连接时长，后者则包括反复断连成功率、SPP 传输速率和成功率等。

（2）BLE Mesh 性能测试

IoT BLE/BLE Mesh 设备的性能测试重点关注的有如下几项。

① 配网成功率和耗时。主要针对 IoT BLE/BLE Mesh 设备的配网性能。需关注单个设备的配网成功率和耗时，配网方式需遍历设备能够支持的所有配网方式。

② 事件上报成功率。主要针对 IoT BLE 设备的事件上报性能。需关注批量事件上报（如 1000 次事件上报）时的上报成功率，且需模拟具体全屋智能环境做就近（如同一空间）和拉远（如隔一堵墙）的遍历。

③ 控制成功率和耗时。主要针对 IoT BLE Mesh 设备的控制性能。需关注对单个设备或多个设备的控制成功率和耗时，多个设备还存在分组的可能，故还需关注组控成功率。另外不同的配置器控制方式也不一致，如 APP 控制或语音控制，也需要遍历测试。最后针对组控的设备，还需关注组内设备受控的一致性（组内最快响应设备响应和最慢响应设备响应之间的时间差）和实时性（控制命令下发和组内最慢响应设备响应的时间差）。

AIoT 智能物联网全栈测试技术：从原理到实战

④ 重连成功率和耗时。主要针对 BLE Mesh 网络出现异常情况时，网络恢复后设备的重连成功率和耗时。异常情况包括配置器断外网、配置器/设备断电，需关注 BLE/BLE Mesh 子设备在异常恢复后的重连成功率和耗时。

⑤ 升级成功率和耗时。BLE/BLE Mesh 设备的升级性能与配置器息息相关，以手机类的配置器举例，需区分不同系统平台的手机类型，如 Android 和 iOS，考量升级成功率和升级耗时是否符合预期。

4）兼容性测试

兼容性测试分经典蓝牙和 BLE Mesh 来说明。

（1）经典蓝牙兼容性测试

经典蓝牙设备的兼容性测试主要关注对端设备的类型，如可穿戴手表的对端设备可能是手机，也可能是耳机，针对手机则需要考虑遍历不同平台（Android、iOS、Harmony）、不同软件版本（Android 13/14/15、iOS 15/16/17）和不同芯片（高通、联发科），针对耳机则着重考虑不同厂商，手机和耳机的机型一般选取近三年上市的日活 Top 机型，针对新上市的机型则单点覆盖。需要关注的是常规的主流经典蓝牙应用协议，如 A2DP、HFP、SPP 等，另外，若新功能（如 LE Audio）上线，则需要对比市面上的支持该功能的主流机型。

（2）BLE Mesh 兼容性测试

BLE Mesh 设备兼容性测试的对端设备主要是手机和 BLE Mesh 网关。若对端是手机，需要考虑的维度包括系统平台（如 Android 和 iOS）及版本迭代（如 Android 10～12、iOS 8～16 等）、系统芯片（Qualcomm、MediaTeK、Exynos、Kirin 等），需要关注的功能包括配网、控制和升级；若对端是 BLE 网关或 BLE Mesh 网关，则需要根据实际的设备类型遍历所能支持的所有 BLE 网关或 BLE Mesh 网关。

5）稳定性测试

稳定性测试同样分经典蓝牙和 BLE Mesh 来说明。

（1）经典蓝牙稳定性测试

经典蓝牙设备的稳定性测试主要关注经典蓝牙应用场景在长时间运行后的可用性、可靠性，如链路是否断连（A2DP、HFP 等）、传输速率是否稳定（SPP、PAN 等），此外还需检测长时间使用下蓝牙是否存在异常 crash 或内存泄漏等。

（2）BLE Mesh 稳定性测试

BLE Mesh 设备的稳定性测试则重点关注设备的长期可用性，典型的指标如全年不可用时间、crash 率、内存泄漏情况等。

4.2.2.3 蓝牙功耗测试

作为 IoT 设备的一大主流，蓝牙设备，尤其是低功耗蓝牙设备，以其特有的低功耗的特性决定了设备的良好续航和更长的使用寿命。针对不同的实际应用场景，低功耗蓝牙设备的功耗要求也不一，一般采用专门的功耗测试设备来进行测量，如图 4-49 所示为 Monsoon Powermonitor AAA10F。

蓝牙设备的功耗在不同的设备状态和工作模式下是不一致的，需要分别进行测量。

图 4-49　Powermonitor 外观图

蓝牙设备的状态包括启动态、待机态、绑定态和绑定稳定态，具体描述如下。

- 蓝牙设备启动功耗：统计从蓝牙设备上电到启动完成的时间段的功耗。
- 蓝牙设备待机功耗：统计从蓝牙设备启动完成开始持续抓取一段时间的功耗，若蓝牙设备广播有特殊处理逻辑，如广播 30min 后停止广播，则需要分开统计。
- 蓝牙设备绑定功耗：统计从开始绑定到绑定完成的功耗。
- 蓝牙设备绑定稳定功耗：统计从绑定完成后开始持续抓取一段时间的功耗。

蓝牙设备的工作模式包括控制/上报和 OTA 升级等，具体描述如下。

- 蓝牙设备控制功耗：统计从开始控制到控制完成时间段的功耗。
- 蓝牙设备信息上报功耗：统计蓝牙设备上报信息时间段的功耗。
- 蓝牙设备 OTA 升级功耗：统计蓝牙设备从开始升级到升级完成时间段的功耗。

4.2.2.4　蓝牙测试场景搭建

AIoT 蓝牙部分的测试环境同 Wi-Fi 类似，同样分为基础功能测试环境、客观化测试环境和用户仿真测试环境。

1）基础功能测试环境

AIoT 蓝牙基础功能测试只需保证其数据正确传输的要求，通常需要已经联网的路由器和蓝牙网关，待测蓝牙子设备，用于配网测试的手机，还有与待测设备进行串口连接的电脑即可（其中待测设备与蓝牙网关之间的距离建议为近距离，以免环境干扰与信号的问题导致测试过程中丢包），具体如图 4-50 所示。

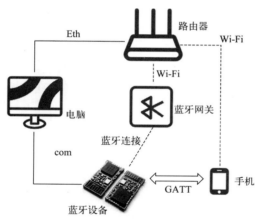

图 4-50　AIoT 蓝牙基础功能测试环境示意图

2）客观化测试环境

若要进行性能测试与业务体验测试，那就需要对测试环境进行标定，上述的基础功能测试环境无法满足我们的测试要求。与 Wi-Fi 测试一致，为避免空口其他无线干扰，我们也会将蓝牙设备放入屏蔽箱内进行测试，并通过在蓝牙天线模块增加衰减（固衰或可调衰减器）来模拟不同真实用户环境的信号衰减，如同一空间、隔一堵墙、隔两堵墙等，确保达到我们要求的测试标准环境。测试过程的问题也可直接通过抓取空口包来发现，此环境适用于研发阶段。

3）用户仿真测试环境

AIoT 设备的应用场景最终还是需要在具体的用户环境中测试，故需要对用户环境进行分析、仿真。这一部分的环境模拟与 Wi-Fi 相同，其环境影响因素也保持一致，这里不作赘述。

4.2.2.5　蓝牙测试工具及其应用

BLE/BLE Mesh 类测试主要涉及的测试工具如下。

- nRF Connect：用于检测当前环境下的 BLE 空口信号，以做具体分析。
- Ellisys 蓝牙协议分析仪：用于抓取当前环境下的 BLE 空口包，以做具体分析。

- Secure CRT 串口工具：用于连接待测设备模组串口，获取相关 LOG 信息，并且进行指令控制输入。
- 程控衰减器：用于搭建定量的无线测试环境，控制设备连接的信号强度，进行性能测试。

以下分别介绍下 nRF Connect 和 Ellisys 工具。

1）nRF Connect

nRF Connect 是 NORDIC 开发的一款低功耗蓝牙测试 APP，可以扫描和探测到低功耗蓝牙设备并与它们通信。下载方式为：从 Nordic 网关进入，选择产品→低功耗蓝牙→开发工具，即可找到 nRF Connect。nRF Connect 可实现的功能列举如下。

- 扫描范围内的蓝牙 LE 设备。
- 显示 RSSI 图表，并可选择导出为 CSV 或 EXCEL 格式。
- 显示带有 RSSI、数据包更改和广告间隔的详细数据包历史记录。
- 在时间线上显示多个设备的广告。
- 同时连接多个设备。
- 显示设备服务和特征。
- 读写特征。
- 配置 GATT 服务器。
- 外设模式（BLE 广告）。
- 将事件和数据包记录到 nRF Logger 应用程序。
- 设备固件更新（DFU)。
- 自动化测试。
- 录制和播放宏以自动化操作。
- 解析大部分蓝牙 SIG 采用的特性和一些专有特性。
- 支持 Eddystone（解析、解密 EID 和 Eddystone Config Service）。

以下仅以扫描和连接两个功能为切入点，阐述 nRF Connect 的使用。

（1）扫描

① 开始扫描与停止扫描。点击 APP 右上角的"SCAN"或者将列表下拉即开始扫描，扫描结果显示的主要内容包括设备外观、设备名字、设备地址、设备广播信号强度和广播间隔，具体如图 4-51 所示。

在扫描过程中，点击右上角的"STOP SCANNING"即停止扫描，具体如图 4-52 所示。

② 扫描过滤。当附近的蓝牙设备较多时，扫描得到的结果数量比较多，此时可以通过设置过滤条件来让设备列表里面的结果更加有效，扫描过滤的入口如图 4-53 所示。

可以看到有以下过滤选项。

- 名字或地址过滤（不用输入全部的名字或地址）。
- 原始广播数据过滤。
- 添加不包含的设备类型。
- 信号强度。
- 是否仅扫描到收藏夹里面的设备。

③ 查看详细数据。点击扫描到的设备名字，列表下面会展示该设备的详细广播数据，包括设备类型、广播类型、发射功率、Company 等，具体如图 4-54 所示。

图 4-51　nRF Connect 扫描示意图　　　　图 4-52　nRF Connect 停止扫描示意图

④ 信号强度显示。在扫描结果中任意位置向左滑动，可以查看设备的信号强度图表，如图 4-55 所示。其中横轴是时间，纵轴是信号强度，图中曲线的颜色和右侧显示的外观图标的颜色是一致的。

（2）连接

点击 CONNECT 旁边的白点，可以看到 3 个选项，具体如图 4-56 所示。

① 自动连接。不需要增加特别的连接参数，直接连接。

② 指定 PHY 中的连接方式连接。点击 Connect with preferred PHY 会显示 3 个选项，如图 4-57 所示。

- LE 1M（Legacy）：低速通信，也就是 BLE 4.2 及以前的设备使用的。
- LE 2M（Double speed）：高速通信，BLE 5.0 开始支持，若对端设备同样支持蓝牙 5.0，则可使用该配置。
- LE Coded（Long range）：BLE 5.0 中新增特性，主要通过扩频的方式提高了天线接收灵敏度，同时将最大发送功率从 4.0/4.1/4.2 中的 10mW 增大到 5.0 的 100mW，继而增加了传输距离。

③ 发起绑定。点击 Band 会发起配对请求，配对成功后保存配对信息。如图 4-58 所示。当 APP 发起绑定请求时，两个设备间会走配对流程，配对成功后手机系统会将配对保存起

AIoT 智能物联网全栈测试技术：从原理到实战

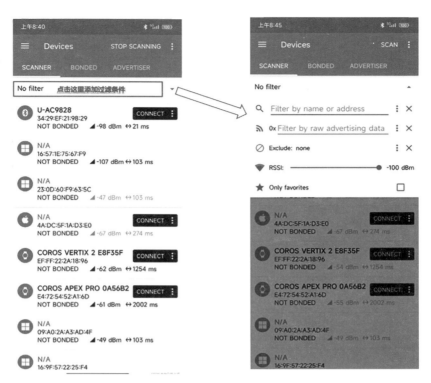

图 4-53　nRF Connect 扫描过滤示意图

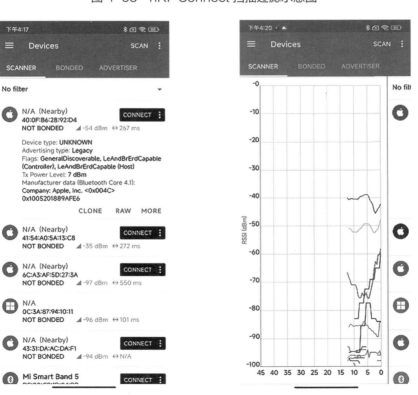

图 4-54　nRF Connect 查看详细数据图　　图 4-55　nRF Connect 信号强度显示图

第4章　智能物联网通信网络测试

z

109

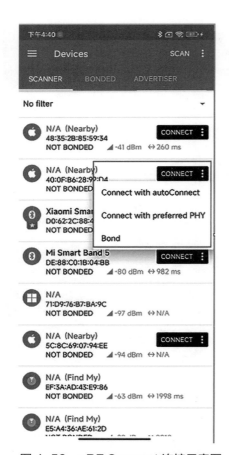
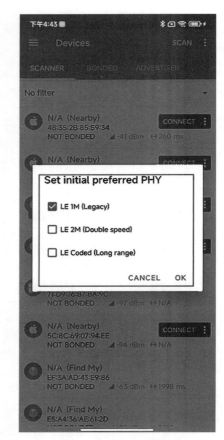

图 4-56　nRF Connect 连接示意图　　图 4-57　nRF Connect 选择不同 PHY 连接

来。在 nRF Connect 里面体现为在绑定列表里面多个一个刚绑定的设备。需要注意的是，nRF Connect 支持同时连接多个设备，图 4-59 演示了同时连接两个设备的情况。

2）Ellisys 蓝牙协议分析仪

Ellisys 是先进的蓝牙/Wi-Fi/USB 协议分析仪，支持低功耗蓝牙协议分析测试，支持 BLE 5.0 及 Wi-Fi 的物联网应用，支持与原始频谱、UART/SPI HCI、逻辑信号等同步的 BLE 5.0、Wi-Fi 捕获并解析。除购买硬件外，还需下载相应软件（可在 Ellisys 官网索取）。

（1）核心视图

Ellisys 软件核心视图显示了所捕获的流量在各协议层中的分组，直到最高层。每种媒介（经典蓝牙 BR/EDR，低能耗 Low Energy）都是同时被捕获并展示的。

Ellisys 软件左侧上方为捕获到的空口包的交互，包含空口包说明（Item）、交互双方（Communication）、厂家号（UUid）、接收功率（RX Strengh）、时间（Time）等；左侧下方为对应的瞬时计时图，即以具体设备为纵坐标，横坐标为当前设备空口发包实时情况。图 4-60、图 4-61 分别演示了经典蓝牙 BR/EDR 和低功耗蓝牙 BLE 的空口包情况。

Ellisys 软件右侧则显示对应空口包的详细信息"Details"。详细信息中可以查看每一个选定的空口包的信息。以图 4-62 为例，捕获到设备发的可连接广播包，详细信息中除了展示最外层的广播类型、时间和设备信息外，还展示了里层的 Link-Layer 层信息，包括空口的接收信号强度/接收增益、射频信道/频偏等。默认情况下，较里层信息会关闭并汇总，

AIoT 智能物联网全栈测试技术：从原理到实战

但可以展开这些行以查看每个细节。

图 4-58　nRF Connect 发起配对请求　　图 4-59　　nRF Connect 同时绑定多个设备

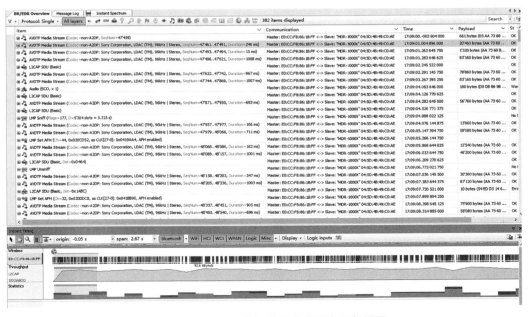

图 4-60　Ellisys 获取的经典蓝牙空口包视图

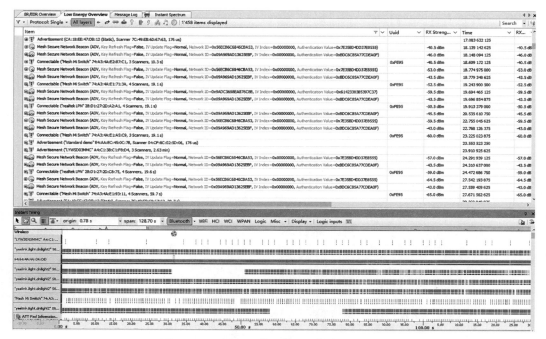

图 4-61 Ellisys 获取的 BLE 空口包视图

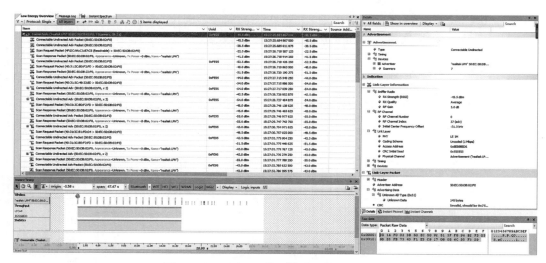

图 4-62 Ellisys 获取的蓝牙包详细信息

（2）使用 tips

① 选取抓包类型。若想抓取某种特定媒介的包,可在菜单栏 Record→Recording options 中选择,即若只想抓取 BLE,勾选所有 BLE 的子选项,将其他选项关掉,即可实现。详细过程如图 4-63 所示。

② 过滤设备。可通过工具栏的"设备流量过滤器"窗口中快速轻松地进行过滤。如图 4-64 所示。过滤器窗口将显示跟踪中捕获的所有设备,以及它们之间建立的通信列表。仅保留相关/所需通信的简单方法是在"过滤器"框中键入设备名称、公司 ID 等（部分文本条目也有效）,这会将列表缩减为与框中键入内容相匹配的设备（并将概览中显示的内容减

少到此列表）。选择好需要查看的设备后，将其添加到左侧区域，以便仅保留指定设备之间的流量，如果仅指定了一个设备，则将显示进出该设备的所有流量，如果指定了多个设备，则将显示这些设备之间的所有流量。

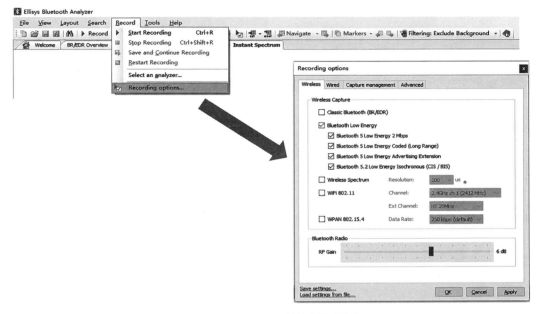

图 4-63　Ellisys 选取抓包类型

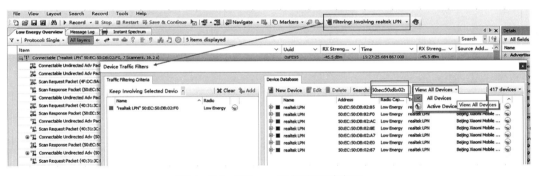

图 4-64　Ellisys 设备流量过滤器

在 Ellisys 的主界面中还有一个即时过滤器（Instant Filters）。该过滤器基于简单的文本模式，也可以接受通配符（*）。举个例子，若只希望保留 media 音频流量，我们只需在"项目"（Item）列的"即时过滤"框中键入"media"，软件自动适配出"AVDTP Media Stream"，点击确定后执行此过滤条件，将仅显示以"AVDTP Media Stream"开头的行，如图 4-65 所示。

以下为两个注意事项。

● 若抓包过程中有设备建立连接，可以在 Security 面板看到，直接右键可过滤对应设备。

- 在过滤器窗口中，若左侧过滤的设备里只有 1 个，则 keep only selected device 和 keep involving selected device 的区别不大，keep involving 也能看到 inquiry scan 包；若是一个设备和多个设备连接且只想看其中两个设备的通信数据，那可以将两个设备添加到左边并选择 keep only。

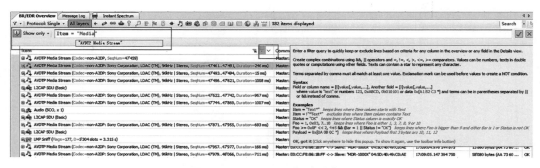

图 4-65 Ellisys 即时过滤器

③ 添加 Key。由于空中的交互存在加密，故要能实时显示交互流程还需要输入对应的加密密钥。Security 有 Link Key 和 Mesh Key，能通过 HCI 文件或 log 等途径来获取，获取到后按图 4-66 所示的方式添加即可。

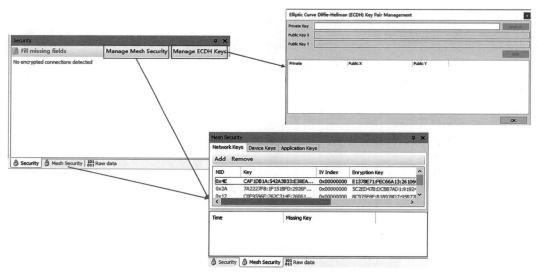

图 4-66 Ellisys 添加 Key

④ 显示时间戳。点击 Time 列的下拉框，选择 Display，出现三个时间选项，分别是相对时间 Relative time、北京时间 Absolute time（Local）和格林尼治时间 Absolute time（UTC），可根据实际需求选择对应时间，如图 4-67 所示。

⑤ 添加新的查看列。若想在核心视图中添加新的查看列，在详细信息中选择好需要查看的参数后，鼠标右键点击并选择"Display in the overview"即可，如图 4-68 所示，"RF Channel"参数即被选择的新的查看列。

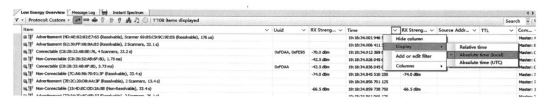

图 4-67　Ellisys 显示时间戳

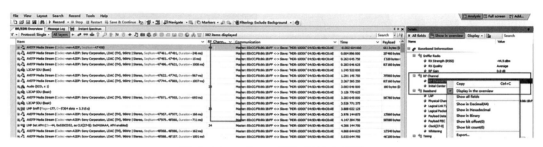

图 4-68　Ellisys 添加新的查看列

4.2.2.6　Wi-Fi/BT 无线共存协商测试

IoT 当前主流无线连接协议仍然是 Wi-Fi 与蓝牙，而两者所使用的频率存在重合的可能（参见图 4-37），故肯定会存在相互干扰。与此同时，部分双模模组设备为了提升空间利用率，也可能将 Wi-Fi 的天线与蓝牙的天线结合到一起，采取分时占用，这样也会限制两者之间同时工作的效率。所以共存类测试在 IoT 设备中相当重要，我们通常从两个方面进行测试。

1）信道规划

IoT 蓝牙设备基本都是 BLE 类设备，所以通常采用广播信道（Channel 37/38/39）来传输数据包，这三个广播信道与 Wi-Fi 信道存在重合的情况，为了避免干扰，全屋智能网络规划时可以进行信道规划，如 Wi-Fi 信道采用 CH6 以上的信道以避免与蓝牙广播信道冲突，又如网络同时存在多个 Wi-Fi 时可以设置不同 Wi-Fi 信道（如"1+1"路由器 Mesh 组网环境可以分别设置 Channel 7 和 Channel 12）。同时在实际测试时，也需要监控各个设备发包的信道是否符合要求。

2）实际场景模拟

在全屋智能家居测试中可能存在很多的蓝牙与 Wi-Fi 设备，所以在实际使用中的业务体验将会非常重要。建议测试多个设备分布在家居环境中的业务体验，如控制、升级、连接类的体验。

4.3　ZigBee

ZigBee 这个名字来源于蜂群使用的赖以生存和发展的通信方式：蜜蜂通过跳 Zig-Zag 形状的舞蹈来分享新发现的食物源的位置、距离和方向等信息。ZigBee 的前身是 1998 年由 INTEL、IBM 等产业巨头发起的"HomeRFLite"技术。到 2002 年下半年，英国 Invensys

公司、日本三菱电气公司、美国摩托罗拉公司以及荷兰飞利浦半导体公司四大巨头共同宣布加盟"ZigBee 联盟"，以研发名为"ZigBee"的下一代无线通信标准。目前，该联盟大约已有百余家成员企业，并在迅速发展壮大。其中涵盖了半导体生产商、IP 服务提供商、消费类电子厂商及 OEM 商等。

ZigBee 是一种短距离、低功耗的低速无线通信技术，底层采用的是 IEEE 802.15.4 标准规范的媒体访问与物理层。由于 ZigBee 网络之间可以相互连接，所以只要有 ZigBee 网络覆盖，那么它的传输距离就会很远。ZigBee 主要是为了自动化控制数据传输而建立的低速传输网络，其成本较低。

ZigBee 的技术特点大概包括以下几个方面。

1）低功耗

由于 ZigBee 的传输速率低，发射功率仅为 1mW，而且采用了休眠模式，功耗低，因此 ZigBee 设备非常省电。据估算，ZigBee 设备仅靠两节 5 号电池就可以维持长达 6 个月到 2 年的使用时间。

2）低成本

由于 ZigBee 模块的复杂度不高，ZigBee 协议免专利费，再加上其使用的频段无需付费，所以它的成本较低。

3）时延短

ZigBee 通信时延和从休眠状态激活的时延都非常短，典型的搜索设备时延是 30ms，休眠激活的时延是 15ms，活动设备信道接入的时延为 15ms。

4）网络容量大

一个星形结构的 ZigBee 网络最多可以容纳 254 个从设备和 1 个主设备，一个区域内可以同时存在最多 100 个 ZigBee 网络，而且网络组成灵活。网状结构的 ZigBee 网络中可有 65000 多个节点。

5）可靠

ZigBee 采取了碰撞避免策略，同时为需要固定带宽的通信业务预留了专用时隙，避免了发送数据的竞争和冲突。MAC 层采用了完全确认的数据传输模式，每个发送的数据包都必须等待接收方的确认信息。如果传输过程中出现问题可进行重发。

6）安全

ZigBee 提供了基于循环冗余校验（CRC）的数据包完整性检查功能，支持鉴权和认证，采用了 AES-128 的加密算法，各个应用可以灵活确定其安全属性。

以下主要介绍 ZigBee 协议，包括 ZigBee 协议的发展历程、基本概念、协议栈内容等。

4.3.1 ZigBee 发展历程

本小节按照时间顺序介绍 ZigBee 的发展历程。

- 2001 年 8 月，ZigBee 联盟成立。
- 2004 年，ZigBee V1.0 协议诞生，它是 ZigBee 规范的第一个版本。由于推出仓促，存在一些错误。
- 2006 年，推出了比较完善的 ZigBee 2006 协议。

- 2007 年底，推出了 ZigBee PRO 协议。
- 2009 年 3 月，推出了 ZigBee RF4CE 协议，其具备更强的灵活性和远程控制能力。
- 2009 年开始，ZigBee 采用了 IETF 的 IPv6 6LoWPAN 标准作为新一代智能电网 Smart Energy（SEP 2.0）的标准，致力于形成全球统一的易于与互联网集成的网络，实现端到端的网络通信。随着美国及全球智能电网的建设，ZigBee 将逐渐被 IPv6 6LoWPAN 标准所取代。
- 2021 年 5 月，ZigBee 联盟（ZigBee Alliance）改名为连接标准联盟（Connectivity Standard Alliance，CSA），Matter 成为主推协议，这意味着 ZigBee 协议大概率不再作为 CSA 的工作重心，ZigBee 协议的发展将变得缓慢甚至停滞。

4.3.2 ZigBee 基本概念

以下分别介绍 ZigBee 协议的一些基本概念。

1）ZigBee 传输速率与带宽

ZigBee 是一种低速个域无线网标准（LR-WPAN），其传输速率范围为 10～250Kbit/s。ZigBee 工作在 ISM 频带，可使用的频段有 3 个，分别是 2.4GHz 的 ISM 频段、欧洲的 868MHz 频段以及美国的 915MHz 频段，而不同频段可使用的信道分别是 16、1、10 个。

2）ZigBee 设备类型

ZigBee 无线传感器网络中有三种设备类型：协调器、路由器、终端设备。

（1）协调器（Co-ordinator）

ZigBee 协调器（Co-ordinator）在 ZigBee 网络中有且只能有一个，它在网络中起了网络搭建和网络维护的功能，是整个网络的中心枢纽，是等级最高的父节点。它包含所有的网络信息，是 3 种设备中最复杂的，且存储容量大、计算能力最强。它主要用于发送网络信标、建立一个网络、管理网络节点、存储网络节点信息、寻找一对节点间的路由信息并且不断地接收信息。一旦网络建立完成，这个协调器的作用就像路由器节点。

（2）路由器（Router）

ZigBee 路由器（Router）在 ZigBee 网络中既可以充当父节点，也可以充当子节点，有信息转发和辅助协调器维护网络的功能。它执行的功能包括允许其他设备加入这个网络、跳跃路由、辅助子树下电池供电终端的通信。

（3）终端设备（End Device）

ZigBee 终端（End Device）在 ZigBee 网络中的功能最为简单，只能加入网络，为最末端的子节点设备。它只能与其父节点进行通信，如果两个终端之间需要通信，必须经过父节点进行多跳或者单跳通信。它是 ZigBee 网络中允许存在的数量最多的节点，也是唯一允许低功耗的网络设备，因此它能作为电池供电节点。

3）ZigBee 网络拓扑

ZigBee 定义了星形（star）、树形（tree）和网状（mesh）三种网络拓扑。

（1）星形拓扑

星形拓扑是最简单的一种拓扑形式，包含一个协调器和一系列终端节点，ZigBee End Device 只能和 ZigBee Co-ordinator 通信；两个 ZigBee End Device 之间的通信必须通过 ZigBee Co-ordinator 进行转发。实现星形网络拓扑不需要使用 ZigBee 的网络层协议，IEEE

802.15.4 已经实现了星形拓扑形式，如图 4-69 所示。

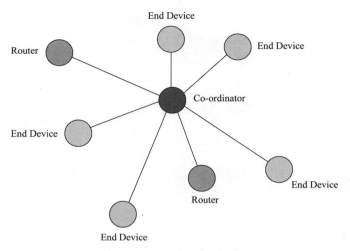

图 4-69 ZigBee 星形拓扑图

（2）树形拓扑

树形拓扑包括一个协调器以及一系列路由器和终端节点，ZigBee Co-ordinator 连接一系列的 ZigBee Router 和 ZigBee End Device，ZigBee Co-ordinator 的子节点的 ZigBee Router 也可以连接一系列的 ZigBee Router 和 ZigBee End Device。注意 ZigBee Co-ordinator 和 ZigBee Router 可以包含自己的子节点，ZigBee End Device 不能有自己的子节点，如图 4-70 所示。

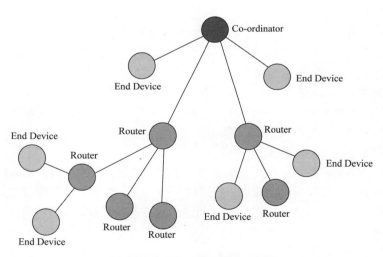

图 4-70 ZigBee 树形拓扑图

（3）网状拓扑

网状拓扑包含一个 ZigBee Co-ordinator 和一系列 ZigBee Router 和 ZigBee End Device，这种网络拓扑形式和树形拓扑相同，但是具有更加灵活的信息路由规则，其路由节点之间

AIoT 智能物联网全栈测试技术：从原理到实战

可以直接通信，如图 4-71 所示。

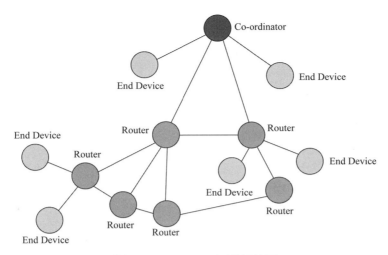

图 4-71　ZigBee 网状拓扑图

4.3.3　ZigBee 协议栈

　　ZigBee 的协议栈结构是由一系列称为层的协议块所组成的。每个层为上一层提供一系列特定的服务。数据入口提供数据传输的服务，管理入口提供其余的所有服务。每个服务接口都通过 SAP（service access point）接口与上一层进行数据交换，每个 SAP 都支持一系列的服务原语。ZigBee 协议栈是基于 OSI（open systems interconnection）标准的，但只定义了所需要的层，其可以分为两部分，其中 IEEE 802.15.4 定义了 PHY（物理层）和 MAC（媒体访问控制层）技术规范，ZigBee 联盟定义了 NWK（网络层）、APS（应用支持子层）、APL（应用层）技术规范，如图 4-72 所示。ZigBee 协议栈就是将各个层定义的协议都集合在一起，以函数的形式实现，并给用户提供一些应用层 API，供用户调用。

　　1）物理层（PHY）

　　IEEE 802.15.4 的物理层定义了物理信道和 MAC 子层间的接口，提供数据服务和物理层管理服务。物理层数据服务从无线物理信道上收发数据，物理层管理服务维护一个物理层相关数据组成的数据库。ZigBee 协议的物理层主要负责启动和关闭 RF 收发器、信道能量检测、通信信道频率选择和数据包传输和接收等。

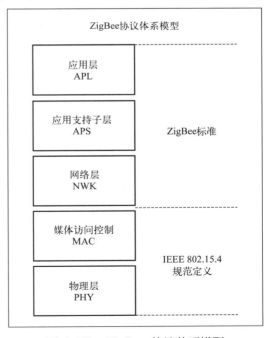

图 4-72　ZigBee 协议体系模型

119

2）媒体访问控制层（MAC）

MAC 层负责无线信道的使用方式，是构建 ZigBee 协议的底层基础。IEEE 802.15.4 对 MAC 层沿用了传统无线局域网中的带冲突避免的载波多路侦听访问技术方式（CSMA/CA），以提高系统的兼容性。这种设计不但使多种拓扑结构网络的应用变得简单，还可以实现非常有效的功耗管理。MAC 层完成的具体任务包括信标帧生成与发送、协调器同步和设备安全性支持等。同时，IEEE 802.15.4 的 MAC 层还引入了超帧结构和信标帧的概念，这极大地方便了网络管理。

3）网络层（NWK）

网络层需要在功能上保证与 IEEE 802.15.4 标准兼容，同时也需要上层提供合适的功能接口。对于网络层，其完成和提供的主要功能包括生成网络层数据包、网络拓扑路由转发、建立或脱离 PAN 网络、分配网络地址等。

4）应用层

ZigBee 应用层包括应用支持子层（APS）和 ZigBee 设备对象（ZDO）。应用支持子层负责匹配和转发数据包，ZigBee 设备对象则负责设备和服务发现，以及安全设置等高级功能。

4.3.4 ZigBee 在物联网的应用

ZigBee 特别适合数据吞吐量小，网络建设投资少、网络安全要求较高、不便频繁更换电池或充电的场合，预计将在消费类电子设备、家庭智能化、工控、医用设备控制、农业自动化等领域获得广泛应用。其中，消费类电子设备和家庭智能化将是 ZigBee 技术最有潜力的市场，家庭可以联网的设备包括电视、录像机、PC 外设、儿童玩具、游戏机、门禁系统、窗户和窗帘、照明设备、空调系统和其他家用电器等。家用设备引入 ZigBee 技术后，将极大改善人们居住的环境舒适度。以下分别从智能家庭、医疗监护、传感器网络应用三个方面进行描述。

1）智能家庭

家里可能有很多电器和电子设备，如电灯、电视机、冰箱、洗衣机、电脑、空调等，可能还有烟雾感应器、报警器和摄像头等设备，以前我们最多可能只做到点对点的控制，但如果使用了 ZigBee 技术，就可以把这些电子电器设备都联系起来，组成一个网络，甚至可以通过网关连接到 Internet，这样用户就可以方便地在任何地方监控自己家里的情况，并且省却了在家里布线的烦恼。

2）医疗监护

电子医疗监护是最近的一个研究热点。在人体上安装很多传感器，如测量脉搏、血压、监测健康状况的传感器，还有在人体周围环境（如在病房环境）放置一些监视器和报警器，这样可以随时对人的身体状况进行监测，一旦发生问题，可以及时做出反应，比如通知医院的值班人员。这些传感器、监视器和报警器，可以通过 ZigBee 技术组成一个监测的网络，由于是无线技术，传感器之间不需要有线连接，被监护的人也可以比较自由地行动，非常方便。

3）传感器网络应用

传感器网络也是最近的一个研究热点，它在货物跟踪、建筑物监测、环境保护、抄表等方面都有很好的应用前景。传感器网络要求节点低成本、低功耗，并且能够自动组网、易于维护、可靠性高。ZigBee 在组网和低功耗方面的优势使得它成为传感器网络应用的一个很好的技术选择。以抄表举例，现在大多数地方仍然使用人工的方式来进行抄表，逐家逐户地敲门，十分不方便。采用 ZigBee 技术后，可以利用传感器把表的读数转化为数字信号，再通过 ZigBee 网络把读数直接发送到提供煤气或水电的公司。使用 ZigBee 进行抄表还可以带来其他好处，比如煤气或水电公司可以直接把一些信息发送给用户，或者和节能相结合，当发现能源使用过快的时候可以自动降低使用速度。

随着 ZigBee 技术的不断完善，它将成为当今世界最前沿的数字化无线技术。ZigBee 所具有的低功耗、低成本、低速率和使用便捷等显著优势，使它必将有着广阔的应用前景。相信在不久的将来，会有越来越多的具有 ZigBee 功能的产品进入我们的生活，为我们的生活和工作带来极大的便利。

4.4 PLC-IoT

PLC，全称 Power Line Communication，即电力线载波通信，是电力系统特有的通信方式，是利用现有的交流或者直流电力线作为通信载体进行数据传输的一种技术。它通过调制把原有的传输信号变成高频信号加载到电力线进行传输，在接收端将调制过后的高频信号取出解调得到原有信号，从而实现信息传递，通俗来讲就是用传统的电力线 220V 市电来负载电波信号，达到控制的目的。常规的电力是具有波形的，用改变电波形状方式作信号，比如把一段 230V 以上的电波砍平代表 1，把第二段 -230V 以下电波砍平代表 0，然后用其代表二进制信号。

PLC 技术按频段可划分为窄带、中频带和宽带技术。其中宽带电力线的通信频率一般在 1~100MHz，并且提供 2Mbit/s 以上的传输速率，目前有不少电力线通信联盟，比如 HomePlug、UPA、HD-PLC 等，其速率可达到 200Mbit/s、500Mbit/s 以及 1000Mbit/s（目前市面上常见的电力猫产品，都是 HomePlug 标准的千兆电力线通信）。而窄带电力线通信技术是最早用在配电网络中的 PLC 技术，相关标准有 IEEE 1901.2、G3-PLC、PRIME 等，载波频带主要分布在 3~500kHz，主要用于远程抄表。

当前 IoT 使用的中频带 PLC 技术发源于中国，是基于国家电网公司 HPLC（High-speed Power Line Carrier）规范的中频带（12MHz 以下）技术，当前已经落地了 IEEE 的标准，IEEE 1901.1 标准于 2016 年在 IEEE 联盟立项，2018 年正式发布，是最新的中速 PLC 通信技术。

以下主要介绍 PLC 协议，包括 PLC 协议的技术特点、网络架构和协议栈等。

4.4.1 PLC-IoT 技术特点

在适用于全屋智能的有线网络传输技术中，常见的有 KNX 和 RS-485，但是这两种技术都需要单独走通信线路，额外增加了费用，同时也会增加综合布线的复杂度，整个环境都需要专业人士来进行设计、安装和维护，成本较高，而 PLC-IoT 的技术成本明显更低一些。

基于 IPv6 的 PLC-IoT 技术架构，包含物理层、链路层、网络层、传输层以及应用层这

121

5 层协议栈架构，如图 4-73 所示。

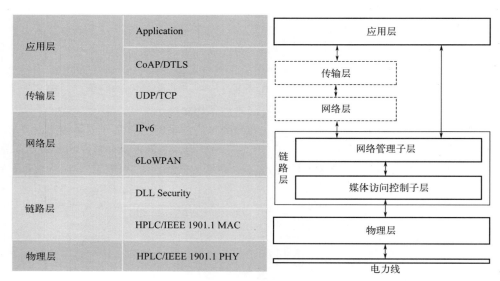

图 4-73　PLC-IoT 技术架构

- 物理层和链路层遵从 HPLC/IEEE 1901.1 规范，基本频段为 0.7~12MHz，支持分段使用。物理层采用 ODFM 技术，子载波支持 BPSK、QPSK、8QAM、16QAM 调制，子载波自适应调制，支持 FEC 和 CRC，而 MAC 层支持 TDMA 和 CSMA/CA 提供冲突避免机制。
- 链路层支持多级自组网和动态路由技术，最大支持 15 级中继，同时支持链路层安全机制。通过 AES-128 数据加密保证数据机密性，通过完整性校验保证数据防篡改，通过序列号校验防止重复攻击，增强链路安全性，防止网络攻击。
- 链路层中的网络管理子层负责网络的建立和维护，包括入网关联过程、路由的生成、代理节点的更改、STA 节点离线处理等。
- 网络层支持 IPv6 和 6LoWPAN。6LoWPAN 即 IPv6 over Low Power WPAN，是一种报文分片和压缩技术，通过对 IPv6 报头压缩和解压缩、IPv6 报文分片和重组的机制，将 IPv6 报文承载在低速链路上。
- 传输层支持 TCP/UDP 技术，可通过多个传输层端口承载多种业务，连接多种类型设备。
- 应用层支持 DTLS（一种承载于 UDP 之上的安全认证和加密传输协议）和 CoAP，采用 DTLS 协议实现基于数字证书的 PLC 节点接入认证，并通过 DTLS 加密通道传输协商链路层加密密钥，实现链路层数据加密传输。采用 CoAP 用于 PLC 网络内的业务承载。

针对全屋智能家居产品，通常的 PLC-IoT 系统架构如图 4-74 所示。

除此之外，PLC-IoT 网络还具备以下技术特点。

① 基于 IPv6，提升 PLC 网络通信效率和信息化水平。

- 基于开放标准的 IPv6 技术，不同类型的末端设备可以共享 PLC 网络。
- 基于 IPv6，通过 TCP/UDP 协议承载丰富的物联网协议，比如 CoAP 等。

AIoT 智能物联网全栈测试技术：从原理到实战

- 开发者在网关的容器中和尾端模块的 SDK 上参考以太网开发方式，通过 Socket 接口访问 PLC 网络节点。

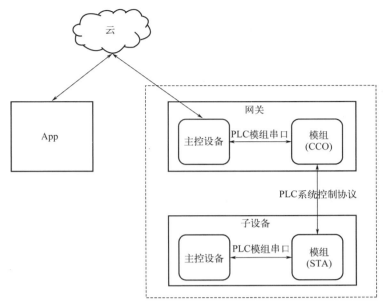

图 4-74 PLC-IoT 在全屋智能中的系统架构

② 无扰台区识别，简化安装部署现场配置，提升部署效率。
- 无扰台区识别是华为主推的新一代台区识别技术，根据宽带载波技术特点和电网即信号特性，本地可通过软件算法分析出末端设备所归属的变压器区域。
- 利用无扰台区识别的结果，可免除白名单配置，减少现场配置，提升设备部署效率。
③ PLC-IoT+RF 双模通信，扩大通信覆盖范围，解决设备组网盲点。
- 双模通信采用宽带电力线载波与微功率无线通信技术融合，在高频次采集的场景下，双通道并行采集不同节点的数据，效率提升 40%左右。
- 关键信息交互时，双通道可同时传输关键信息，形成冗余通道，实现可靠通信。
- 当设备发生停电故障，PLC 链路断开，可以通过 RF 通信及时上报停电事件。
④ 利用旁路耦合技术，可靠上报停电事件，提升精细化管理水平。
- 当电力线开关断开后，可通过旁路耦合单元继续通信，将停电事件等重要信息上报给物联网网关。
⑤ 即插即用，支持设备自发现，简化设备接入流程，提升业务上线效率。
- 结合边缘计算网关，提供即插即用框架。
- 尾端模块开放 SDK，第三方应用通过接口调用，实现自身末端设备的自动发现。

4.4.2 PLC 协议网络架构

不同于其他的有线传输技术，PLC-IoT 的协议技术支持树形或者星形结构网络，并支持最多 15 级的自组网和动态路由技术，如图 4-75 所示。

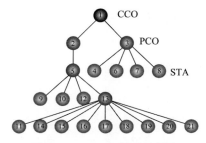
图 4-75　PLC 组网拓扑图

PLC 协议网络中主要有以下三种节点类型。

- CCO：中央协调节点（central co-ordinator），具体体现为头端通信模块，负责末端设备的接入以及数据的接收和发送。
- STA：终端节点，具体体现为尾端通信模块，为终端设备提供统一的接入 PLC-IoT 网络方式。
- PCO：代理协调节点（proxy co-ordinator），具体体现为中间代理通信模块，为中央协调节点和终端节点之间提供代理协调功能。

通信方式采用中央调度的方式，CCO 上电后会进行完全检测，确定 PCO 和 STA，然后侦听 STA 的报文或者主动询问 STA，通过 CSMA/CA 载波检测多址的方式进行传输管理和控制。所有 STA 节点向头端节点 CCO 发起关联入网请求，经过 CCO 确认后方可加入网络。CCO 和 STA 节点之间互相通信，但是 STA 和 STA 之间不能直接通信，需要通过 CCO 来转发。

4.4.3　PLC 协议栈

PLC 的组网过程如下（这部分是在数据链路层里的网络管理子层实现）。

- CCO 节点上电后，会监听是否有邻居网络，如果有，则和邻居网络进行协调，协调的目的是确定时隙和带宽以便可以和其他网络在电力总线上不冲突，然后开始定期发送中心信标来开始创建网络。
- STA 节点上电后，会先进行网络选择，根据信号质量进行选择或者直接选择第一个发现的网络，同时也会根据接收到 PCO 节点的数据来判断是否选择从其他 PCO 节点进行入网。如果能够和 CCO 节点直接通信，则该 STA 形成 1 级节点，如果 STA 节点不能和 CCO 直接通信但是能够和 1 级节点通信，则通过 1 级节点代理入网。
- CCO 节点收到关联请求后，就会分配相关信息，然后返回关联结果给 STA 节点，此时 CCO 节点和经过转发的 PCO 节点都会本地更新路由信息，STA 节点收到关联结果后完成入网。
- 当 STA 入网成功后，CCO 节点会分配信标时隙给到该节点，此时 STA 节点就可以变成其他节点的 PCO 节点，定时地发送 Proxy Beacon。
- 其他节点以此类推逐级形成多层级网络。

上述过程的管理包交互过程如下。

1）STA 直接连接 CCO 入网

STA 直接连接 CCO 入网如图 4-76 所示。

AIoT 智能物联网全栈测试技术：从原理到实战

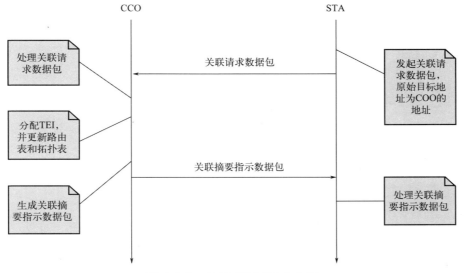

图 4-76 STA 通过 CCO 入网

2）STA 通过 PCO 节点入网

STA 通过 PCO 节点入网如图 4-77 所示。

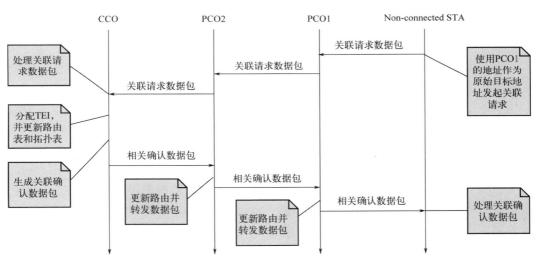

图 4-77 STA 通过 PCO 入网

第5章
智能物联网云服务平台测试

智能物联网与传统系统的主要区别在于异构和大规模的对象和网络，这些因素导致测试基于智能物联网的解决方案的复杂性和难度增加。智能物联网系统本质上是复杂的，体现在不同的软件和硬件组件、模块和体系结构，由许多制造商生产，具有不同的工作特性。因此，不同的测试需求根据需要测试的变量的不同而出现。人们可以应对各种挑战，如高度异构、大规模、动态环境、实时需求、安全和隐私影响以及测试自动化方面的困难。因此，不同的物联网层有着不同的测试需求。

5.1 智能物联网云平台概述

智能物联网云平台是指基于云计算、大数据、人工智能等技术，将物联网设备、应用、服务等资源集中在一起，提供多种服务的云计算平台。智能物联网云平台的优势在于它可以大大降低物联网系统开发和运维成本，提高开发效率，同时也可以实现对海量物联网设备数据的存储、处理和分析，从而为企业提供更加精细化的服务。

智能物联网云平台的发展目前还处于初期阶段，但是各大互联网公司和电信运营商已经开始投入大量资源进行研发和推广，但限于不同企业的标准不同，存在大量多源异构的数据，需要在接入层接入第三方系统时建立适配层，来统一数据的标准和格式。使用同一套平台如阿里、百度、中国移动等，可以解决数据标准化的问题，基于同一套标准数据才能快速做结构化存储和索引，进行检索、计算、业务建模分析。

IoT 云平台市场高度分散，各类厂商基于不同的优势和目的入局，发展路径各异，竞合趋势显著、稳中求变。未来平台能力将进一步下沉形成 IoT 底座，即"平台的平台"，由第三方开放平台全面整合提供专业的技术支持与服务。目前国内外主流的 IoT 平台按其使用场景划分如表 5-1 所示。

AIoT 智能物联网平台是一个综合性的解决方案，它不仅能够实现设备的高效连接与管理，还能通过云计算技术为用户提供深入的数据洞察，从而推动业务创新和发展。平台核心的能力主要分为设备接入能力、消息通信能力、设备管理能力、监控运维能力和云计算能力等。

5.1.1 设备接入能力

智能物联网设备只有接入了智能物联网平台后，才能建立设备与平台之间的连接和通

表 5-1　国内外主流的 IoT 平台

分类	平台	核心特点
消费物联网云平台	AWS IoT	AWS IoT 是亚马逊提供的物联网平台，支持多种设备与协议，如 MQTT、HTTP 和 WebSockets。它提供安全、可扩展的连接，规则引擎和数据分析功能，简化物联网应用开发，并能与其他 AWS 服务集成，如 S3、Kinesis、Lambda 和 CloudWatch，便于数据存储、处理与监控
	Azure IoT（中国）	Azure IoT 是微软的云计算物联网解决方案，提供设备连接、数据采集与分析服务。核心包括 IoT Hub 实现双向通信，IoT Central 简化应用部署，Event Grid 处理事件，Stream Analytics 支持实时数据处理。并与 Azure 的存储、函数计算和机器学习服务集成，构建高效物联网系统
	阿里云 IoT	阿里云 IoT 是阿里巴巴的物联网平台，提供设备连接、数据采集与云端通信服务。其核心能力包括安全连接、设备管理、规则引擎、数据分析及边缘计算，支持软硬件集成与行业解决方案，加速物联网项目的开发和商业化进程
	华为云 IoT	华为云 IoT 提供设备连接上云、双向通信、设备管理、远程控制、OTA 升级等服务，支持多种协议接入，如 MQTT、CoAP 和 HTTP，并可通过规则引擎灵活流转数据到其他华为云服务，适用于 NB-IoT 等场景
	腾讯云 IoT	腾讯云 IoT Explorer 提供一站式设备智能化服务，支持海量设备连接与管理，包括设备注册、状态监控、固件升级等。其提供多种通信方式与消息处理，具备数据存储与分析能力，帮助用户提升效率并降低成本
	百度云 IoT	百度云 IoT 平台聚焦边云融合、时空洞察和数据智能，实现边界、时间和空间维度的突破，以及场景的数据智能优化，构建下一代智能物联网平台核心能力
	CTWing	CTWing 由中国电信研发，包含连接管理、应用使能和垂直服务三大板块，实现网络与卡的智能管理、物联网开发核心能力和面向垂直行业的专属解决方案输出
	OneNet	中移 OneNet 是面向开发者的 PaaS 物联网平台，提供设备接入与连接服务，支持快速产品开发部署，适用于智能家居、可穿戴设备等多个领域，作为连接与数据的中心，可适应多种网络环境
	小米 IoT 开发者平台	小米 IoT 开发者平台面向智能家居、智能家电、健康可穿戴、出行车载等领域，开放智能硬件接入、智能硬件控制、自动化场景、AI 技术、新零售渠道等小米特色资源，与合作伙伴一起打造极致的物联网体验。该平台提供两种接入方式：一是直接接入，智能硬件通过嵌入小米智能模组或集成 SDK 的方式连接到小米 IoT 平台，适合无自有云平台的开发者，或者希望产品上架小米有品的开发者；二是云对云接入，智能硬件通过自有云平台连接到小米 IoT 平台，适合有自有云平台的开发者，或者希望产品仅接入小爱的开发者
	涂鸦智能	涂鸦智能提供全球化 AI+IoT 平台，连接 OEM 厂商和零售连锁，支持全屋智能家居等解决方案的设计开发。该平台提供丰富的硬件生态链、快速智能化能力和个性化云开发服务，包括 475 种免开发方案、1510 种 MCU SDK 及 4000 多种公版面板 APP
工业物联网平台	西门子 MindSphere	西门子 MindSphere 是工业 IoT 平台，连接和分析工业设备数据，支持数字化转型。该平台提供实时分析、应用程序开发能力，支持多种工业标准和协议，具备安全性与隐私保护功能，适用于云和边缘计算场景
	通用电气 Predix	Predix 是面向工业互联网的 PaaS 平台，采用分布式计算和大数据分析技术，提供广泛的工业微服务，支持资产数据管理与 M2M 通信，实现设备互联与云端接入，提供资产性能管理和运营优化服务
	航天云网 INDICS	INDICS 云平台是工业级操作系统，提供 IaaS、PaaS 和 SaaS 服务，支持快速开发部署和工业设备接入，通过 INDICS-OpenAPI 接口连接应用层与接入层，实现工业大数据服务
开源 IoT 平台	IoT-DC3	IoT-DC3 是开源工业物联网平台，提供设备管理、数据采集与分析等功能，支持多种协议如 MQTT、Modbus 等，具备可视化界面、自定义设备类型和规则引擎，基于 SpringBoot 和 Vue.js 开发，可在云或本地部署
	ThingsBoard	ThingsBoard 是开源物联网平台，支持 MQTT、CoAP 等协议，具备分布式架构，提供设备连接、数据可视化与分析工具，支持本地和云端部署，有免费和商业版本可供选择

信，进而通过平台来远程管理设备。本小节将介绍智能物联网设备接入 AIoT 平台的几种

主要方式、各大厂的 AIoT 平台支持的接入方式。设备接入 AIoT 平台的方式大概有直连接入、网关接入、云云对接等。

1）直连接入

直连接入 AIoT 平台的设备，设备内可以内嵌集成 IoT SDK 的模组或者直接集成 IoT SDK，由模组或 SDK 基于 Wi-Fi、蜂窝（2G/3G/4G/5G）、以太网、LoRaWAN、NB-IoT 等协议建立与 AIoT 平台之间的连接和通信。直连接入又可分为基于模组直连接入和基于 SDK 直连接入。

接入流程主要分三部分，分别是产品侧开发、设备侧开发、应用侧开发。产品侧开发首先在 AIoT 平台上创建产品，填写产品相关的各项参数，可以利用 AIoT 平台提供的标准物模型，也可以基于标准物模型进行自定义物模型。模型定义完成后，再开发用于解析设备上报数据的插件。设备侧开发依据设备本身特点来进行，对于低资源的设备，可以内嵌 AIoT 平台提供的模组，与 AIoT 平台的连接和通信完全由模组来承担，降低了设备开发成本。而对于基于 Android 或 Linux 系统开发的设备，其本身资源比较充足，可以集成 IoT SDK 到设备中，由 SDK 来实现与 AIoT 平台的连接和通信。

2）网关接入

BLE、BLE Mesh、ZigBee 等类设备，需要借助可挂载子设备的网关，由网关这个中继建立与 AIoT 平台之间的连接和通信。图 5-1 为小米 IoT 平台网关接入设备工作示意图。

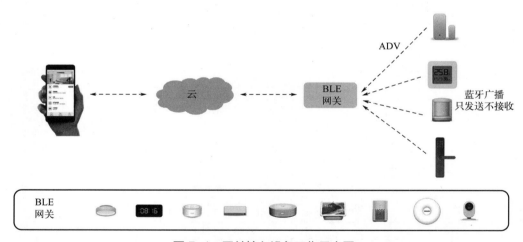

图 5-1　网关接入设备工作示意图

AIoT 平台支持设备直连接入，也支持设备挂载到网关上，作为网关的子设备，由网关代理接入 AIoT 平台。这样只需要网关建立一条 MQTT 长连接通道，所有子设备可以复用网关的 MQTT 通道，高效传输数据到云端。

这时候网关设备除了自身作为网关设备（拥有身份三元组）与 AIoT 平台建立 MQTT 连接，收发数据，还要负责子设备管理，包括：网关添加子设备网络拓扑关系、子设备复用网关 MQTT 连接通道上线、网关把子设备数据上报到云端、网关接收指令并转发给子设备、网关上报子设备下线、网关删除子设备网络拓扑关系。网关和子设备通信的协议由本地网络决定，可以是 HTTP、MQTT、ZigBee、Modbus、BLE、OPC-UA 等。

AIoT 智能物联网全栈测试技术：从原理到实战

3）云云对接

设备接入厂商的自有服务器，厂商自有服务器与 AIoT 平台之间建立连接，从而实现设备与 AIoT 平台之间的连接和通信。图 5-2 为小米 IoT 平台云云对接的方案示意图。

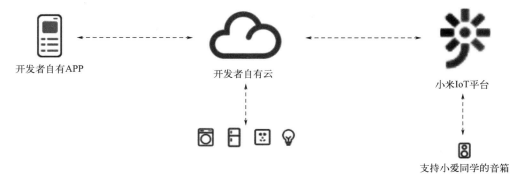

开发者自有APP 开发者自有云 小米IoT平台

支持小爱同学的音箱

图 5-2　小米 IoT 平台云云对接示意图

云云对接的方式一般适用于以下几个场景。

- 设备只支持某种类型协议，而物联网平台目前不支持该协议。
- 设备与其接入服务器（网桥 server）之间已有通信网络，希望在不修改设备和协议的情况下，将设备接入物联网平台。
- 设备已接入服务器，需进一步升级服务。
  - ➢ 复用 AIoT 平台的能力，例如 OTA 升级功能。
  - ➢ 将设备纳入基于 AIoT 平台的解决方案。
  - ➢ 其他业务需要的处理逻辑。

在特定场景下，设备无法直接接入物联网平台，可使用云云对接 SDK，快速构建桥接服务，搭建设备或平台与 AIoT 平台的双向数据通道。

5.1.2　消息通信能力

AIoT 平台需要支持数十亿台设备，对数万亿条消息进行处理，并将其安全可靠地路由至终端节点和其他设备。借助 AIoT 平台，应用程序可以随时跟踪用户的所有设备并与其通信，即使这些设备未处于连接状态也不例外。

物联网中消息的通信过程如下：

- 智能物联网设备发送消息到物联网平台；
- AIoT 平台接收到设备发送的消息，转发到云端应用；
- 云端应用接收到物联网平台转发的设备消息，进行处理并下发指令到物联网平台；
- 物联网平台把云端应用返回的指令消息转发给设备；
- 设备接收到物联网平台返回的云端应用的指令，并根据指令进行工作。

AIoT 平台的消息通信能力包括数据上报、订阅推送、命令下发、场景联动、数据转发，这些通信能力共同组成了智能物联网设备信息交互与处理。

- 数据上报。智能物联网设备接入物联网平台后，便可与物联网平台进行通信。一般来说，设备可通过以下方式发送数据到物联网平台：使用自定义 topic 发送自定义格式的数据。

- 订阅推送。用户可通过服务端从 AIoT 平台订阅多种产品类型消息，如设备上报消息、设备状态变化通知、设备生命周期变更等。用户可通过平台自定义需要订阅的消息类型，订阅成功后，可使用 IoT 云服务 SDK 接收和处理相关消息。
- 命令下发。为了能有效地对设备进行管理，设备的产品模型中定义了物联网平台可向设备下发的命令，应用服务器可以调用物联网平台开放的 API 接口向设备下发命令，以实现对设备的远程控制。物联网平台有同步命令下发和异步命令下发两种命令下发机制（参考华为 IoT 平台资料）。
- 场景联动。场景联动是一种开发自动化业务逻辑的可视化编程方式，可通过设备或时间多种维度条件触发，经过执行条件的过滤，执行预定的业务逻辑，输出数据到设备或者执行其他动作，实现海量设备的场景联动。
- 数据转发。使用物联网平台的数据流转功能，可将 topic 中的数据消息转发至其他 topic 或其他物联网平台产品进行存储或处理。

5.1.3 设备管理能力

不同 AIoT 平台设备管理模式也存在差异，下面介绍典型 AIoT 平台的设备管理能力。

- 阿里：设备生命周期管理、物模型、数据解析、设备分组、设备影子、文件管理。
- 腾讯：查看设备信息、查看设备属性、查看设备日志、查看设备事件、查看设备行为、查看设备上下线日志。
- 华为：设备实时状态监控、告警管理、设备批操作、设备分组、OTA 升级、设备远程诊断、设备联动规则、文件上传。

综上，智能设备开发者通过 AIoT 平台来管理其智能设备，核心能力包括设备生命周期管理、物模型管理以及数据解析等。

1）设备生命周期管理

通过 AIoT 平台的设备管理功能，可查看和管理设备的生命周期。首先需在 AIoT 平台上创建设备。用户可以在控制台创建设备或调用云端 API 创建设备。设备上线，即设备端接入 AIoT 平台，设备状态显示为在线；设备下线，即设备端断开与物联网平台的连接，设备状态显示为离线。借助 MQTT 保活机制可以将设备从物联网平台中删除，不限设备当前状态。设备从物联网平台删除后，设备证书将失效，除已产生的云端运行日志外，与该设备关联的其他数据也一并删除。设备的云端运行日志仍可查询，但用户无法通过物联网平台执行与该设备关联的其他任何操作。

2）物模型管理

物模型是 AIoT 平台为产品定义的数据模型，用于描述产品的功能。其定义是物理空间中的实体在云端的数字化表示，从属性、服务和事件三个维度构建，具体映射为该实体是什么、能做什么、可以对外提供哪些服务。

通过定义物模型，AIoT 平台能够识别该类设备具有哪些属性，能够提供什么样的服务，以及可能发生哪些事件。设备注册时，可以通过选择物模型注册设备能力，实现能力注册标准统一。物模型通过 JSON 文件进行描述，泛 AIoT 平台预设了几十款多个领域不同产品的物模型定义，用户可根据产品需求进行选择，并进行修改或增加自定义物模型数据。

AIoT 智能物联网全栈测试技术：从原理到实战

3）数据解析

AIoT 平台一般会定义标准的数据格式，比如阿里 AIoT 平台标准的数据格式为 Alink JSON。但是低配置且资源受限或者对网络流量有要求的设备，不适合直接构造 JSON 数据与物联网平台通信，可将原数据透传到物联网平台。物联网平台提供数据解析功能，可以根据提交的脚本，将数据在设备自定义格式和 JSON 格式之间转换。

目前支持解析两类数据，列举如下。

- 自定义 topic 数据解析。设备通过自定义 topic 发布数据，且 topic 携带解析标记时，IoT 平台接收数据后，先调用用户在控制台提交的数据解析脚本，将设备上报的自定义格式数据的 payload 解析为 JSON 结构体，再进行业务处理。自定义 topic 数据解析脚本可自行编写，IoT 平台提供了编写方法和实例。

- 物模型数据解析。数据格式为透传/自定义的产品下的设备与云端进行物模型数据通信时，需要物联网平台调用用户提交的数据解析脚本，将上、下行物模型数据分别解析为物联网平台定义的标准格式（JSON）和设备的自定义数据格式。物联网平台接收到来自设备的数据时，先运行解析脚本，将透传的数据转换成 JSON 格式的数据，再进行业务处理；物联网平台下发数据给设备前，也会先通过脚本将数据转换为设备的自定义格式，再下发给设备。

5.1.4 运维监控能力

由于许多 AIoT 平台由几十万至数百万台智能物联网设备组成，因此跟踪、监控和管理连接的设备队列非常重要。需要确保在部署后智能物联网设备的规模和种类合适，且设备正常、安全地工作。还需要能够对设备的访问安全性、监控运行状况进行检测和远程排除问题，以及管理软件和固件更新。对接入的设备运维监控核心能力包括在线调试、OTA 升级、日志服务等。

1）在线调试

当设备端开发完成后，使用 AIoT 平台的在线调试功能，从 AIoT 控制台下发指令到设备端进行功能测试。对于未完成开发的设备，AIoT 平台提供了设备模拟器进行模拟调试。

2）日志服务

主要实现云端运行日志、设备本地日志、日志转存等能力。

3）设备状态监控

确保能够实时获取设备的工作状态、电池电量等关键指标。

4）故障检测与恢复机制

验证平台在遇到设备故障时能否迅速识别问题并自动采取措施恢复服务。设备恢复的核心能力包含 OTA（Over-the-Air，空中下载）升级能力，这是 AIoT 平台的一项基础故障修复能力。AIoT 平台提供了 OTA 升级服务，用户只需要将新固件上传到平台，即可完成自动升级，也可利用 AIoT 平台提供的定向升级功能，对某些特定设备进行升级。

5.1.5 云计算能力

云计算在智能物联网中扮演着至关重要的角色，它不仅能够处理和存储由智能物联网设备产生的大量数据，还能通过提供计算能力来增强智能物联网应用的功能和云计算的效率。随着物联网设备数量的快速增长，数据量也随之激增，这对网络带宽和数据中心的处理能力提出了更高的要求。为了应对这一挑战，除了传统的云计算之外，边缘计算和雾计算等技术也被广泛应用，它们能够在靠近数据源的位置进行数据处理，从而减少网络延迟并减轻中心化云服务的压力。

5.2 智能物联网云平台测试内容

AIoT 平台的测试不仅仅是对单一组件的验证，而是需要完全测试整个系统各个方面的能力，包括但不限于前面介绍到的设备接入能力、消息通信能力、设备管理能力、监控运维能力和云计算能力等。这些测试方法旨在评估平台的整体性能、安全性、可扩展性和用户体验，确保智能物联网平台能够在实际部署中发挥其应有的作用。

本节将详细介绍智能物联网平台能力测试的方法，旨在帮助开发者和测试工程师更好地评估平台的各项功能，确保平台能够满足预期的 QoS（quality of service，服务质量）指标，并提供优质的用户体验。

5.2.1 设备接入能力测试方法

前文提到，直连接入的设备可分为基于模组直连接入的设备、基于 SDK 直连接入的设备及网关接入的设备三种。根据 ISO 90201 标准，我们从功能、性能、兼容性、稳定性等维度来完成设备接入能力的验证测试。

1）基于模组直连接入的设备

① 功能测试。包括协议测试、设备连接测试、APP 对设备的远程控制能力测试等。由于物联网中存在大量设备和异构环境，需要使用大量协议与这些设备进行交互，如异步通信消息协议（MQTT）和受限应用协议（CoAP），物联网测试人员需要测试这些不同的通信协议。其中端到端延迟和带宽消耗是这两种协议研究的指标。测试的重点是将网关节点上的传感器数据传输到后端服务器或代理。带宽使用率定义为每条消息传输的总数据。延迟定义为数据文件接收时间和文件发布时间之间的差异。不同协议的性能取决于不同的网络条件，可以根据当前的网络条件决定使用何种协议来提高网络性能。

② 性能测试。为了验证设备被最终用户应用程序发现的能力，需要测试设备多次被发现的耗时和成功率，以及设备被多次绑定的耗时和成功率。

③ 兼容性测试。设备可以通过 Wi-Fi 模组或蓝牙模组接入 IoT 平台，针对基于 Wi-Fi 模组接入的设备，需要测试其能否被各种不同类型的手机所发现，且能否连接到不同类型的路由器。手机的兼容性从操作系统、屏幕分辨率、芯片等几个维度覆盖。路由器的兼容性从路由器型号、信道等几个维度覆盖。针对基于 BLE 模组接入的设备，需要测试其能否被各种不同类型的手机所发现，且能否接入不同类型的网关。

④ 稳定性测试。设备的稳定性测试，需要从用户对设备可能的使用场景出发，构建尽可能多的用户使用场景，比如多次开关机、长时间在线等。所以，需要保证设备多次反复开关机后依然能正常接入 AIoT 平台，设备长时间挂机时，能够保持在线。

2）基于 SDK 直连接入的设备

① 功能测试。AIoT 平台为开发者提供的 IoT SDK 为 Android SDK 和 Linux SDK，该 SDK 已集成了 AIoT 平台开发的如通信、OTA、安全等基础能力，开发者需根据硬件产品所使用的系统选择相应的 SDK 将产品接入 AIoT 平台。针对基于 IoT SDK 接入 AIoT 平台的设备，需要测试设备集成 SDK 后，能否接入 AIoT 平台，实现设备与 AIoT 平台间的通信。

② 性能测试。确定测试环境包括设备端和云端的环境，确定测试设备类型、数量、硬件配置和网络环境等。设计测试用例根据测试需求设计测试用例，包括设备接入测试、设备数据上报测试、设备指令下发测试等。实施测试用例按照测试用例的设计实施测试，记录测试结果、测试日志和错误日志等。性能分析和评估通过测试结果和日志对性能指标进行分析和评估，如设备接入成功率、数据上报成功率、指令下发成功率、响应时间、网络延迟等。性能优化根据测试结果和性能分析，对设备端和云端的配置和参数进行优化，以提高性能指标。

③ 兼容性测试。SDK 版本兼容性测试是测试 SDK 版本与 AIoT 平台版本的兼容性，包括 SDK 的 API 是否支持 AIoT 平台的最新功能和接口等。协议兼容性测试是测试设备通信协议与 AIoT 平台所支持的协议（如 MQTT、HTTP、CoAP 等）之间的兼容性，数据格式兼容性测试是测试设备发送的数据格式（如 JSON、XML 等）与 AIoT 平台支持的数据格式之间的兼容性。

④ 稳定性测试。同前文基于模组直连接入的设备测试方法一致。

3）网关接入的设备

基于网关接入的设备，按其接入协议又可分为 BLE、BLE Mesh、ZigBee 等子设备。

（1）BLE 子设备

① 功能测试。BLE 设备基于 BT 协议与 BLE 网关间建立连接，通过 BLE 网关接入 IoT 平台。除了验证 BLE 设备对 BT 协议的支持能力之外，还需要验证 BLE 设备能否与 BLE 网关之间建立连接、通信，能否上报数据到 BLE 网关。验证 BLE 设备上报数据的能力。

② 性能测试。测试 BLE 设备数据上报的耗时和成功率。

③ 兼容性测试。验证 BLE 设备能否接入不同厂家、不同型号、不同版本的 BLE 网关。

④ 稳定性测试。低功耗是物联网多个传输协议的重点，但同时很多场景又对低时延有很高要求，所以功耗和性能是否达标是测试内容之一。另外多节点支持，不同网络结构下的路由选择也是重点。如果采用流行的物联网协议，则不需要对协议本身进行过多测试。

（2）BLE Mesh 类设备

① 功能测试。BLE Mesh 类设备同 BLE 设备类似，均是基于 BT 协议与 BLE Mesh 网关之间建立连接，通过 BLE Mesh 网关接入 AIoT 平台。除了验证 BLE Mesh 设备对 BT 协议的支持能力之外，还需要验证 BLE Mesh 设备能否与 BLE Mesh 网关之间建立连接、通信，能否上报数据到 BLE Mesh 网关。BLE Mesh 设备相比 BLE 设备，还具备了组网和中继能力。需要验证多个 BLE Mesh 设备组网后，被组控的能力。还需要验证 BLE Mesh 设备的超远距离的传输能力。因为 BLE Mesh 设备具有中继能力，需要验证其穿过阻碍物的能力。比如验证在家居环境下穿过多堵墙后，BLE Mesh 是否依然能被控制。

② 性能测试。验证 BLE Mesh 设备数据上报的耗时和成功率，组控的耗时和成功率，穿过阻碍物被控制的耗时和成功率。

133

③ 兼容性测试。验证 BLE 设备能否接入不同厂家、不同型号、不同版本的 BLE Mesh 网关。

④ 稳定性测试。为了保证用户体验，BLE Mesh 网关对接入的 BLE Mesh 设备数量有一定的限制，所以需验证多个 BLE Mesh 设备接入同一 BLE Mesh 网关后，其数据上报能力是否正常。

（3）ZigBee 类设备

① 功能测试。测试设备通过 ZigBee 协议与云平台的连接情况，包括设备接入成功率、连接时间等。测试设备通过云平台与其他设备的消息交互情况，包括消息发送成功率、延时、消息丢失等。测试云平台对 ZigBee 类设备的管理能力，包括设备注册、配置、查询、更新等。

② 性能测试。测试设备上报数据、云平台响应数据等的传输速度和稳定性，以及处理传输过程中出现的错误的能力等。

③ 兼容性测试。测试云平台对不同厂商、不同版本的 ZigBee 类设备的兼容性。

④ 稳定性测试。测试云平台在高并发、大规模设备接入等复杂环境下的稳定性。

5.2.2　消息通信能力测试方法

本小节在消息通信能力的测试方法中，选取一些特性简述如何进行测试，使读者能够对消息通信能力测试有一定了解。

1）数据上报处理速度测试重点

物联网设备的正常运行依赖于快速、可靠和持续的通信，因此连接设备使用的网络至关重要。网络出现带宽有限、延迟过大、网络硬件不可靠等问题，会对设备性能产生重大影响。产品开发人员需要了解这些问题对产品性能产生的影响，以确保产品可以正确响应，不丢失数据。如显示 3G 连接的 iPhone 的流量速率可能会低至 384Kbit/s 或快至 14.4Mbit/s。流量的速率取决于环境、服务供应商和可用带宽。流量速率不稳定可能会导致用户与其物联网设备的连接性不佳。其他网络条件问题（例如延迟和数据包丢失）也会显著影响应用程序的性能。所以网络因素是影响物联网连接的主要风险因素。开发人员需要衡量应用程序在各种网络条件下的影响，以确保程序能正确运行。测量物联网应用程序的性能指标（如延迟、吞吐量、响应时间、CPU 利用率），验证整个应用程序在压力负载、不断变化的操作和网络条件（如间歇性故障或网络连接丢失）下的功能稳定性和正常降级。

2）订阅推送能力的测试重点

① 功能测试：推送不同类型的消息。

② 性能测试：push 消息到达 APP 端的到达率。

③ 兼容性测试：兼容不同类型设备的消息推送。

④ 稳定性测试：设备长时间频繁推送数据。

3）命令下发的测试重点

① 功能测试：推送不同类型的命令。

② 性能测试：下发命令的到达率及耗时。

③ 兼容性测试：兼容不同类型设备的命令下发。

④ 稳定性测试：设备长时间频繁下发命令。

4）场景联动的测试重点

① 功能测试：配置不同类型的场景联动，智能场景的执行方式（本地和云端）。

② 性能测试：智能场景执行耗时及成功率。

③ 兼容性测试：兼容不同类型设备间的智能联动，比如 Wi-Fi 与 Wi-Fi、Wi-Fi 与 BLE 设备，BLE 设备与 BLE Mesh 设备。

④ 稳定性测试：单个触发条件，一个到多个执行设备。

5）数据转发的测试重点

① 功能测试：端到端企业工作流。因为物联网解决方案通常与企业解决方案（如资产跟踪和监控、现场服务应用程序、ERP、CRM、数据仓库）集成，所以需要保证 AIoT 平台与其第三方集成之间的高质量数据传输，以确保在一个系统中更改的数据在所有连接的系统中都会相应更改，并且相关的更改历史记录可用。

② 兼容性测试：AIoT 平台不同组件之间的完美通信及其技术堆栈兼容性。

5.2.3 设备管理能力测试方法

AIoT 平台设备生命周期管理、物模型管理和数据解析等能力的测试是确保平台能够高效、稳定地管理连接设备的关键环节。下面是这些能力测试的具体重点。

1）设备生命周期管理测试

① 设备注册与认证。验证平台能否安全地注册新设备，并确保只有经过认证的设备才能接入平台。

② 设备配置管理。测试平台能否远程更新设备配置，如修改网络设置、更新固件版本等。

③ 设备状态监控。确认平台能否实时监控设备状态，包括在线/离线状态、电池电量、存储容量等关键指标。

④ 设备注销与回收。验证平台能否安全地注销不再使用的设备，并清除相关的数据和配置信息。

2）物模型管理测试

① 物模型定义与编辑。测试平台能否轻松定义和编辑物模型，以描述设备的功能和属性。

② 物模型一致性。确认平台能否确保物模型在不同设备间的一致性，避免设备差异导致发生问题。

③ 物模型更新与版本控制。验证平台是否支持物模型的版本控制和更新机制，确保模型能够随着设备演进而持续改进。

3）数据解析测试

① 数据格式解析。确认平台能否正确解析来自设备的不同数据格式（包括 JSON、XML 等常见格式）。

② 数据映射与转换。测试平台能否将原始数据映射到相应的物模型属性，并进行必要的数据转换。

③ 数据完整性与准确性。验证平台能否确保数据的完整性和准确性，特别是在数据传输过程中可能出现数据丢失或损坏的情况下。

④ 数据流监控与告警。确认平台能否实时监控数据流,并在数据异常时发出告警通知。

通过这些测试,可以确保 AIoT 平台能够有效地管理设备的整个生命周期,维护一致的物模型,并准确地解析和处理来自设备的数据。

5.2.4 运维监控能力测试方法

AIoT 平台的运维监控能力测试是确保平台稳定运行和高效管理的关键环节。测试的重点在于验证平台能否有效地执行设备调试、提供日志服务、监控设备状态、检测并恢复故障等方面的功能。以下是这些能力测试的具体重点。

1)设备调试能力测试

① 调试工具验证。确认平台是否提供易于使用的调试工具,如模拟器、仿真器等,以便开发者在真实设备接入之前进行初步测试。

② 命令执行测试。验证平台能否远程执行重启设备、更改配置参数等命令,确保这些命令能够正确执行并且不会导致设备出现异常行为。

③ 交互性测试。检查平台能否与设备进行实时互动,例如即时反馈设备的状态变化。

2)日志服务测试

① 日志记录完整性。验证平台能否完整记录设备的操作历史和状态变更,包括设备上线、下线、错误发生等事件。

② 日志检索能力。测试平台的日志检索功能,确保用户能够快速定位到特定时间段内的相关日志条目。

③ 日志分析工具。确认平台是否提供工具帮助用户分析日志数据,例如异常检测、趋势分析等。

3)设备状态监控测试

① 实时性验证。确保平台能够实时更新设备的状态信息,包括设备的在线状态、工作模式、电池电量等。

② 阈值设置与报警。测试平台能否根据预设的阈值(如设备温度过高、连接丢失等)自动触发报警通知。

③ 数据可视化。确认平台是否提供清晰的图表和仪表板视图,以便用户直观地了解设备的状态。

4)故障检测与恢复机制测试

① 故障检测准确性。验证平台能否准确检测到设备或系统的故障,包括硬件故障、软件崩溃等情况。

② 故障恢复能力。测试平台在检测到故障后能否自动或手动采取恢复措施,如重启设备、回滚固件版本等。

③ 恢复机制的健壮性。确保即使在网络不稳定或设备暂时离线的情况下,平台也能保持良好的故障恢复能力。

通过这些测试,可以确保 AIoT 平台具备强大的运维监控能力,为用户提供稳定可靠的服务。这些测试不仅有助于提高平台的可用性和安全性,还能增强用户体验,促进 AIoT 平台的健康发展。

5.2.5 云计算能力测试方法

为了保证 AIoT 平台云计算能力的质量，我们可以定义一系列服务质量（quality of service, QoS）指标，帮助用户评估和比较不同服务供应商提供的服务（包括云服务、边缘服务和雾服务）。这些指标包括但不限于以下几点。

- 可扩展性。计算应用程序将可扩展性（可伸缩性）定义为在最短响应时间内产生最大吞吐量的能力。2020 年左右，物联网成为了大数据生产的主要来源。为了容纳更多用户，将需要高度可扩展的计算能力，通过增加系统开销的资源来扩展计算能力。通常，缩放可以水平和垂直进行，其中垂直缩放优先于水平缩放。
- 动态可用性。这是一个质量参数，说明在正常操作条件下，当需要使用时，系统是否可访问。计算环境的可用性可以理解为手头的硬件和软件质量及可操作性。
- 可靠性。应用程序在租用的云上稳定运行的时间越长，可靠性就越高。当连接到计算系统的组件数量增加时，计算系统功能可能会不正常。因此，为了有效利用资源丰富的云，必须了解其下落行为。计算服务提供商将提供平均无故障时间（MTBF）来衡量可靠性。
- 定价。定价也是选择计算服务的一个标准。在计算环境中，成本是网络、存储和计算三个服务参数的函数。只有那些以最低成本提供最佳服务质量的服务提供商，才能赢得最终用户的青睐。
- 响应时间。响应时间（response time）是请求提交和服务响应之间的时间间隔。这取决于基础设施以及提交请求的应用程序。
- 容量。容量是计算服务提供商提供的可由计算软件处理和分析的最大计算资源量的度量。容量可以通过四个指标来衡量，即 CPU、网络容量、存储和内存容量。
- 安全和隐私。作为物联网物理组件之一的云节点或边缘节点也容易受到威胁和攻击，例如添加错误数据、禁用网络可用性、非法访问用户个人信息等。确保计算的安全性涉及计算节点上保证的数据的机密性和完整性。某些安全措施，如加密算法和密钥管理、物理安全支持、网络安全支持和数据支持，被考虑用于测量计算服务的可信度。
- 客户支持设施。客户支持是指供应商在系统出现任何故障或差异时提供的服务。它包括向用户提供设施所涉及的类型、响应时间和成本。大多数情况下，具有可靠支持系统的计算服务是首选。
- 用户反馈和评论。个人的经验和评论在选择计算服务时起着重要作用。新用户在接受任何提供商的服务之前，首先要对现有服务进行审查。用户体验描述了服务的可用性、可靠性、稳定性、透明度和成本。服务评级的价值越高，客户的体验就越好。

5.2.6 云平台测试工具

为了能够将物联网系统作为一个整体进行测试，研究者们一直致力于从低层到高层测试物联网系统。尽管几乎每一个测试平台都垂直地包含所有层，但它们都是专注于特定的应用领域或技术方面。截至今天，已有一些解决方案可用于测试基于物联网的系统，这些解决方案关注不同的物联网层和使能技术。表 5-2 列出了当前使用较为广泛的测试工具。

表 5-2　AIoT 平台测试常见工具列表

工具	适用范围	核心能力
SoapUI	基于 API 模拟和服务虚拟化对 AIoT 平台自动进行 API 测试	1. 支持物联网测试项目所必需的自动化 API 功能测试 2. 支持 HTTP、SOAP 和 RESTful 测试 3. 提供 SOAP、REST 模拟服务和服务虚拟化
Apache JMeter	AIoT 平台性能测试	1. 通过限制输出带宽，能够在不同的连续负载和不同的网络速度下测试物联网软件行为 2. 可帮助测试支持 MQTT、CoAP、HTTP、AMQP 和卡夫卡特定协议的物联网系统组件之间的通信 3. 可帮助进行 SQL 和 NoSQL 数据仓库的负载和压力测试 4. 对于利用基于 Hadoop MapReduce 的数据处理的物联网系统，有专门的插件用于验证 MapReduce JobTracker 服务
WireShark	TCP/IP 相关的网络测试	开源应用程序，用于显示网络的 TCP/IP 和其他数据包传输
TCPdump	网络测试	一个没有 GUI 的基于命令行的实用程序，用于显示源和目标主机地址、TCP/IP 以及通过网络传输或接收的其他数据包
Shodan	网络安全测试	1. 可调查所有连接到互联网的设备 2. 可用于查找物联网漏洞，如暴露的后门、不安全的网络摄像头或使用默认密码的互联网设备

第6章
智能物联网 AI 测试

物联网（IoT）主要实现设备之间的连接和数据传输。它能够将各种物理设备连接到网络，实现数据的采集和远程控制。智能物联网（AIoT）在物联网的基础上加入了人工智能（AI）技术，通过对大量数据的分析和学习，实现自主决策和智能控制，使得设备和设备组合具有更高的智能性。

智能家居是物联网和人工智能融合的切入点，物联网产生大数据，大数据支持智能家居的控制决策，构成了从感知到认知的全过程，满足智能家居用户的个性化需求。

本章将基于智能家居系统对智能物联网涉及的大数据和人工智能测试技术进行讲解。

6.1 智能家居大数据测试

6.1.1 大数据关键技术

大数据技术是通过一系列非传统工具，对大量数据进行处理、分析、预测的技术，其更像一种思维、一种组织能力、一种现象，而不单纯只是一种技术。大数据的完整价值所在需要多种数据处理技术共同作用方能体现。一般而言，大数据关键技术针对大数据的处理流程，可以分为采集、存储、处理、智能计算和应用等。

1）大数据采集技术

大数据采集技术是指通过传感器、计算机终端、互联网、移动智能设备等采集各种类型的数据（包括结构化数据、半结构化数据、非结构化数据），利用 ETL 等工具将分布的、异构的数据源中的数据（如关系数据、平面数据文件等）抽取到临时中间层后进行清洗、转换、集成，最后加载到数据仓库或数据集市中，成为联机分析处理、数据挖掘的基础。大数据采集技术也可以把实时采集的数据作为流计算系统的输入，进行实时处理分析。

大数据采集与传统数据采集相比，具有数据源类型繁杂，获取的数据量大、速度快、类型多样等特点，所以大数据采集技术在保证数据采集的可靠性、高效性、准确性等方面面临着很大的挑战。

2）大数据存储技术

大数据存储技术是将采集到的数据进行持久化，存储到相应的数据库，利用分布式文件系统、数据仓库、关系数据库、NoSQL 数据库、云数据库等，实现存储结构化、半结构化和非结构化海量数据的技术。大数据存储技术有利于对数据统一进行管理和调用，如海量文件的存储与管理，海量小文件的存储、索引和管理，海量大文件的分块与存储，从而提高系统的可扩展性与可靠性。

3）大数据处理技术

大数据处理技术分为批处理模式和流处理模式两种。简单来说，批处理是先存储后处理，流处理是直接处理。最典型的批处理模式是 MapReduce 编程模型，谷歌公司在 2004年提出的 MapReduce 编程模型分为 Map 任务和 Reduce 任务两部分，先将用户的原始数据进行分块，交给不同的 Map 任务去处理，之后 Reduce 任务对所有的 Map 任务进行处理，根据 Key 值进行排序汇聚，输出结果。流处理模式是应对数据实时处理很好的选择。流处理的目标是尽可能快地对最新的数据进行分析并给出结果，包括数据预处理、数据脱敏清洗等操作。流处理的原理是将数据视为流，依赖内存数据结构，将源源不断的数据组成数据流立刻处理并返回结果。

4）大数据智能计算技术

大数据智能计算技术决定最终信息是否有价值，其目的是通过计算获取智能的、深入的、有价值的信息。大数据智能计算技术可分为数据分析挖掘和数据计算两类。其中，数据分析挖掘又分为数据分析和数据挖掘，数据计算包括图计算、流计算、时空计算、云计算、高性能计算 5 类。越来越多的应用涉及大数据，这些大数据的属性，包括数量、产生速度、多样性等都会使大数据的复杂性不断增长，所以大数据智能计算技术就显得尤为重要。

5）大数据应用技术

大数据的应用领域广泛，包括金融、医疗、交通、工业、电信、舆情、社交、旅游等各行各业中都有大数据的身影。大数据与实体经济融合提速，但不均衡现象突出，体现在行业融合程度不同。大数据与金融、政务、电信等行业的融合效果较好，而与其他众多行业的融合效果则有待深化，与实体经济的融合还在发展初期。业务类型不均衡常导致大数据的融合应用主要集中在外围业务，如营销分析、客户分析和内部运营管理等，而其对产品设计、产品生产、行业供应链管理等核心业务的渗透程度还有待提高，大规模应用尚未展开。此外，受经济发达程度、人才聚集程度和技术发展水平的影响，大数据应用也表现出地域不均衡现象。

6.1.2　大数据测试技术

大数据体量巨大，对于现时代而言，企业或者公司只有获取有效、准确的数据，才能在信息时代拔得头筹。大数据的四大特征带来的不单是数据来源的复杂，还有数据质量方面的诸多挑战，所以大数据的质量问题值得大家深究。

6.1.2.1　数据质量

目前数据质量还没有统一的定义形式，数据质量可以理解为信息系统对模式和数据实例的一致性、正确性、完整性和最小性的满足程度。数据质量指示器、数据质量参数是衡量数据质量的指标。

数据质量包括数据本身质量与数据过程质量。数据的绝对质量为保证数据质量提供了基础，通常包括以下几方面。

● 数据真实性：数据真实并且准确地反映实际的业务。

- 数据完备性：数据充分，没有遗漏任何有关的操作数据。
- 数据自治性：数据不是孤立存在而是通过不同的约束互相关联，在满足数据之间关联关系的同时不违反相关约束。

数据过程质量是在使用和存储数据的过程中产生的，包含了以下几方面。

- 数据使用质量：数据被正确地使用。如果通过错误的方式使用正确的数据，将不会得出正确的结论。
- 数据存储质量：数据被安全地存储在合适的介质中。安全是指采用比较适当的方案或者技术来抵制外来因素的影响，以免数据遭到破坏。安全处理中最常用的技术是数据备份，如异地数据备份或者双机数据备份。存储在合适的介质中指数据在需要的时候可以方便及时地取出。
- 数据传输质量：在传输过程中数据传输的效率以及数据正确性。数据在互联网或者广域网中的传输越来越普遍，因此有必要在传输过程中保证传输效率满足处理能力的要求。

1）数据质量的分类

在大数据处理的过程中，无论是交互、计算还是传输，每个环节都可能出现错误导致数据质量问题，而因大数据来源繁杂，数据质量问题可分为单数据源模式层、实例层，多数据源模式层、实例层四大类问题，如表 6-1 所示。

表 6-1　数据质量问题分类

数据源	层	问题
单数据源	模式层	缺少完整性约束： ①缺少唯一性约束； ②缺少引用约束
	实例层	数据记录错误： ①拼写错误； ②相似重复记录； ③字段矛盾
多数据源	模式层	异质的数据模型和模式设计： ①命名冲突； ②结构冲突
	实例层	冗余、互相矛盾或不一致的数据： ①汇总不一致； ②时间不一致

数据质量问题多从模式层和实例层考虑，单数据源中数据质量模式层的问题主要是不完整的约束、较差的设计模式所致，比如单数据源文件、Web 数据等，数据模式缺乏，或者模式不统一，极容易造成数据错误。目前比较成熟的数据库，虽有特定的数据模型与完整性约束，但数据模型仍不太完备，过于特定的完整性约束，也会产生数据质量问题。而相对模式层，实例层的问题无法改进模式规避问题，原因是其在模式层不可见。简单的拼写错误、重复记录等，都会引发实例层的问题。

多数据源中的数据质量问题比单数据源中的数据质量问题更加复杂，模式设计不过关和命名冲突、结构冲突问题均会导致数据质量问题。命名冲突，指不同对象使用相同名称或者同一对象使用不同名称；结构冲突，指同一对象诸如字段类型、组织结构以及完整性约束，在多数据源中因表达方式不同而引起的问题。在多数据源中，模型与模式是不同的问题，且都会导致数据汇总中的质量问题。故而在多数据源的实例层，不仅会发生单数据源中出现的问题，也会出现数据不一致的问题。相同内容不同的表达方式同样会带来问题，比如真假字段，有采用"0、1"表示，也有采用"T、F"表示。

2）数据预处理

数据预处理通常是指在处理数据之前对数据的处理操作，数据预处理可以提高数据质量，降低处理数据的时效成本。数据处理一般包括以下几个步骤。

（1）数据清洗

数据清洗主要是用诸如数理统计、数据挖掘或预定义等相关技术，将"脏数据"转换为满足数据质量要求的数据。数据清洗主要解决的问题是缺失数据、错误数据、唯一标识、有效标识等，其流程如图6-1所示。

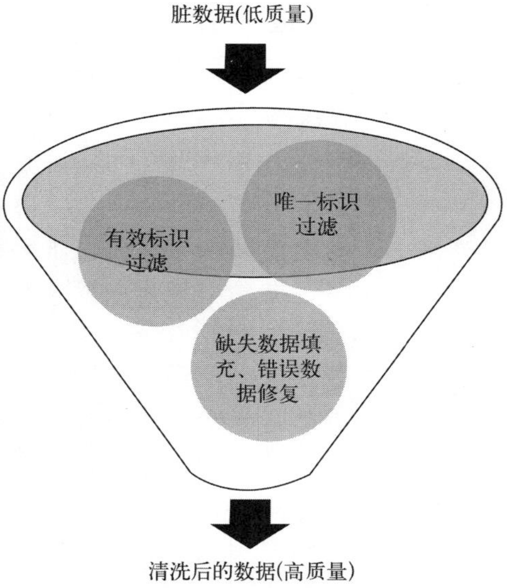

图6-1 数据清洗

"脏数据"的数据真实性不可靠，且严重影响数据分析和处理，最终影响数据挖掘效能和依赖数据做出的决策管理。数据预处理使得数据更加准确、一致，故数据预处理是必不可缺的重要步骤，而数据清洗是数据预处理的重要一环，数据清洗可以过滤和修改不符合要求的数据，而不符合要求的数据，经过长时间的归纳，可以分为三类。

● 数据缺失。主要有两种情况，数据中拥有大量缺失值的属性，或者数据的重要属性存在少量的缺失值。前者可通过删除操作去除缺失的属性，后者则需要补充数据使其完整。而针对两种不完整的数据特征，通常采用两种填补方案。一是以相同的常数替换缺失的属性值，如"unknown"，填补缺失数据后，错误的填充值往往会导致数据出现偏置，所以数据并不是完全可信赖的。二是以该属性最可能的值填充缺失值。填充法使用了属性已有的大部分数据信息来预测缺失值。在估计缺失值时，考虑了属性值的整体分布频率，从而保持属性的整体分布状态。

● 数据错误。输入的数据不做判断直接写入数据库，往往发生在实际业务系统不完备的情况下，比如数值输入成字符串，日期格式错误等。

● 数据重复。数据重复需要导出并做确认整理。

（2）数据集成/数据变换

数据集成是指从逻辑上或者物理上将来源、格式以及特点性质各不相同的数据有机地集中起来，为数据挖掘提供比较完整的数据源，在数据集成过程中需要考虑的问题如表6-2所示。

表6-2 数据集成问题

问题类型	问题描述
数据表连接不匹配	来自多个数据源中的数据表需要通过相同的主键进行自然连接。数据表连接不匹配，当表中的主键不匹配时，出现无法连接的现象
冗余	在连接数据表的过程中，没有对表中的字段进行严格选择后就连接，造成了大量的冗余
数据值冲突	不同数据源中不同的属性值导致数据表连接字段的类型或者数据值冲突，数据记录出现重复

AIoT智能物联网全栈测试技术：从原理到实战

数据变换是对数据的标准化处理，不同的数据源可能得到的数据不一致，这就需要进行数据变换，使得数据变成适合数据挖掘的描述形式。通常数据变换需要处理的内容如表6-3 所示。

表 6-3　数据变换需要处理的内容

数据分类	描述
属性的数据类型转换	当属性之间的取值范围可能相差很大时，要进行数据的映射处理，映射关系可以与平方根、标准方差以及区域对应。当属性的数据类型转换属性的取值类型较小时，分析数据的分布频率，然后进行数值转换，将其中字符型的属性转换为枚举型
属性构造	根据已有的属性集构造新的属性，以帮助数据挖掘过程
数据离散化	将连续取值的属性离散化成若干区间，来帮助削减一个连续数据离散化属性的取值个数
数据标准化	不同来源所得到的相同字段定义可能不一样

（3）数据规约

采用数据规约技术可以获得数据集的简化表示（简称近似子集），并且近似子集的信息表达能力与原数据集非常接近。对经过数据规约预处理后的数据集进行挖掘，可以得到相似的分析结果，大大提高了效率。数据规约是在保持初始数据完整性的前提下对数据的规约表示，一般采用属性选择法和实例选择法，或者结合两者一起使用。

- 属性选择。属性选择是根据用户的指标选择一个优化属性子集的过程。优化属性子集可以是属性数目最小的子集，也可以是含有最佳预测准确率的子集。属性选择方法包括属性评估方法与搜索方法。

- 实例选择。实例选择使用部分数据记录代替原来所有的数据记录进行数据挖掘，减少了挖掘时间并降低了挖掘资源的代价，获得了更高效的挖掘性能。实例选择主要通过采样数据集实现，包括简单随机采样、等距采样、起始顺序采样、聚类采样和分层采样等。

3）数据质量测评

数据质量的测评往往依赖于框架和工具，而针对数据清洗质量的评估，一般通过相关性、准确性、及时性、完整性、一致性、格式、易用性、兼容性、有效性等方面进行评价。

（1）数据清洗框架和工具

数据清洗研究通常针对比较特定的领域，因此数据清洗框架的通用性、扩展性会受到限制。为了使数据清洗具有一定的通用性，越来越多的人开始对数据清洗框架的相关研究。AJAX 模型是逻辑层面的模型，将数据清洗分为映射、匹配、聚集、合并、跟踪 5 个过程。目前数据清洗工具种类繁多，功能也呈现出多样化。常用的数据清洗工具有 DataCleaner、Talend、OpenRefine、Trifacta 等。

（2）数据清洗评估

数据质量可以在许多方面进行定义，并关系到不断变化的用户需求。如同一数据质量可能被一个用户所接受而无法被另一个用户接受，在 2020 年可接受的数据质量可能在 2025年是无法接受的。数据质量差的一个必然结果是利用这些数据得出结论并做出决策会产生风险。这些数据用于指定的用途时也可能会产生意想不到的后果，导致实际损失。因此，通常会参照高质量的数据特征来分析数据质量是否合格，一般通过以下几方面评价数据质量。

- 相关性。数据质量的一个关键指标是信息是否满足其客户的需求。如果没有数据相关性指标，那无论数据的其他指标有多好，客户都会认为数据不足以满足要求。

这并不是说不相关的信息就是"质量差"，而是表示该信息属于不同的信息类别。在某些情况下，"质量差"的信息实际上可能是相当不错的，需要的只是教客户如何去了解它、使用它。

- 准确性。准确的信息能反映基本现实，并且高质量信息应该是准确的。在实际中，用于不同目的的信息需要不同级别的精确度，并且信息甚至有可能过于精确。信息不准确导致的相关问题发生在许多信息系统中，而当信息的准确程度超过其客户的处理能力时，信息就过于准确了。这样会提高信息系统的成本，使系统可信度降低，甚至导致信息被误解，从而造成信息的误用或遗弃。

- 及时性。及时的信息是指没有延误的信息。信息的及时性和信息的准确性密切相关，隐含了一个动态的过程：新的信息取代旧的信息。信息的时间周期取决于新信息被处理并传送给它的顾客的时间。基于时间的竞争和减少相应操作周期的需要增加了对及时信息的需求。

- 完整性。不完整的信息将会误导客户，但是同一个信息可能对一个人来说是完整的，而对另一个人来说是不完整的。信息的精度超过了客户的处理能力可能是信息太精确，也可能是信息太完整。

- 一致性。一致性是指信息之间可以很好地整合在一起，并保持与信息本身一致。信息可能因为不相关的细节、容易误解的度量或不明确的格式而变得不一致，导致客户无法接受，甚至拒绝该信息。虽然信息可以是内在不一致的，但不一致的信息通常表现为准确性或及时性错误。

- 格式。信息格式即信息结构，是指信息是如何呈现给客户的，通常可以分为基本形式和上下文解释。应根据客户和信息的使用，对信息采用适当的格式。上下文解释也是查看信息时重要的一步。

- 可用性。可用性是指信息可以在需要时获得，其取决于客户或者客户的具体情况。对于信息质量而言，及时性和可用性应该是相辅相成的，因为若获得的信息不可用或未能及时获得有效信息都无法满足用户的需求。

- 兼容性。数据质量不仅在于数据本身的质量，也在于如何结合其他数据一起使用。高质量数据意味着可以结合其他数据以满足客户不断变化的需求。

- 有效性。数据质量有效性是指数据是真实的，并且可以满足相关方面的标准，诸如准确性、及时性、完整性和安全性。数据质量有效性是一种结果性的而不是原因性的信息质量指标。

6.1.2.2 大数据基准测试

在阐述了大数据的质量测评后，本部分围绕大数据的基准测试，从定义和测试方法进行阐述。不同的数据处理规模需要不同的平方规模，用户必须选择合适的平方模型，基准测试（benchmark）为衡量其处理能力提供了重要参考。

1）基准测试

基准测试是一种测量和评估软件性能指标的典型活动。可以在某个时候通过基准测试建立一个已知的性能水平（称为基准线），当系统的软硬件环境发生变化之后再进行一次基准测试，以确定那些变化对性能的影响。在基准测试领域，最有名的组织是 TPC（Transaction Processing Performance Council，事务处理性能委员会）。TPC 组织的主要职责是制定商务应用基准程序（benchmark）的标准规范、性能和价格度量，并依据基准测试项目发布客观性能数据。TPC 不给出基准程序的代码，而只给出基准程序的标准规范（standard specification）。任何厂家或其他测试者都可以根据 TPC 组织公布的规范标准，最优地构造出自己的系统（测试平台和测试程序）。此外，在大数据应用中，每次增加新模块后，都需要重新进行基准测试来评估新模块对系统产生的性能影响。Big Data Top 100 是一个致力于大数据系统基准测试的开放社团。其目标是开发一个端到端的大数据应用基准，以确保大数据系统能根据事先定义的、可校验的性能度量开展分级。

2）测试方法

（1）测试步骤

基准测试的通常做法是在系统上运行一系列测试程序，并把性能计数器的结果保存起来，这些结果被称为"性能指标"。性能指标通常都保存或归档，并在系统环境的描述中进行注解。基准测试中，需要把基准测试的结果以及当时的系统配置和环境一起存入档案记录下来，可以让有经验的专业人员对系统过去和现在的性能表现进行对照比较，确认系统或环境的所有变化。

（2）测试工具集

很多基于大数据的环境都由工具提供商、研究机构等提供了自身的基准测试工具，主要测试工具集分为两类，一类是工业界、科研界提出的测试工具集，还有一类是大数据框架提供的测试基准，具体包括以下几种。

- BigBench。BigBench 是由 Ghazal 在第一届 WBDB 研讨会上提出的，第二届 WBDB 研讨会上对其关联查询进行了扩展。它基于 TPC-DS 规范支持非结构化和半结构化数据。BigBench 通过 TPC-DS 修改查询集来支持大数据的操作，并在某些查询中与其他操作相关联。

- 美国加州伯克利分校的 AMP 实验室的 Big Data Benchmark from UC Berkeley。其主要针对业界典型的大数据产品进行基准测试。

- 中国科学院计算技术研究所的 BigDataBench。BigDataBench 为相同的负载提供不同的实现。目前为离线负载提供了 MapReduce、MPI、Spark 和 DataMPI 实现。

- Hadoop 自带的测试基准。这些程序可以从多个角度对 Hadoop 进行测试，TestDFSIO、mrbench 和 nnbench 是三个广泛被使用的测试。TestDFSIO 用于测试 HDFS 的 IO 性能。nnbench 用于测试 NameNode 的负载，mrbench 会多次重复执行一个小作业，用于检查在机群上小作业的运行是否可重复以及运行是否高效。

- HBase 系统自身提供的性能测试工具（具体可参见 HBase 安装目录下的./bin/HBase/org.apache.hadoop.HBase.PerformanceEvaluation）。该工具提供了随机读写、多客户端读写等性能测试功能。

- HiBench。HiBench 是 Intel 开放的一个 Hadoop Benchmark Suit，包含 9 个典型的 Hadoop 负载。

（3）数据准备

数据发生器是大数据基准中很重要的一个工具。数据基准测试中常用的数据生成工具包括 HiBench 与 BDGS。HiBench 的容量是可扩展的，可以生成非结构的文本数据类型并支持 HadoopHive。BDGS 在保留原始数据特性的基础上以小规模真实数据生成大规模数据，能够生成文本数据和图表数据。Sleep 命令一般被用来运行程序，它的特点是批处理、延时使用且占用资源少。Sleep 基准在 Hadoop World 2011 上被提出来，可以用来比较核调度和 MapReduce 处理的有效性，测试任务分配到网络平台的速度。并行数据生成框架（Parallel Data Generation Framework，PDGF）是一种适用性很强的数据生成工具，可以在短时间内快速生成大量的关系数据。PDGF 利用并行随机数发生器来生成独立相关值。在 PDGF 的基础上，可以为大数据基准建立一种通用的数据发生器。虽然 PDGF 最初是为关系型数据设计的，但它具有一个后处理模块，可以映射到其他数据格式，如 XML、RDF 等。因为所有数据都能确定性地生成，并且这个生成总是重复的，这使得中间过程和转换的最终结果是可以计算的, 基本的关系数据库模型也使得它可以在数据上产生一致性查询。这使得 PDGF 成为大数据基准的理想工具之一。

3）测试内容

基准测试包括面对特定处理功能甚至应用的基准测试程序集的集合。大数据领域的数据规模的不同，对测试结果影响很大，因此，测试数据的规模及其应用对基准测试的影响很大。下面给出不同的测试工具集包括的测试内容。

（1）Big Data Benchmark from UC Berkeley

Big Data Benchmark from UC Berkeley 是美国加州伯克利分校对几个大数据产品进行的性能基准测试。该测试基于 Redshift、Hive、Shark、Impala 在 EC2 的平台支持，使得基准测试能够重复进行。测试数据集需要在 EC2 上进行复制，因此需要准备不同规模的测试数据集。从表 6-4 中可以看出，一个节点的数据规模可以存放 25G 的用户访问数据、1G 的 Ranking 表和 30G 的 Web 爬虫数据。这些数据采用压缩方式，并被编码为 Text 文件和顺序文件。

表 6-4　节点数据规模

S3 后缀	扩展因子	Rankings 表（行数）	Rankings 表	用户访问表（行数）	用户访问表	文档
/tiny/	small	1200	77.6KB	10000	1.7MB	6.8MB
/1node/	1	1800 万	1.28GB	1.55 亿	25.4GB	29.0GB
/5nodes/	5	9000 万	6.38GB	7.75 亿	126.8GB	136.9GB

（2）BigDataBench

BigDataBench 是一个抽取 Internet 典型服务构建的大数据基准测试程序集，覆盖了微基准测试（Micro Benchmarks）、Cloud OLTP、关系查询、搜索引擎、社交网络和电子商务 6 种典型应用场景，包含 19 种不同类型的负载和六种不同类型的数据集，如表 6-5 所示。在抽象的操作和模式集合基础上，BigDataBench 构建了代表性和多样性的大数据负载。

表 6-5　典型应用场景

被测内容	说明
微基准测试（Micro Bench marks）	采用 MapReduce、Spark、MPI 进行 Sort、Grep、WordCount、BPS 离线分析
Cloud OLTP	对 HBase、Cassandra、MongoDB、My SQL 四种数据库的表数据进行在线分析，主要包括 Read、Write、Scan
关系查询	对 Impala、Shark、My SQL、Hive 数据库数据进行实时分析，主要包括 Select Query、Aggregate Query、Join Query
搜索引擎	采用 Hadoop、MPI、Spark 对 Nutch Server、PageRank、Index 进行基准测试
社交网络	对 Olio Server、K-means、Connected Components 进行测试
电子商务	对 Rubis Server、Collaborative Filtering、Naive Bayes 进行测试

（3）Hadoop 基准测试

Hadoop 自带了几个基准测试，打包在 jar 包中，如 Hadoop-*test*.jar 和 Hadoop-*examples*.jar，这些 jar 包在 Hadoop 环境中可以很方便地运行测试。运行不带参数的 hadoop-*test*.jar 时，会列出所有的测试程序。程序从多个角度对 Hadoop 进行测试，TestDFSIO、mrbench 和 nnbench 是三个被广泛使用的测试，如表 6-6 所示。

表 6-6　Hadoop 基准测试

命令	说明
TestDFSIO	用于测试 HDFS 的 I/O 性能，使用一个 MapReduce 作业来并发地执行读写操作，每个 map 任务用于读或写每个文件，map 的输出用于收集与处理文件相关的统计信息，reduce 用于累积统计信息，并产生结果汇总
nnbench	用于测试 NameNode 的负载，它会生成很多与 HDFS 相关的请求，给 NameNode 施加较大的压力。这个测试能在 HDFS 上模拟创建、读取、重命名和删除文件等操作
mrbench	mrbench 会多次重复执行一个小作业，用于检查在机群上小作业的运行是否可重复以及运行是否高效

6.1.2.3　大数据智能算法及测评技术

随着大数据基础架构的日益成熟，如何从大规模的、动态的、异构的数据中，利用智能算法处理与挖掘有价值的信息，将成为未来大数据研究的重要方向。本部分主要从大数据的算法层面介绍大数据测评方法。数据的聚类和分类是大数据应用中两个最重要的基础算法，也是发展较为成熟的算法。随着数据的爆炸式增长，基于分布式框架的数据聚类和分类已经成为重要发展方向。另外，个性化推荐系统是面向终端用户的典型应用，在各个领域均有着广泛的应用。无论是聚类算法和分类算法，还是个性化推荐，均存在测试 ORACLE 问题和算法质量评估问题，给测试带来了新的挑战。

1）概述

数据集的聚类、分类等基础算法是机器学习、数据挖掘领域的经典算法，在大数据时代仍有广泛的应用。大数据应用类算法，如个性化推荐系统和 PageRank 等，通常需要整合聚类、分类等基础智能算法。本章将围绕图 6-2 描述的两大类、三大主题的智能算法，

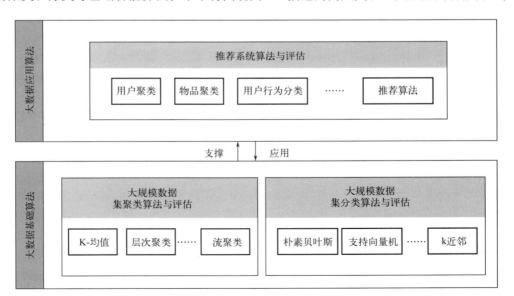

图 6-2　大数据应用算法+大数据基础算法

从算法的概念、应用、测试与评估等方面进行深入探讨。

2）聚类算法测试方法论

大数据的处理与分析算法，通常是基于机器学习/数据挖掘的智能算法，传统的软件测试方法论很难适应大数据应用软件测评，因此首先从方法论出发来讨论如何测试该类算法。

（1）分析智能算法解决问题的领域

对于大数据应用领域的基础类智能算法，首先，需要分析问题的领域与算法的类别，例如是有监督学习算法、无监督学习算法还是半监督算法，然后从其需要处理的真实数据集中分析出测试等价类。第二，需要分析算法设计者可能没考虑到的数据特征，例如数据集的大小、属性和标签值的潜在范围，浮点数运算时预期达到的精度等。大数据处理中，数据集的样本数是非常大的，通常是数万个或数百万个，甚至更多。样本的属性数目也可能很大，可能是十几个甚至是数百个，也就是说样本通常是高维向量。无监督算法中样本是没有标签的，有监督算法中标签可能是两类（正类或负类），也可能是多分类问题，而半监督算法则有些样本是有标签的，而有些样本是没有标签的。更复杂的数据集中，数据样本的某些属性可能是缺失的。

（2）分析智能算法的定义及代码

大数据基础类算法测试方法论的第二步是分析查看算法的定义及代码，检查算法的定义是否精确。通过分析算法的定义及代码，可以推测可能出现缺陷的区域，从而创建测试集来发现潜在的算法缺陷。这里主要检查程序规范中的缺陷，而不是程序实现中的缺陷，比如算法的程序规范是否明确解释了如何处理缺失的属性值或标签。通过程序规范的检查，可以决定如何构建"可预测"的训练和测试数据集。如某分类算法试图将样本分为两类，采用 0 和 1 两种标签表示两类。然后可以构建可预测的测试数据集，例如使得每个给定属性等于某个特定值的样本，其标签为 1，每一个属性值等于其他特定值的样本，其标签为 0。另一种方法，一组属性值的集合或区域映射到标签 1，例如"任何具有 X、Y 或 Z 属性的样本"或"任何具有属性 A 和 B 之间的样本"或"任何属性大于 M 的样本"等。

（3）分析智能算法运行时的选项

大数据基础类算法测试方法论的第三步是分析算法运行时的选项，并且检查这些算法运行时选项如何处理或操作输入数据，从而设计数据集和测试方法，并在输入数据的操作中发现可能存在的缺陷或差异。比如 K-均值聚类算法需要首先设定分类数 K，那么 K 必须是一个大于 1 并小于样本数的整数；基于支持向量机的分类算法提供了线性、多项式和径向基核等运行时选项，这些选项决定了如何创建分类超平面。

3）聚类质量评估

聚类分析属于无监督学习方法，即没有关于数据集类别情况的先验知识，也就是说，事先不知道数据集的内部结构。给定一个数据集，每一种聚类算法都可以将数据聚合成不同的簇，然而不同的方法通常会得出不同的聚类结果。甚至同一种聚类方法，如果选择不同的参数或交换数据集中数据的位置，都可能影响最后的聚类结果。比如在 K-均值算法中，随机选择不同的聚类质心就可能产生不同的聚类结果，而且还有可能影响迭代计算的效率。因此有必要讨论聚类质量的评估，一方面为用户选择聚类算法提供依据，另一方面让用户对聚类的结果有信心。前文讨论了聚类算法的测试方法，即利用蜕变测试来保证算法的正确性及其适用性。接下来将讨论如何评估聚类算法。一般而言，聚类质量评估，通常与处理的数据集的特征、使用的聚类算法、算法的参数值等因素有关。如果聚类算法对数据集内在结构的假设不符合数据集的真实情况，那么聚类结果就不能正确反映数据集的内在结构。此外，即使聚类算法假设合理，也可能因为选择了不合理的参数而难以得到满意的聚类结果。从广义上讲，聚类有效性评估包括聚类质量的度量、聚类算法匹配数据集的程度以及最优的聚类数目等。

聚类结果的评估通常采用三种有效性指标：外部指标（external indices）、内部指标（internal indices）和相对指标（relative indices）。

（1）外部指标

计算聚类结果与已有的标准分类结果的吻合程度。包括 F-Measure 指标、信息熵指标、Rand 指数和 Jaccard 指数等聚类质量度量指标。

- F-Measure。F-Measure 指标利用信息检索中的准确率（precision）与召回率（recall）思想来进行聚类质量的评价。通过 F-Measure 来评价聚类算法的优点是：信息检索领域的研究人员对该指标非常熟悉，而且准确率与召回率的指标可以比较直观地解释聚类质量。
- 信息熵。信息熵反映了同一类样本在结果簇中的分散度，样本越分散，信息熵越大，聚类效果越差。当同一类样本均属于一个类簇时，信息熵为 0。
- Rand 和 Jaccard。Rand 指数和 Jaccard 指数用于度量聚类算法的聚类结果与真实聚类的相似度，显然 Rand 指数越大，相似程度越好，聚类效果就越好。同理，Jaccard 指数越小，聚类效果越差。

（2）内部指标

内部指标不依赖外部信息，如分类的先验知识。很多情况下，事先并不清楚数据集的结构，聚类结果的评估就只能依赖数据集自身的特征。因此，内部指标的评估是直接从原始数据集中检查聚类的效果。本部分将主要介绍簇内误差和 Cophenetic 相关系数。

簇内误差即任意点与其质心的距离的平方和。好的聚类算法应该保证簇内误差最小化。

Cophenetic 相关系数用于度量层次聚类的质量，取值范围是[-1，1]，其值越接近 1，说明层次聚类的效果越好。

（3）相对指标

相对指标评价方法的基本思想是：在同一个数据集上，用同一种聚类算法取不同的输入参数从而得到的相应的聚类结果，对这些不同的聚类结果，再应用已定义的有效性函数做比较来判断最优划分。聚类算法性能的评估是聚类分析流程中重要的阶段，然而迄今为止，还没有一个对所有应用领域、各种聚类算法都普遍适用的评估方法。因此，对于聚类算法的评估，应该首先分析其应用领域、采用的聚类算法特点及数据属性特点，然后选用多个评估指标来人为分析与判断。

6.1.2.4 大数据性能测评技术

性能是衡量一个大数据应用的重要方面。大数据应用存在用户的不确定性和开放性的特点，在不同时期用户可能呈几倍、几十倍甚至几百倍数量级增长。若不经过性能测试，应用随时都有可能崩溃，因此对于应用来说，性能测评具有十分重要的意义。另一方面，大数据应用性能与系统数据的数量大小、数据的样本分布特性存在巨大的相关性，在性能测试中，其测试数据模型的分析、选择和制定具有十分重要的作用。

本部分将主要介绍大数据应用的性能测试方法策略，重点分析大数据应用测试的支撑数据设计方法、性能测试模型等，确保基于大数据的应用稳定运行。

1）概述

性能测试是一种测试方法，属于非功能测试的一种，通过模拟多种正常、峰值及异常负载条件来对系统的各项性能指标进行测试，以降低运行、升级或补丁部署的风险，通过性能测试得到系统对用户的响应时间、系统的负载等信息，是保证应用成功运行的重要手段。大数据处理的数据量规模非常大，因此，进行大数据应用的性能测试非常必要，通过大数据应用性能测试，可以达到下列目标。

- 获得大数据应用的实际性能表现，如响应时间、最大在线用户数、容量规模、吞吐量及最大处理能力。
- 获得大数据应用的性能极限，发现可能导致性能问题的条件，如测试应用在一定负载下长时间运行后是否会发生问题。
- 获得大数据应用的性能现状及其资源状况，为优化大数据应用的性能参数（如硬件配置、参数配置和应用级代码）提出建议。

性能测试的主要内容包括测试系统的时间特性、资源使用、稳定性等。大数据具有大容量、多样、快速等特征，在性能测试中应考虑到这些特征，特别是应用的执行效率、资源使用、稳定性和可靠性等。

性能测试的目的不仅包括掌握应用的性能水平，而且希望通过测试来提升性能。在测试之前应充分考虑其测试需求，设计完整的测试场景，使测试方案符合系统运行的实际情况；再通过测试执行和结果分析，定位性能瓶颈。在整个性能测试过程中，需要搜集应用的响应时间和资源使用信息。应用的响应情况和资源使用信息收集得越多，分析得到的性能信息也就越多，也就越有利于分析系统性能的瓶颈。

2）大数据应用的影响因素和性能测评

大数据给企业带来的变化已日渐显著，任何希望成功从大数据中获取价值的企业，正面临着一次变革。传统的性能测试技术手段已无法满足大数据应用的测试需求，适应"大数据应用"特点的性能测试将有利于系统性能的提升和优化。

（1）影响大数据应用的因素

不仅需要对大数据应用基础架构、数据处理能力、网络传输能力进行深入的测试，而且需要从大数据的基本特征来分析影响大数据应用性能的因素。大数据应用中，数据的实时增长来源于电子交易、移动计算和网络、移动设备的用户数量的飞速增长，不仅数据类型在不断发生变化，数据产生也是非常迅速的。

① 数据集。大量数据在组织内部或者组织外部通过网络、移动终端等方式来创建。组织中所关注的数据每年都以指数级的速度增长，并且这些从多个应用中获得的数据需要被进一步处理和分析。处理过程中，最大的挑战是验证数据是否正确。手工验证所有的数据是一个极其枯燥和重复的活动，因此，需要采用自动化的脚本或工具来进行数据的验证。对于存储在 HDFS 中的数据，可通过编写脚本的对比文件和工具来提取差异。在某些极端情况下，甚至需要花费大量时间来进行 100%的文件对比。

② 数据多样性。大数据应用中，数据来源（如设备、传感器、社交网络、其他应用等）越来越多样，而且数据包括传统的结构化数据，类似图形、图像、声音、文档等非结构数据，以及处于两者之间的半结构化数据。这些数据普遍都是异构的、缺乏整合的，传统测试流程已经无法适应数据多样性的处理需求。性能测试需要关注数据多样性对性能带来的影响。

③ 数据持续更新。数据流入组织的速度越来越快，使得数据的响应速度越来越重要。响应速度更快，就会获得更大的竞争优势。测试过程中，应关注如何实时生成测试数据，同时又能满足按照需要快速响应，为组织提供可用信息，甚至将大数据带给管理层使用，以此为组织带来竞争力。

（2）大数据应用的性能测评类型

任何大数据应用都将处理大量的结构化和非结构化数据，且数据处理将涉及多个节点并在较短的时间内完成。由于较差的体系和质量较低的设计代码，应用的性能会随着数据量的增长而下降，甚至在数据量达到一定规模时，应用可能会崩溃而无法提供任务服务。如果应用的性能不能满足服务等级协议（service-level agreement，SLA），也就失去了大数据系统建设目标。因此，由于大数据应用中的数据容量规模和体系复杂性，性能测试在大数据应用中扮演着很重要的角色。

性能测试一般可分为并发测试、负载测试、压力测试、容量测试等。

● 并发测试。测试多个用户同时访问同一个应用的同一个模块时，是否存在性能问题。

● 负载测试。测试应用在某一负载级别时的性能，确定在该负载级别时应用的性能表现，以保证应用在需求范围内能正常工作。通过逐渐增加负载时，观察应用的各个性能指标变化，检查应用是否稳定。负载测试关注的是用户请求的满足程度。

● 压力测试。考察应用在极端条件下的表现，极端条件可以是超负荷的交易量和并发用户数。这个极端条件并不一定是用户的性能需求，甚至要远远高于用户的性能需求。与负载测试不同，压力测试关注的是应用本身所能承受的峰值能力，考察极限负载时应用的运行情况，并发现应用的弱点。

● 容量测试。确定应用可支持的最大资源或并发用户。测量应用在其极限状态下没有出现任何软件故障时，反映应用特征的某项指标的极限值（如同时处理的请求数、最大并发用户数、数据库记录数等）。

在基于大数据的应用中，不合理的架构或数据操作分布将会导致性能失衡。例如在Map Reduce应用中，对于输入切分、冗余移动、排序的操作，应考虑操作是否处于合适的步骤中，如Map过程中进行的聚合操作应移动到Reduce步骤中。通过良好的系统架构设计和性能测试来识别性能瓶颈，从而消除这些性能问题。

因此，在大数据应用的性能测评中，应该重点考虑大数据应用本身的数据特点和处理特征，从用户角度进行性能评价。

● 考虑数据规模的增加时，大数据应用的响应时间增长是线性的还是指数的。如果响应时间随数据量增加呈指数增长，则表明数据集达到一定规模时，应用会快速到达性能瓶颈而无法正常进行工作。

● 数据规模增加时，通过性能测试来分析应用的资源占用曲线变化的增长模型是呈线性还是指数。

● 考察数据规模增加时，基于大数据的应用在长时间内能否稳定运行。

● 考虑应用本身的复杂程度对性能的影响。当不同应用对相同规模或接近规模的数据进行分析处理时，应通过数据处理的复杂程度（如精细度、准确度）来观察性能的变化。

（3）大数据应用的性能测评指标

大数据应用性能测试，应给出其应用性能指标和监控指标，以及这些不同指标供应用的不同角色来关注性能，通过这些指标可以深入分析系统性能，进一步改善或优化性能。

性能分前端性能与后端性能。一般的性能测试更关心后端，但前端性能对用户体验也有着非常重要的影响，不管什么样的产品最终都是用户通过前端执行操作。网络作为应用运行不可缺少的基础架构，对系统性能也会产生影响。因此，在测试应用性能的同时需关注网络状态，特别是网络对数据传输效率的影响。一般而言，性能测试需要关注三个方面的时间。

● 呈现时间：客户端接收到数据，解析数据的时间。

● 数据传输时间：发送与接收的数据在网络中传输的时间。

● 系统处理时间：系统对请求进行处理并返回的时间。

这里，呈现时间属于前端性能，数据传输时间属于网络部分的性能，系统处理时间属于后端性能。性能脚本录制如图 6-3 所示。

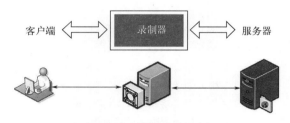

图 6-3　性能脚本录制

大数据应用的性能测试需要建立大数据规模和生产规模接近的环境。Hadoop 等性能监控工具可通过捕获性能度量数据来识别性能问题，性能指标包括响应时间（response time）、用户数（users）、吞吐量（throughput）等。

① 响应时间。响应时间是对请求作出响应所需要的时间，包括服务器处理时间、网络传输时间和客户端展示时间。对于用户或客户来说，从点击一个按钮、链接，发出一条指令或提交一个表单开始，到应用将结果以用户所需的形式展现出来为止，这个过程所消耗的时间是这个应用性能的表征，也就是所说的响应时间。对于基于浏览器（browser）的应用，其响应时间就是浏览器向 Web 服务器提交一个请求到收到响应之间的间隔时间。浏览器将所有元素（包括内嵌对象、JavaScript 文件、层叠样式表 CSS、图片等）下载到终端用户所花费的时间和初始化页面上元素的时间。

② 用户数。用户数包括最大用户数、在线用户数、并发用户数等。最大用户数指该应用所支持的最大额定用户数量。对于一个需要用户登录的应用来说，最大用户数一般是可登录应用的用户规模，如应用的用户规模为 100 个，那么这个应用的最大用户数为 100。对于无用户登录的应用来说，应分析允许访问该应用的最大用户规模，必要时，应根据应用运行期间收集的数据进行访问。在线用户数是指在一定的时间范围内，同时在线的最大用户规模。在线用户数是一个间接负载目标值，可理解为所有正在操作应用的被测用户规模。并发用户数是指典型场景中集中操作（不是绝对并发）交易的用户数量。并发用户数包括平均的并发用户数和峰值的并发用户数。

③ 吞吐量。吞吐量指单位时间内系统处理用户的请求数。对于交互式应用来说，吞吐

AIoT 智能物联网全栈测试技术：从原理到实战

量指标反映的是服务器承受的压力，反映系统的负载能力。如对于 Web 应用而言，吞吐量是指单位时间内应用服务器成功处理的 HTTP 页面或 HTTP 请求数量。从不同应用和不同角度来看，吞吐量的衡量单位不完全相同，主要包括请求数每秒、交易数每秒、页面数每秒、人数每天、处理业务数每小时。对于基于 Web 的应用来说，其应用在网络上进行传输，吞吐量可以用每秒收到的字节数计算，即字节每秒。以不同方式表达的吞吐量可以说明不同层次的问题。以字节每秒表示的吞吐率可以反映网络基础设施、服务器架构、应用服务器的服务能力；以请求数每秒表示的吞吐率可以反映应用服务器和应用代码的服务能力。

监控指标也称性能计数器，是指在性能测试过程中，系统对各种资源的使用情况，用来衡量资源利用率的情况。其主要作用如下。

- 在性能测试中发挥着"监控和分析"的作用。
- 分析应用可扩展性、进一步优化应用性能。
- 进行性能瓶颈定位。查找瓶颈的难易程度应该由易到难，即服务器硬件瓶颈→网络瓶颈→应用瓶颈→服务器操作系统瓶颈（参数配置）→中间件瓶颈（参数配置，数据库，Web 服务器等）。

监控指标包括比例指标和数值指标两类指标。

- 比例指标：资源利用率，也称占用率，其定义为资源实际使用量/总的资源可用量。比例指标采用百分比方式，如 CPU 利用率为 68%，内存占用率为 55%。关注的指标包括被测系统 CPU、内存、存储（磁盘等）。对于这些指标，一般要求占用率不超过 75%～80%。
- 数值指标：描述服务器或操作系统性能的数据指标。这些指标常采用数值表示，如使用内存数、进程时间等。

本部分从数据质量、基准、智能算法、性能等维度介绍了大数据测试技术，对于智能家居中的大数据测试有一定的指导意义。

6.2 智能家居人工智能测试

人工智能是一门涉及信息学、逻辑学、认知学、思维学、系统学和生物学的交叉学科，已在知识处理、模式识别、机器学习、自然语言处理、博弈论、自动定理证明、自动程序设计、专家系统、知识库、智能机器人等多个领域取得实用成果。人工智能的产生已经创造出很大的经济效益，正在惠及生活的方方面面，如无人驾驶、人工智能医疗、语音识别和人脸识别等，为人类的生活提供了便利。

6.2.1 人工智能关键技术

（1）机器学习

智能家居系统利用机器学习算法对大数据进行学习，从而实现智能控制和决策。常见的机器学习算法包括监督学习、无监督学习和强化学习等。

例如，监督学习可用于训练智能音箱识别用户的语音指令，无监督学习可以用于发现用户行为模式，强化学习可用于优化智能温控系统的控制策略。

（2）自然语言处理（NLP）

自然语言处理使智能家居设备能够理解和处理人类语言。这包括语音识别、语义理解和语音合成等技术。

例如，用户可以通过语音指令控制智能家电，智能助手可以回答用户的问题并提供相关信息。

（3）计算机视觉

计算机视觉应用于智能摄像头等设备，实现人脸识别、物体识别、动作识别等功能。

比如，智能门锁可以通过人脸识别技术识别家庭成员并自动解锁，智能安防系统可以检测到异常行为并发出警报。

（4）智能决策

基于人工智能技术，智能家居系统可以根据不同的情况做出智能决策。例如，当检测到室内温度过高时，智能空调自动调整温度；当检测到室内光线不足时，智能照明系统自动打开灯光。

（5）个性化推荐

通过分析用户的历史数据和行为模式，为用户提供个性化的服务和推荐。

例如，智能音乐播放器可以根据用户的音乐喜好推荐歌曲，智能购物助手可以根据用户的购买历史推荐商品。

6.2.2　人工智能测试技术

6.2.2.1　语音识别测试方法

语音识别是人工智能中的一种重要技术，目前已在智能家居系统中广泛应用。相较于传统的控制方式，由语音控制的智能系统对智能家居设备的生产及使用带来了巨大变革。一方面，相比于需要较长时间了解的控制面板，语音控制更加方便快捷，适合于更多人群，从而能够得到更加广泛的应用；另一方面，语音作为一种最自然的人机接口，且有比触控或手势更加便捷的操控特性。

语音识别的测试流程分为声学模型迭代、语音模型迭代，具体测试流程如图 6-4 所示。

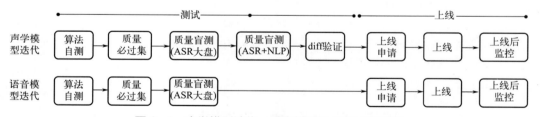

图 6-4　声学模型迭代、语音模型迭代测试流程图

语音识别的测试环境模拟智能产品的实际使用环境，实现反射混响的声学性能测试，主要用于智能产品的麦克风阵列测量，语音质量的评估等。技术指标：混响时间 $RT_{60} = 450ms\pm30ms$，室内所有设备关闭，背景噪声 $\leqslant$ 29dB（A）。常见的测试仪器如表 6-7 所示。

（1）实验仪器的选择和摆放

待测设备与人工嘴距离 3m 场景如图 6-5 所示。待测设备放置于房间一角，人工嘴距离待测设备 3m，噪声源音箱距离待测设备 3m。人工嘴和待测设备放置于支架上，人工嘴距离地面 1.5m，待测设备距离地面 1m，噪声源音箱放置于地面。

表 6-7　语音识别常用测试仪器

序号	仪器名称	型号规格	生产厂家	备注
1	计算机	笔记本		音频输入
2	人工嘴	4227-A	Bruel & Kjaer	音频信号播放
3	测量仪器	2250 型手持式分析仪	Bruel & Kjaer	测量声压级和混响时间
4	监听音箱	LSR308	JBL	音频信号播放
5	转台	9640 转台系统	Bruel & Kjaer	转台
6	录音麦克风	C3000	AKG	录制音频
7	声卡	Scarlett Solo	Focusrite	录制音频

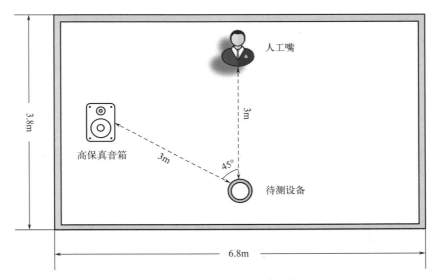

图 6-5　语音识别实验仪器摆放图

（2）噪声唤醒测试方案

根据所选测试维度，改变人工嘴及高保真音响距离待测设备的位置与角度，构建不同声学场景，噪声源音箱播放不同场景噪声，每个场景人工嘴播放固定人数的唤醒语料，每段唤醒语料包含 5 次唤醒词，同时重复播放一段长度相等的噪声。

（3）测试集的选择

从语料库中抽取唤醒词 250 条作为测试集，其中成人 100 条，老人 25 条，儿童 25 条，方言 50 条，语速较快 50 条。

（4）唤醒测试维度

噪声场景主要基于家居环境下的噪声来源进行模拟。噪声来源可包括洗衣机、谈话、厨房、拖动家居、电视等；主要覆盖点的噪声类型为声源干扰；在噪声距离、待测设备距离和角度层面，可分为 1m 和 2.5m，以及 45°和 90°；信噪比层面，覆盖 0dB、5dB、10dB 和安静的典型家居场景。

目标声源需要从年龄、性别、口音、语速等方面综合考虑。年龄需要覆盖到老人、成人和儿童，口音需要覆盖不同地区人员，语速覆盖正常（0.8s以上）、较快（0.65~0.8s）等。除此之外，需要考虑录制语料时，录制人员和设备的距离，覆盖近距离和远距离。录制语料时，每条语料长度不小于20s，并保证前3s以及最后3s内没有目标唤醒词或待识别语音。

测试空间选择室内环境，四面开阔，待测设备距离墙体距离均大于1m，两面离墙厚度为60cm，室内混响时间RT_{60}为450ms±30ms。

测试关注的指标覆盖唤醒率、误唤醒率、响应时间、句错率等。测试方案中对SNR及SER的范围制定得比较宽泛（0~15dB），将对结果进行加权计算，得出最终结果，并且单个SNR&SER维度下所有唤醒测试集平均唤醒率、句准确率不低于60%。

分布式唤醒准入标准需要加入分布式唤醒系统的设备，对唤醒响应速度要求较为严格，需要保证唤醒响应速度平均值<0.4s，并且保证响应速度分布≤100ms的占比超过90%。

6.2.2.2 人脸识别测试方法

1）人脸识别技术流程

人脸识别的流程主要分为4个部分：人脸图像采集及检测、人脸图像预处理、人脸图像特征提取和人脸图像匹配与识别。

（1）人脸图像采集及检测

通过摄像镜头采集得到不同的人脸图像，比如静态图像、动态图像、不同位置的图像、不同表情的图像等，当采集对象在设备的拍摄范围内时，采集设备会自动搜索并拍摄人脸图像。而人脸采集的主要影响因素包括以下几个方面。

- 图像大小。人脸图像过小会影响识别效果，人脸图像过大会影响识别速度。非专业人脸识别摄像头常见规定的最小识别人脸像素为60×60或100×100。在规定的图像大小内，算法更容易提升准确率和召回率。图像大小反映在实际应用场景就是人脸离摄像头的距离。

- 图像分辨率。图像分辨率越低越难识别。图像大小综合图像分辨率，直接影响摄像头识别距离。如4K摄像头看清人脸的最远距离是10m，7K摄像头是20m。

- 光照环境。过曝或过暗的光照环境都会影响人脸识别效果。可以用摄像头自带的功能补光或滤光平衡光照影响，也可以利用算法模型优化图像光线。

- 模糊程度。实际场景主要着力解决运动模糊，人脸相对于摄像头的移动经常会产生运动模糊。部分摄像头有抗模糊的功能，而在成本有限的情况下，考虑通过算法模型优化此问题。

- 遮挡程度。五官无遮挡、脸部边缘清晰的图像为最佳。而在实际场景中，很多人脸都会被帽子、眼镜、口罩等遮挡物遮挡，这部分数据需要根据算法要求决定是否留用训练。

- 采集角度。人脸相对于摄像头的最佳角度为正脸。但实际场景中往往很难抓拍正脸。因此算法模型需训练包含左右侧人脸、上下侧人脸的数据。工业施工上摄像头安置的角度，需满足人脸与摄像头构成的角度在算法识别范围内的要求。

在图像中准确标定出人脸的位置和大小并把其中有用的信息（如直方图特征、颜色特征、模板特征、结构特征及Haar特征等）挑出来，然后利用信息来进行人脸检测。

通常采用的方法是人脸关键点检测，自动估计人脸图片上脸部特征点的坐标。而主流的方法是基于检测出的特征采用Adaboost学习算法（一种用来分类的方法，它把一些比较弱的分类方法合在一起，组合出新的很强的分类方法）挑选出一些最能代表人脸的矩形特征（弱分类器），按照加权投票的方式将弱分类器构造为一个强分类器，再将训练得到的若干强分类器串联组成一个级联结构的层叠分类器，有效地提高分类器的检测速度。

最近人脸检测算法模型的流派包括以下三类及其之间的组合：viola-jones 框架（性能一般速度尚可，适合移动端、嵌入式上使用），dpm（速度较慢），cnn（性能不错）。

（2）人脸图像预处理

人脸图像预处理是基于人脸检测结果，对图像进行处理并最终服务于特征提取的过程。系统获取的原始图像由于受到各种条件的限制和随机干扰，往往不能直接使用，必须在图像处理的早期阶段对它进行灰度校正、噪声过滤等图像预处理。主要预处理过程包括人脸对准（得到人脸位置端正的图像），人脸图像的光线补偿，灰度变换，直方图均衡化、归一化（取得尺寸一致，灰度取值范围相同的标准化人脸图像），几何校正，中值滤波（图片的平滑操作以消除噪声）以及锐化等。

（3）人脸图像特征提取

人脸识别系统可使用的特征通常分为视觉特征、像素统计特征、人脸图像变换系数特征、人脸图像代数特征等。人脸特征提取就是针对人脸的某些特征进行的，也称人脸表征，它是对人脸进行特征建模的过程。

人脸特征提取的方法大概如下。

- 基于知识的表征方法（主要包括基于几何特征法和模板匹配法）。根据人脸器官的形状描述以及它们之间的距离特性来获得有助于人脸分类的特征数据，其特征分量通常包括特征点间的欧氏距离、曲率和角度等。人脸由眼睛、鼻子、嘴、下巴等局部构成，对这些局部和它们之间结构关系的几何描述，可作为识别人脸的重要特征，这些特征被称为几何特征。

- 基于代数特征或统计学习的表征方法。基于代数特征方法的基本思想是将人脸在空域内的高维描述转化为频域或者其他空间内的低维描述，其表征方法为线性投影表征方法和非线性投影表征方法。

- 基于线性投影的方法。主要有主成分分析法（或称 K-L 变换）、独立成分分析法和 Fisher 线性判别分析法。非线性特征提取方法有两个重要的分支：基于核的特征提取技术和以流形学习为主导的特征提取技术。

（4）人脸图像匹配与识别

提取的人脸特征值数据与数据库中存储的特征模板进行搜索匹配，通过设定一个阈值，将相似度与这一阈值进行比较，来对人脸的身份信息进行判断。

2）人脸识别主流算法

主流的人脸识别算法基本上可以归结为三类，即基于几何特征的方法、基于模板的方法和基于模型的方法。基于几何特征的方法是最早、最传统的方法，通常需要和其他方法结合才能有比较好的效果；基于模板的方法可以分为基于相关匹配的方法、特征脸方法、线性判别分析方法、奇异值分解方法、神经网络方法、动态连接匹配方法等；基于模型的方法则有基于隐马尔柯夫模型、主动形状模型和主动外观模型的方法等。

（1）Eigen Face（特征脸）

MIT 实验室的特克（Turk）和潘特（Pentland）提出的"特征脸"方法无疑是这一时期内最负盛名的人脸识别方法。其后的很多人脸识别技术都或多或少与特征脸有关系，现在特征脸已经与归一化的协相关量（normalized correlation）方法一道成为人脸识别的性能测

157

试基准算法。

（2）Fisher Face（渔夫脸）

贝尔胡米尔（Belhumeur）等提出的 Fisher Face 人脸识别方法是这一时期的另一重要成果。该方法首先采用主成分分析（PCA）对图像表观特征进行降维。在此基础上，采用线性判别分析（LDA）的方法变换降维后的主成分以期获得尽量大的类间散度和尽量小的类内散度。该方法目前仍然是主流的人脸识别方法之一，产生了很多不同的变种，比如零空间法、子空间判别模型、增强判别模型、直接的 LDA 判别方法以及近期的一些基于核学习的改进策略。

（3）EGM（弹性图匹配）

其基本思想是用一个属性图来描述人脸，属性图的顶点代表面部关键特征点，其属性为相应特征点处的多分辨率、多方向局部特征——Gabor 变换 12 特征，称为 Jet，边的属性则为不同特征点之间的几何关系。对任意输入人脸图像，弹性图匹配通过一种优化搜索策略来定位预先定义的若干面部关键特征点，同时提取它们的 Jet 特征，得到输入图像的属性图。最后通过计算其与已知人脸属性图的相似度来完成识别过程。该方法的优点是既保留了面部的全局结构特征，也对人脸的关键局部特征进行了建模。

（4）基于几何特征的方法

几何特征可以是眼、鼻、嘴等的形状和它们之间的几何关系（如相互之间的距离）。这些算法识别速度快，需要的内存小，但识别率较低。

（5）基于神经网络的方法

神经网络的输入可以是降低分辨率的人脸图像、局部区域的自相关函数、局部纹理的二阶矩阵等。这类方法同样需要较多的样本进行训练，而在许多应用中，样本数量是很有限的。

（6）基于线段 Hausdorff 距离（LHD）的方法

心理学的研究表明，人类在识别轮廓图（比如漫画）的速度和准确度上丝毫不比识别灰度图差。LHD 是基于从人脸灰度图像中提取出来的线段图的，它定义的是两个线段集之间的距离，与众不同的是，LHD 并不建立不同线段集之间线段的一一对应关系，因此它更能适应线段图之间的微小变化。实验结果表明，LHD 在不同光照条件下和不同姿态情况下都有非常出色的表现，但是它在大表情的情况下识别效果不好。

（7）基于支持向量机（SVM）的方法

近年来，支持向量机是统计模式识别领域的一个新的热点，它试图使得学习机在经验风险和泛化能力上达到一种妥协，从而提高学习机的性能。支持向量机主要解决的是一个二分类问题，它的基本思想是试图把一个低维的线性不可分的问题转化成一个高维的线性可分的问题。通常的实验结果表明 SVM 有较好的识别率，但是它需要大量的训练样本（每类 300 个），这在实际应用中往往是不现实的。而且支持向量机训练时间长，方法实现复杂，该函数的取法没有统一的理论。

3）人脸识别与智能家居

人脸识别在智能家居中主要应用在安全防范和个性化家居服务两个场景。

在安全防范方面，人脸识别可以提供相对安全和便捷的入户解锁技术，可能将逐步替代传统密码或指纹门锁。智能门铃可以通过人脸识别对访客身份进行识别。另外家中的监控摄像头可以实时监测，如发现陌生人脸立即提醒住户并报警。

在个性化家居服务方面，智能电视可以采用人脸信息录入的方式创建账号，机器通过人脸识别认证，有针对性地进行内容推送，实现个性化定制；智能冰箱可通过人脸识别技术，针对不同的用户爱好、人脸状态，推送菜谱及营养建议。人脸识别技术在智能家居行业的应用，为市民带来了更便捷、舒适的生活方式。

4）人脸识别测试技术

AI 模型质量维度功能类指标包括准确率、精确率、召回率、误检率。

- 准确率指测试集中正样本中预测正确的个数加上负样本中预测正确的个数除以总样本数。比如人脸为：（检测正确的人脸数+检测正确的非人脸数）/总检测数。
- 精确率指预测为正样本中正确的个数除以所有预测为正样本的个数。比如人脸为：检测正确的人脸数/检测出的所有人脸数（正确+错误）。
- 召回率指预测为正样本的个数除以样本中所有正样本的个数。比如人脸为：检测正确的人脸数/测试集中的所有人脸数。
- 误检率指预测为正样本的个数未检出率加上负样本中的检出率。比如人脸为：人脸未检出率+非人脸误检为人脸率。

而影响算法准确率的因素包括光照、遮挡、姿态、图像大小、图像分辨率、采集角度、畸变、图像质量、人脸防伪、表情变化、年龄、人脸相似性等。

- 光照是影响人脸识别精度的最重要因素，因为人脸是 3D 结构，所以光照投射的阴影会增强或减弱原来的人脸特征。特别是在夜晚，光线不足引起的人脸阴影使识别率急剧下降，系统难以满足实际要求。理论和实验也证明了同一个体在不同光照下的差异大于不同个体在相同光照下的差异。其次在室外场景中，遇到大雨、大雪等天气，识别率会比平时略有下降。
- 遮挡是一个严重的问题，比如戴了眼镜、帽子、口罩、围巾，留了胡子等。遮挡脸部，获取不到特征值，会影响识别结果，人形和宠物被建筑物、家具遮挡也是一样。
- 姿态问题涉及头部在三维垂直坐标系中绕三个轴旋转造成的面部变化，其中垂直于图像平面的两个方向的深度旋转会造成面部信息的部分缺失。针对姿态的研究相对比较少，目前多数的人脸识别算法主要针对正面、准正面人脸图像，当发生俯仰或者左右侧幅度较大的情况下，人脸识别算法的识别率将会急剧下降。人形在坐、趴、躺时，宠物在趴卧时，识别率也将会下降。
- 图像大小反映在实际应用场景被识别的人脸、人形、宠物离摄像头的距离。
- 图像分辨率越低越难识别，人脸图像大小综合的分辨率会直接影响摄像头的识别距离，从而影响最后的识别结果。
- 人脸采集时对着摄像头角度为正面时，识别效果最好。但实际场景中很难抓拍正面。因此，在推理集中需要包含左右侧人脸、上下侧人脸的数据，以及人形和宠物的角度数据，使人脸识别系统开发在实际应用中可以满足人脸与摄像头构成的角度在算法识别范围内的要求。
- 监控摄像头采用的是凸透镜，本身存在畸变，视频中取图传给算法的也是存在畸变的图片，对人脸、人形、宠物一些特征值产生了一些改变，从而影响最后的识别结果。

- 对于图像质量不好的问题，可通过抗模糊的功能解决，也可以考虑通过算法模型优化这一个问题。非配合性人脸、人形、宠物识别的情况下，运动导致图像模糊或摄像头对焦不正确都会严重影响面部识别的成功率。
- 要注意人脸防伪，因为伪造人脸图像进行识别的主流欺骗手段是建立一个三维模型，或者是一些表情的嫁接。
- 面部表情的变化是由包括嘴、脸颊、眼睛、眉毛和前额等不同部位的表情组成的。人的情感表达是通过区域的肌肉局部变形来实现的。这些转变的实现角度不是一个简单的翻译，而是旋转刚度的变化。面部肌肉因局部变形而改变的表现方式被认为是面部特征的一部分，很难区分功能形态之间的差异是不是由于不同的面部或表情的改变，所以很难分类和识别。
- 对于不同的年龄段，人脸识别算法的识别率也不同。随着年龄的变化，一个人从少年变成青年，变成老年，其容貌可能会发生比较大的变化，从而导致识别率下降。
- 不同个体之间的区别不大，所有的人脸的结构都相似，甚至人脸器官的结构外形都很相似。这样的特点对于利用人脸进行定位是有利的，但是对于利用人脸区分人类个体是不利的。

测试过程中，需要全维度交叉组合覆盖。考虑到非自动化测试前提下，实测能覆盖的场景有限，建议根据产品实际情况，选取高频、典型场景进行测试。

6.2.2.3 静脉识别方法

1）静脉识别技术简介

静脉识别，是生物识别的一种。静脉识别系统的一种识别方式是通过静脉识别仪取得个人静脉分布图，依据专用比对算法从静脉分布图提取特征值，另一种识别方式是通过红外线 CCD 摄像头获取手指、手掌、手背静脉的图像，将静脉的数字图像存储在计算机系统中，实现特征值存储。静脉比对时，实时采集静脉图，运用先进的滤波、图像二值化和细化手段对数字图像提取特征，采用复杂的匹配算法同存储在主机中的静脉特征值比对匹配，从而对个人进行身份鉴定，确认身份。

2）静脉识别技术原理

人体静脉中红细胞的血红蛋白是失去氧气的还原血红蛋白，还原血红蛋白会吸收近红外线，因此当近红外线照射到手指时，只有静脉部分才会有微弱的反射，从而形成静脉纹路图像。利用这一固有的科学特征，使用特定波长光线对手指进行照射可得到手指静脉的清晰图像。医学研究证明：指静脉的血管纹路具有唯一性和稳定性，即每个人的指静脉图像都不相同，同一个人不同的手指的静脉图像也不相同，而且成年人的静脉形状终生不变。

静脉识别技术原理如图 6-6 所示，首先要说明我们手指里面分布的血管脉络，医学研究表明，我们每个人的手指血管纹路都是世界上独一无二的，左右手不相同，双胞胎之间也不相同。之所以采用手指静脉这一部分是因为相比于动脉来说静脉更加接近人体皮肤表皮，更容易采集。另外，静脉相比动脉来说曲线和分支更多，采集到的静脉图像特征也就越明显。使用近红外线照射手指时，静脉血液中的还原血红蛋白会吸收掉近红外线，肌肉和骨骼等部位被弱化，从而形成明显的图像。

静脉识别的过程可以分为以下几个步骤。

（1）图像的采集

在静脉成像这方面，目前市场上的成像设备感光传感器多数分为两种：CCD 和 CMOS。

其中 CCD 器件利用光电效应来收集电荷，电荷随时钟信号转移到模拟移位寄存器中，再串行转换成电压。但这需要有极高的感光灵敏度和信噪比，还要有良好的动态范围，所以导致 CCD 生产过程复杂且昂贵。相比之下，CMOS 则较为便宜，并且集成度较高，功耗也低，虽然在成像的质量上没有 CCD 优秀，但是 CMOS 的光谱敏感范围在近红外线段中比可见光段高出 5 到 6 倍，更加适合在红外光线下采集图像，所以总体来说 CMOS 更为合适。

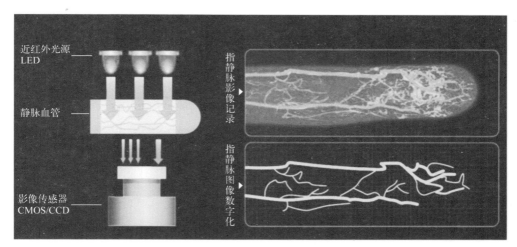

图 6-6　静脉识别流程图

近红外线范围一般选在 850nm 左右，在这个波长范围静脉透射的部分较少，成像明显。但在使用环境中难免会受到光照环境的影响，可能会导致指静脉成像不稳定，所以我们还需要增加红外滤光片来尽可能消除来自可见光的干扰。

（2）图像的处理

除却光照的影响，采集到的图像还会带着噪声，并且图像还会受到手指摆放的位置和姿势以及其他因素的影响，所以需要对采集到的图像做进一步的处理。

处理的方式一般有去噪处理、图像区域裁剪、尺寸或灰度归一化、图像增强、滤波处理、图像分割、位置校准、细化等。可以根据实际的需要有选择地采用这些图像处理方式。其中有几项处理方法较为重要。

① 图像增强。由于使用者个体的差异，不同的人手指的厚度也不尽相同。原始图像还会受到椒盐噪声（脉冲噪声）的影响，这就给后面图像的分割造成了困难，所以在图像分割之前需要对图像进行增强处理。

② 去噪处理。需要对获取到的图像进行减噪，可以采用均值滤波的方式对图像进行平滑处理。均值滤波主要是邻域平均，针对有噪声的原始图像[假设为 $f(x,y)$]的每个像素点选择一个模板，这个模板是由邻近的 m 个像素组成，求得均值之后再将均值赋给当前的像素点，即为该像素点最终的像素值。经过去噪处理后，图像变为 $g(x,y)$，这里的 $g(x,y)$ 表示去噪处理后的图像。公式如下：

$$g(x,y)=1/m \sum f(x,y)$$

③ 图像区域裁剪。采集到的手指静脉图像会不可避免地包含了图像背景等冗余数据，为了避免冗余数据的干扰，就需要我们进行图像区域的定位。最为常用的提取目标物体的方法为图像阈值化，适用于图像中目标物体和背景占据不同灰度级范围的情况。在简化了

分析和处理步骤的同时还大大地压缩了数据量。通过设置多种阈值对应不同的特征，可将图像像素点分为若干类。常用的特征包括了直接来自原始图像的灰度和彩色特征以及由原始灰度或彩色值变换得到的特征。将原始图像设为 $f(x,y)$，按照定好的准则在 $f(x,y)$ 中找到特征值 T，分别赋予 0 和 1 来标明图像的背景和目的物体，将图像分割成了两部分，也就是图像二值化。

④ 图像分割。根据图像分割方法的不同，可以大致分为四种。

- 利用图像灰度统计信息的方法，比如一维直方图阈值和二维直方图阈值。
- 利用图像空间区域信息和光谱信息的图像分割方法，比如生长法、多光谱图像分割、纹理分割等。
- 边缘检测方法，利用了图像中灰度变化最强烈的区域信息，比如 Canny 算法。
- 像素分类法，是利用图像分类技术进行图像分割的一种方法，比如统计分类方法、模糊分类方法和神经网络方法等。

（3）指静脉特征点提取

采集图像通过处理便可以得到进一步的静脉图像，不同静脉图像的区别在于静脉的拓扑结构以及细节点。所以用细节点来表征身份是最合适不过的了，而细节点的提取一般有以下几种。

- 端点：当指静脉在手指内部一定深度或近红外线透射不够深的时候就会出现。
- 分岔点：当一个单一的静脉段分裂为两段静脉段时出现。
- 双分岔点：当两个分岔点靠得比较近的时候就会出现。

根据上述三种细节点进行特征提取的方法如下。

- 提取端点：以端点为中心提取一块范围 $N \times N$（N 的值视情况而定），然后删除该范围中没有与端点相连接的点，计算特征与范围边界的连接数，如果数目为一个细节点就将该细节点作为端点并保存该点与水平线的角度，否则不成立。
- 提取分岔点：以一个分岔点为中心提取一块范围 $N \times N$（N 的值视情况而定），接着删除在该范围内不与该分岔点相连接的点，计算特征和该范围的连接数，当连接数目是 4 个的时候，就认为该分岔点是双分岔点，同时并保存分支之间的角度，否则不成立。

根据上述方式进行特征提取便可获得较好的静脉特征识别的效果。

3）静脉识别技术与智能家居

指静脉识别技术最早于 20 世纪 90 年代初由日本科学家发明，在 21 世纪初开始相继被日本、韩国逐渐应用到会员识别一体机、银行 ATM 机、门禁管理系统、PC 登录、代替汽车锁、保险箱管理、复印机管理、电子支付等需要进行个人身份认证的领域。

在中国，近年来静脉识别技术也开始在银行金融、政府国安、教育社保、军工科研等领域试用，效果良好。

静脉识别具有多项重要特点，使它在安全性和使用便捷性上远胜于其他生物识别技术。主要体现在以下几个方面。

（1）活体识别

用手指静脉进行身份认证时，获取的是手指静脉的图像特征，是手指活体时才存在的特征。在该系统中，非活体的手指是得不到静脉图像特征的，因而无法识别，从而也就无法造假。

（2）内部特征

用手指静脉进行身份认证时，获取的是手指内部的静脉图像特征，而不是手指表面的图像特征。因此，不存在任何由于手指表面的损伤、磨损、干燥或潮湿等带来的识别障碍。

（3）非接触式

用手指静脉进行身份认证，获取手指静脉图像时，手指无需与设备接触，轻轻一放，即可完成识别。这种方式避免了手接触设备时的卫生的问题，以及手指表面特征可能被复制所带来的安全问题，同时也不会因脏物污染而无法识别。由于静脉位于手指内部，气温等外部因素的影响程度可以忽略不计，几乎适用于所有用户。这种方式用户接受度好，除了无需与扫描器表面发生直接接触以外，这种非侵入性的扫描过程既简单又自然，减轻了用户由于担心卫生程度或使用麻烦而可能存在的抗拒心理。

（4）安全等级高

前面的活体识别、内部特征和非接触式 3 个方面的特征，确保了使用者的手指静脉特征很难被伪造。所以手指静脉识别系统安全等级高，特别适合于安全要求高的场所使用。

4）静脉识别测试方法

静脉识别系统一般以识别的精度和时间作为评价系统性能的指标。为了表述识别算法的识别率和精确度，人们通常采用"误拒率"（false rejection rate，FRR）和"误识率"（false accept rate，FAR）这两个概率统计指标。

"误拒率"又称"拒识率""拒真率"，是指错误地拒绝的概率。顾名思义，当两个相同的手静脉图像被送入系统进行识别时，如果系统认为是不同的静脉特征而错误地拒绝，便产生了一次误拒。其表达式为：误拒率等于误拒的样本数目除以考察的总样本数。

该项指标的数值大小与系统设定的判定相似度的门限阈值成正相关，门限阈值设定得越高，即对静脉特征的相似度要求越高，样本被拒绝的可能性越大，FRR 的值也越大。

"误识率"又称"认假率"，是指错误地接受的概率。当两个不同的手静脉图像被送入系统进行识别时，如果系统认为是相同的静脉特征而错误地接受，便产生了一次误识。其表达式为：误识率等于误识的样本数目除以考察的总样本数。

该项指标的数值大小与系统设定的判定相似度的门限阈值成负相关，门限阈值设定得越高，对静脉特征的相似度要求越严格，错误的静脉样本被认定符合特征而被接受的概率越低，FAR 的值越小。

一般而言，静脉识别测试场景的维度如下。识别目标静脉需要考虑覆盖年龄段，包括 0～6 岁，7～12 岁，13～17 岁，18～45 岁，46～69 岁，>69 岁；光线环境重点覆盖自然光、灯光环境，可以覆盖白天拉窗帘、傍晚未开灯等微暗环境，建议覆盖阳光直射环境；而针对静脉遮挡情况，一般考虑平放、拱起、紧绷；最后对于目标静脉的朝向，需要考虑静脉偏上、下方漏光和静脉偏下、上方漏光的情况。

在静脉识别算法的性能评估中，这些指标往往有别于一般的实际应用，要求更加严格。如数据库中有 A、B、C、D、E 五个静脉样本，静脉特征间的匹配结果越高，表明相似度越大。当某一个静脉样本 X 被送入识别系统时，一般实际应用所采用的策略是在数据库的 5 个样本中找到最相似的样本，如 C，并将两者的匹配结果与设定的阈值相比较。如高于阈值，则认定是测试样本 X 是数据库中样本 C，否则系统认为 X 不是数据库中的样本。而在算法的性能评估中，当样本 C 的测试版本 C1 被送入识别系统时不仅要求 C1 和 C 的匹配结果要高于阈值，还要求和其他四个样本的匹配结果要低于阈值。即当识别测试样本 C1

时，在 FRR 和 FAR 的表达式中分母分别加 1 和加 4。而当识别数据库中不存在的样本 F 时，FRR 表达式的分母不变，FAR 表达式的分母需要加 5。

由于 FAR 和 FRR 呈现出负相关的特点，人们通常采用由这两个指标综合而得到的另一个指标——等错误概率（error equation rate，EER），即当 FAR 和 FRR 相等或最为接近时，用它们的均值（EER）来评价静脉识别算法的精度，实际上，由 FAR 和 FRR 绘制的曲线即为 ROC 曲线（receiver operating characteristic curve），EER 是 ROC 曲线和等分线的交点。

第 7 章
智能物联网安全测试

7.1 智能物联网安全测试概述

近年来，随着科技的发展，以及消费者对智能生活日益增长的消费升级需求，智能物联网（IoT）设备市场也开始蓬勃发展，在 IoT 设备数量急速增加、所产生的数据急剧增加、监管与标准组织和用户对产品安全的关注度不断提高的背景下，如何保证物联网设备的安全，让用户、监管和合作伙伴放心，信任物联网产品，保障产品合规发展，成了首要的问题。本章将围绕智能物联网安全测试技术展开介绍。

所有物联网解决方案都是使用各种组件构建的。在物联网解决方案的整体安全架构中，不同的组件将被隔离到不同的信任区和边界中。这些不同的区域和边界提供基于物理和软件的隔离级别，以分离解决方案的各个组件以进行保护。

为了提供对信任区和边界的分段保护，物联网（IoT）解决方案的不同方面通过安全保护相互分离，以更安全的方式将每个方面与其他方面隔离开来。物联网（IoT）信任区和边界图是一个很好的模型，可以使用它来可视化不同的信任区和它们之间的边界。设计任何物联网安全架构时要牢记的主要信任区如图 7-1 所示。

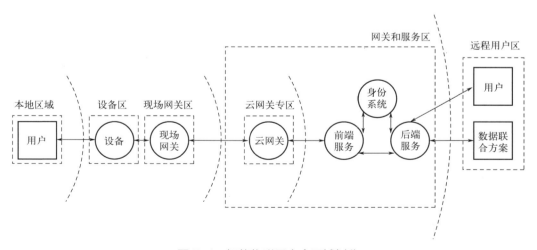

图 7-1　智能物联网安全区域划分

信任区域之间的边界要遵循的一般规则是各区域之间应有一个边界，这将通过在每个区域与其他区域之间创建一定程度的隔离来帮助保护每个区域。当云工作时，它还有助于为每个较高安全等级区域添加安全性，以验证从其下方较低安全等级区域到本地区域或本地组件通信的安全性。除了设备区域和现场网关区域的分隔图 7-1 列出了大多数区域之间的边界。这样做的原因是设备区中的设备将直接与现场网关通信，因此它们可以聚合事件数据和提供其他网关功能。

7.2 设备终端硬件安全测试

物联网设备终端最贴近用户，其中存在的安全风险也直接与用户紧密相关，如设备安全漏洞造成的设备被远程控制，设备收集用户敏感信息造成泄漏，利用远程控制设备发起DDOS 攻击等。同时一些物联网设备如智能医疗设备、智能汽车、工业物联网设备又与人身安全有着紧密的联系，对此类设备的安全要求则会更为严格，本节将围绕终端硬件安全测试内容展开介绍。

7.2.1 物理调试接口测试

串口通信指串口按位（bit）发送和接收字节。尽管比按字节（Byte）的并行通信慢，但是串口可以在使用一根线发送数据的同时用另一根线接收数据。在串口通信中，常用的协议包括 RS-232、RS-422 和 RS-485。

- RS-232 通信方式允许简单连接三线：Tx、Rx 和地线。但是对于数据传输，双方必须对数据定时使用相同的波特率。
- RS-422 标准全称是"平衡电压数字接口电路的电气特性"，在 RS-232 后推出，使用 TTL 差动电平表示逻辑，即用两根线的电压差表示逻辑，RS-422 定义为全双工的，所以最少要四根通信线（一般额外多一根地线）。
- RS-485 是一个定义平衡数字多点系统中的驱动器和接收器的电气特性的标准，RS-485 与 RS-422 的区别在于 RS-485 为半双工通信方式，RS-422 为全双工方式。RS-422 用两对平衡差分信号线分别用于发送和接收，所以采用 RS-422 接口通信时最少需要四根线。RS-485 只用一对平衡差分信号线，不能同时发送和接收，最少只需两根连线。

通用异步收发传输器（universal asynchronous receiver/transmitter，UART）用于将要传输的数据在串行通信与并行通信之间加以转换。作为把并行输入信号转成串行输出信号的芯片，UART 通常被集成于其他通信接口的连接上。

对于物联网硬件的串口调试，多数情况下指的是通过 UART 串口进行数据通信，但是我们经常搞不清楚它和 COM 口的区别，以及 RS-232、TTL 等的关系，实际上 UART、COM指的是物理接口形式（硬件），而 TTL、RS-232 指的是电平标准（电信号）。

UART 有 4 个 pin（VCC, GND, RX, TX），用的 TTL 电平，低电平为 0（0V）、高电平为 1（3.3V 或以上），UART 串口的 RXD、TXD 等一般直接与处理器芯片的引脚相连，而RS-232 串口的 RXD、TXD 等一般需要经过电平转换（通常由 Max232 等芯片进行电平转换）才能接到处理器芯片的引脚上，否则过高的电压很可能会把芯片烧坏。在调试的时候，多数情况下我们只引出 RX、TX、GND 即可，但是 UART 的数据要传到电脑上分析就需要匹配电脑的接口，电脑使用接口通常有 COM 口和 USB 口（最终在电脑上是一个虚拟的 COM 口），但是要想连上这两种接口都需要进行硬件接口转换和电平转换。

物联网设备应在出厂时默认关闭 UART、JTAG、SWD 等调试接口，并去除 PCB 板上的接口丝印，以避免攻击者拆解设备后，通过调试接口获取信息和对设备发起攻击。

调试接口在因为某些特定需要而开启后，应避免含有用户与设备敏感信息的 log 输出（敏感信息包含敏感安全参数如 key、token，和个人敏感信息如 password、Wi-Fi 密码等）。

对于一台未接触过的机器，拆解首先需要观察其外部结构，是否存在暴露的螺丝孔，如果没有，一般可能隐藏在贴纸或橡胶垫下面，可以用手感受是否存在空洞，部分机器采用卡榫结构，只要找对方向，用一字改锥或撬片，从缝隙中就可以撬开，拆解设备唯一的要诀就是胆大心细。

维修组合套装用来拆装各类螺钉，PCB 夹用来拔出排线，手电筒用来观察芯片印字和 PCB 走线，PCB 测试夹用来夹住某些难以焊接的焊点，排线用来连接各类电子设备，热风枪和焊枪用来拆焊和锡焊。

串口测试步骤如下。

① 将串口接入电脑，用串口调试工具（minicom、putty 等）连接调试接口。

② 开启设备，依次调整波特率，观察调试工具是否输出调试信息。

③ 若观察到有信息输出，则在调试工具上输入信息（回车、空格等），观察调试工具是否提示接口进入调试状态。

④ 在不同波特率下的调试工具均无输出，或无法进入调试状态则合规。

JTAG/SWD 接口测试步骤如下。

① 将接口接入电脑，打开调试工具（J-Link Debugger）。

② 将设备上电，等待 JTAG 调试工具检测结果。

③ 尝试使用 J-Link 读取 MCU 固件。

④ JTAG 检测工具无结果输出，或无法读取 MCU 固件则合规。

ADB 接口测试步骤如下。

① 将设备通过 USB 接口连接电脑，安装 ADB 驱动。

② 在命令行中输入 adb devices 列出设备，在命令行中输入 adb shell 连接设备。

③ 不能通过 ADB 接入设备则合规。

7.2.2　本地数据存储测试

大部分 IoT 产品中采用 Flash 芯片作为存储器，提取固件主要也是通过读取 Flash 芯片进行的。Flash ROM 属于真正的单电压芯片，Flash ROM 在擦除时，也要执行专用的刷新程序，但是在删除资料时，并非以字节为基本单位，而是以 sector（又称 block）为最小单位，sector 的大小随厂商的不同而有所不同，只有在写入时，才以字节为最小单位写入。Flash ROM 芯片的读和写操作都是在单电压下进行，不需跳线，只利用专用程序即可方便地修改其内容。Flash ROM 的存储容量普遍大于 EEPROM，约为 512Kbit 到 8Mbit，由于大批量生产，价格也比较合适，很适合用来存放程序码，近年来已逐渐取代了 EEPROM，广泛用于主板的 BIOS ROM，也是 CIH 攻击的主要目标。

存储器根据技术方式不同可分为 IIC EEPROM、SPI NorFlash 、CFI Flash、Parallel NandFlash、SPI NandFlash、eMMC Flash、USF2.0 等。其中 SPI NorFlash 因为接口简单，使用的引脚少，易于连接，操作方便，可以在芯片上直接运行代码，稳定性出色，传输速率高，在小容量时具有很高的性价比等优点，很适合应用于嵌入式系统中作为 Flash ROM，所以市场占有率非常高。我们通常见到的 S25FL128、MX25L1605、W25Q64 等型号都是 SPI NorFlash，其常见的封装多为 SOP8、SOP16、WSON8、USON8、QFN8、BGA24 等。

设备若将敏感信息加密存储在存储芯片，加密方案可通过高安全等级的加密算法或硬件加密芯片来实现。设备应该具备芯片读保护机制，防止通过调试接口非授权读取芯片信息。

读取 Flash 芯片的内容有以下三个基本途径，根据 Flash 芯片的封装方式和电路设计不同，需要灵活采用不同的方式。

● 直接将导线连接到芯片的引脚，再通过导线连接编程器读取固件。
● 把芯片拆下来，再连接编程器读取固件。
● 连接 TXD、RXD 调试 PIN，通过 UART 串口转接读取固件。

有 shell 权限的设备测试步骤如下。
① 连接设备 shell/SSH/Telnet 或使用 J-Link 连接设备 JTAG 调试接口。
② 查看设备本地存储的文件是否包含明文存储的敏感信息。
③ 无明文存储信息则合规。

无 shell 权限的设备测试步骤如下。
① 使用 strings 命令将所有可读字符输出 strings 固件。
② 使用文本编辑器，根据基线敏感信息定义去搜索敏感数据。
③ 无明文存储信息则合规。

7.2.3 通信链路数据传输测试

I²C/IIC（Inter-Integrated Circuit）字面意思是内部集成电路，它其实是 I²C Bus 的简称，是一种串行通信总线，使用多主从架构，由飞利浦公司在 20 世纪 80 年代为了让主板、嵌入式系统或手机连接低速周边设备而研发。PC 只需要两根数据线就可以连接多个设备，简单方便，所以 IIC 总线的应用领域非常广泛。IIC 的速率不快，通常都是 100Kbit/s 的标准速率，也有 400Kbit/s 的快速和 4.1Mbit/s 的高速速率。通常 PC 在硬件设计中都使用 IIC 总线作为传感器接口和 EEPROM 存储的接口，大多数的单片机开发板都会配一个 SOP8 封装的 24CXX 系列 EEPROM 用于 IIC 协议的学习。当然也有些 ARM 嵌入式的板子、路由器的板子或者智能硬件的板子，会用一个 IC 接口的 EEPROM 存放设备密钥、版本等信息。比如 BcagleBone 就板载了一个 SOT23-5 封装的 24LC32A 用于存放硬件版本信息，并在系统 uboot 启动时检查硬件版本信息，用于选择不同的配置文件。所以，对待这一类的 EEPROM，可以直接通过 PC 读写器读出里面的数据，只要关闭写保护，就能写入任何你想写入的信息。

串行外设接口（Serial Peripheral Interface Bus，SPI）是一种用于短程通信的同步串行通信接口规范，主要应用于单片机系统中。这种接口首先被 Motorola（摩托罗拉）公司开发，然后发展成了一种行业规范。典型应用包含安全数字卡和液晶显示器。SPI 设备之间使用全双工模式通信，包含一个主机和一个或多个从机。主机产生待读或待写的帧数据，多个从机通过一个片选线路决定哪个来响应主机的请求。有时 SPI 接口被称作四线程接口，SPI 准确来讲应被称为同步串行接口，但其与同步串行接口协议（SSI）不同，SSI 是一个四线程同步通信协议，使用差分信号输入，同时仅提供一个单工通信信道。SPI 的通信原理很简单，它以主从方式工作，这种模式通常有一个主设备和一个或多个从设备，需要至少四根线。

设备硬件之间通过通信链路（IIC/SPI）传输数据时，应对数据进行加密。

测试步骤如下。

① 审查 PCB 板数据通信方案，评估是否有对通信数据进行加密。

② 评估设备主要 MCU/SoC 间的通信密钥是否为一机一密或每次随机生成。

③ 评估密钥存储是否进行了加密。

④ 满足以上要求则合规。

7.2.4 安全启动测试

安全启动（Secure Boot）的目的是保证芯片只运行用户指定的程序，芯片每次启动时都会验证从 Flash 中加载的 partition table 和 App images 是否是用户指定的。安全启动中采用 ECDSA 签名算法对 partition table 和 App images 进行签名和验证，ECDSA 签名算法使用公钥/私钥对，密钥用于对指定的二进制文件签名，公钥用于验证签名。由于 partition table 和 App images 是在软件 Bootloader 中被验证的，所以为了防止攻击者篡改软件 Bootloader 从而跳过签名验证，安全启动过程中，ROM Bootloader 会检查软件 Bootloader image 是否被篡改，检查用到的密钥由硬件随机数生成器产生，保存在 efuse 中，对于软件是读写保护的。

设备芯片应支持安全启动，安全启动原理如图 7-2 所示，启动时对固件或 flash 关键分区进行合法加载校验，确保存储芯片中的系统合法性和完整性校验通过后才能正常启动。

测试步骤如下。

① 评估安全启动方案，是否有安全启动方案。

② 具备安全启动方案则合规。

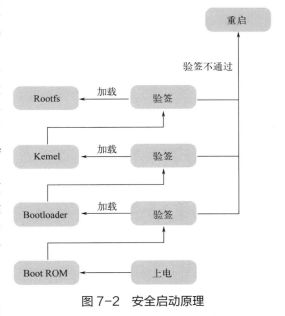

图 7-2 安全启动原理

7.2.5 防物理拆解测试

室外设备或可被公共接触到的设备，应设计防暴力拆解机制，如使用一体式结构外壳，非标螺钉或卡扣。设备内电子结构件应该设计防止被拆解后直接暴露的机制。该检测项多用于室外摄像机、门锁、猫眼门铃等设备。

测试步骤如下。

① 通过拆解设备了解是否具有防拆除的设计，是否能从室外轻易拆除。

② 拆除设备后查看是否有警报，或者是否有其他形式的开关导致设备不能正常使用。

③ 有防拆除设计，拆除后有警报或无法正常工作则合规。

7.2.6 防电磁攻击测试

设备应在芯片外加装电磁防护罩，以防止强电磁脉冲攻击造成设备逻辑或运行异常，进而导致逻辑错误、设备宕机或电路烧毁。如门锁设备遭遇强电磁攻击后有可能导致非授权开锁。如图 7-3 所示为电磁脉冲发生器。

测试步骤如下。

① 将电磁脉冲发生器靠近待测智能设备，对智能设备进行干扰。

② 设备正常运行，没有被破坏则合规。

图 7-3　电磁脉冲发生器

7.3　设备终端固件安全测试

固件（firmware）作为 IoT 设备的核心，含有设备运行的操作系统、协议栈、配置文件、可执行脚本和应用组件等各类信息和程序，是极易受到攻击的部位。固件的安全性在很大程度上将决定 IoT 设备的安全性。

IoT 固件安全测试工具中，常用的有 010editor、Nmap、IDA Pro 等。

7.3.1 固件更新测试

OTA 升级更新涉及远程更新嵌入式设备上的代码，更新以无线方式提供，即"通过无线"，并直接发送到设备，无需修补底层硬件。OTA 更新通常通过蜂窝数据或高速互联网进行。

设备固件升级（OTA 远程或本地升级）应对固件的完整性与合法性进行校验，防止固件被篡改或替换。固件更新通道应为加密通道，如 HTTPS 协议，防止通道未加密造成固件及 OTA 数据包被劫持篡改。

固件升级包完整性与合法性测试步骤如下。

① 篡改固件升级包。

② 使用命令使设备进入 OTA 状态，升级包地址指向篡改后的固件。

③ 若 OTA 失败，固件包无法安装则合规。

固件防止降级测试步骤如下。

① 准备低于当前版本的固件。

② 使用命令使设备进入 OTA 状态，升级包地址指向低版本固件。

③ 若 OTA 失败，固件包无法安装则合规。

固件更新失败后恢复测试步骤如下。

① 对设备进行升级操作，在升级未完成的情况下，对设备进行强制断电。

② 然后通电，查看设备是否还能回到正常工作的状态。

③ 对设备进行升级操作，在升级未完成的情况下，对设备进行强制断网。

④ 然后恢复上网，查看设备是否还能回到正常工作的状态。

⑤ 步骤②和④中设备均能正常运行则合规。

禁止局域网 OTA 升级测试步骤如下。

① 将电脑与测试设备接入同一个局域网。

② 模拟云端 OTA 升级指令，通过电脑向设备发送 OTA 升级指令。

③ 设备不执行 OTA 升级动作则合规。

三方组件更新安全测试步骤如下。

① 提供设备所使用的三方组件清单。

② 根据清单在 CVE 漏洞网站查询所有三方组件版本是否具有漏洞。

③ 已使用的第三方组件无漏洞则合规。

7.3.2 服务与端口最小化

设备应默认关闭 FTP、SSH、Telnet、HTTP 等易存在安全风险的服务，应关闭非数据交互与控制实现所必要的 IoT SDK 控制服务端口。

测试步骤如下。

① 利用 NMAP 指令扫描设备的 TCP/UDP 端口。

② 查看 NMAP 的扫描结果，梳理开放端口。

③ 除必要业务所需端口外，无其他开放端口则合规。

7.3.3 恢复出厂设置

设备恢复出厂设置后应完全清除设备中所有用户数据及用户使用记录信息，如用户使用记录、设置、NFC 门卡、eSIM 卡记录等。

有 shell 权限设备的测试步骤如下。

① 连接设备 shell。

② 查看 var/log 和 tmp 下的日志文件和配置文件，并记录日志和配置文件内容和日志时间。

③ 设备恢复出厂设置后，连接设备 shell，查看 var/log 和 tmp 下的日志文件和配置文件是否被删除。

④ 日志文件和配置文件被删除则合规。

无 shell 权限设备的测试步骤如下。

① 将设备恢复出厂设置。

② 使用其他账号进行配网绑定。

③ 查看 APP 中有无原有数据，若没有则合规。

7.3.4　OTA 安全测试

随着物联网设备技术的发展，OTA 技术成为物联网设备的必备基础功能，是物联网设备进行软件升级、功能更新、应用更新、漏洞修复的重要技术手段，实现了物联网设备的持续迭代、用户体验持续优化、价值持续制造。但同时 OTA 空中升级通道也成为了黑客重点攻击的目标，OTA 过程中升级包制作、发布、下载、分发、刷写等各个环节也均存在着风险，如中间人劫持、恶意升级/降级攻击、DDOS 攻击、升级失败变砖等，使得物联网设备 OTA 升级面临更多的风险与挑战。

基于 OTA 的安全风险进行威胁建模，如图 7-4 所示。

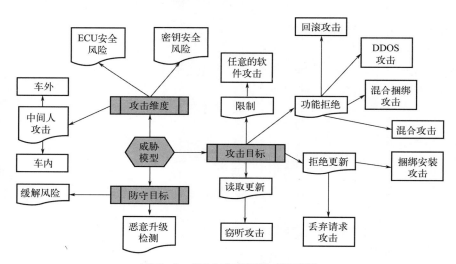

图 7-4　OTA 安全风险威胁建模

从威胁模型攻击维度来看，OTA 安全风险包括 OTA 平台云端安全风险、传输通信安全风险、设备端安全风险、其他安全风险，下面就针对各类安全风险进行分析。

（1）云端升级包服务器安全

目前云端存放升级包服务器大部分采用 Web 服务方式，那么就存在常见 Web 安全相关隐患，如 OTA 平台开放公网、暴露服务器端口、源代码泄露风险、文件上传漏洞、接入认证安全、DDOS 攻击等。攻击者利用相关漏洞攻击服务器，一方面可以控制企业服务端，另一方面可以修改升级包、上传替换存在恶意代码的升级包，导致物联网设备被植入恶意代码，进而控制设备。

为应对 OTA 平台云端安全风险，云平台应涵盖主机安全、网络安全、数据安全和应用安全，这些方面都应考虑在企业建立信息安全体系范畴内。云计算安全架构中，可信根、可信链路和上层可信服务，以及动态安全管理的概念为云服务平台中数据安全保护措施提供了分析思路。

基于 OTA 场景下，云端对于物联网设备重要服务之一是支持对重要事件的日志记录和管理审计功能，日志文件至少包含事件主体、事件发生的时间、事件是否成功、权限设置等要素，因此云端服务器应具有保证日志文件安全性的措施，防止非授权访问。第二类安全服务显然是升级包任务下发、密钥证书管理、数据加密和数字签名服务等，可参考公钥基础设施（PKI 体系），解决设备与服务端之间的信任问题。

（2）供应链 SDK 安全管理

除 OTA 云平台本身安全外，升级包所引入的三方 SDK 安全也至关重要，第三方 SDK 无疑给升级包的开发带来了极大便利，但与此同时，如果不清楚引入的第三方 SDK 中是否存在安全风险，那么其中一个依赖项中的上游漏洞可能是非常严重的。

参考业界实践与实际工作经验，可通过合同约束、安全审核、隔离防护、监控处置等手段相结合的安全风险管控方法，实现对第三方代码的引入进行全生命周期、全局体系化风险控制。

（3）升级指令安全

物联网设备基于接收升级指令，执行升级动作的模式，黑客如果劫持了用户家庭网络，或者接入了设备所处网络环境，就容易对设备进行中间人攻击，向设备发送伪造的升级指令，实现恶意升降级、非预期 OTA 操作等。

应对 OTA 升级指令进行加密，以防止黑客劫持到升级指令后进行破解伪造，同时物联网设备接收升级指令时应对指令来源进行判断，仅信任来自 OTA 云平台发送的指令，以防止局域网内攻击者伪造指令。

（4）传输通道加密

下载升级包传输通道，如果使用未加密协议，则可被黑客轻易劫持，并分析出通信数据，如升级指令格式、升级包内容、设备上报信息等，进而对升级包及设备发起攻击。

为建立安全的传输通道，可以通过在升级指令中添加时间戳的方式实现防重放攻击，使用 HTTPS 协议加密传输升级包，同时也防止 HTTP 被劫持，对 HTTPS 根证书进行设置，需要设备内存资源，同时需要对服务器进行配置。

（5）设备升级变砖风险

物联网设备在 OTA 升级过程中如果出现固件校验失败，则有可能导致设备变砖，变砖包括 Wi-Fi 模组变砖和 MCU 变砖两种情况，前者是失去了联网和智能化，后者直接导致设备完全不可用。

Wi-Fi 模组可进行固件备份，通过模组 AB 分区直接加载运行双固件备份，AB 分区均可直接由 boot 引导运行，AB 分区交替升级新固件，增加本次升级异常则回退的逻辑，升级后检测出严重问题自动回退到上一个版本。

MCU 也可进行固件备份，主控 MCU 固件可在 Wi-Fi 模组上进行备份，MCU 可从 boot 中下载备份的固件，考虑 OTA 过程的异常，在 MCU Bootloader 中增加固件 OTA 升级的逻辑，即使 OTA 过程中断电也不会导致设备完全不可用。

（6）固件安全风险

固件存在被篡改、被植入后门或者被替换的风险，则需要对固件进行签名，设备安装固件时需要进行验签，固件签名和设备验签过程如图 7-5 所示。

固件还需要做到防降级，防止旧版本的 bug 或安全风险被恶意降级利用，固件应配置相应版本判断逻辑，对比当前版本和升级的版本，禁止向低版本升级。

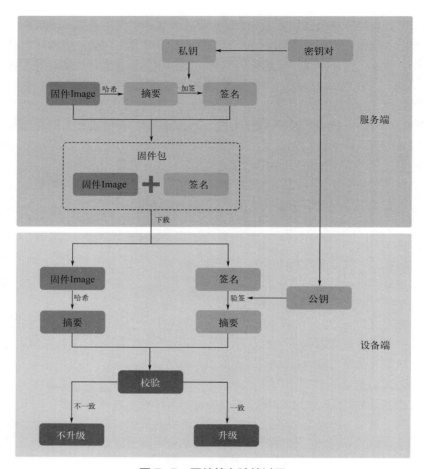

图 7-5　固件签名验签过程

7.4　设备通信安全测试

传统服务端与客户端的通信通道唯一，而物联网系统则包含了物联网设备之间、物联网设备与 APP、物联网设备与服务端等多种通信通道。Wi-Fi、蓝牙、ZigBee 等多种通信协议的加入，使得每一种协议每一条信道都有可能出现安全漏洞。

设备通信安全测试中，常见工具包括 Aircrack、AirSnort、WireShark、Metasploit 等。

（1）以太网协议

以太网是一种局域网技术，其规定了访问控制方法、传输控制协议、网络拓扑结构、传输速率等，完成数据链路层和物理层的一些内容，它采用一种称作 CSMA/CD 的媒体接入方法，其意思是带冲突检测的载波侦听多路接入（Carrier Sense Multiple Access/Collision Detection），另外的一些局域网技术有令牌环网、无线 LAN 等。

TCP/IP 四层模型中，以太网协议采用 RFC 894 格式，以太网协议格式如图 7-6 所示。

其中目的地址和源地址指的是 MAC 地址，即设备的物理地址。MAC 地址用于标示网卡，每个网卡都具有唯一的 MAC 地址。

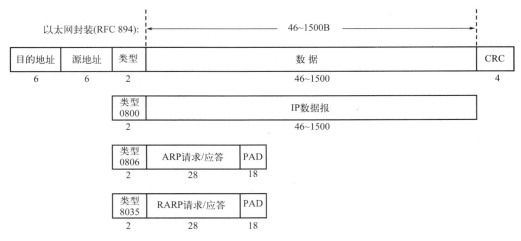

图 7-6   以太网协议格式

当在同一个局域网中，主机 A 需要给主机 B 发送消息时，主机 A 将以太网帧发出，此时局域网中所有主机均可收到这个帧，主机中的网卡接收到以太网帧后，会将目的 MAC 地址和自己的 MAC 地址进行比较，如果不相同就会丢弃，如果相同则会接收，此时则主机 B 就收到了 A 的消息。

以太网帧中的类型指的是其内部数据的协议类型，如果中间是 IP 数据报，则协议类型为 080；如果是 ARP 请求或者应答，则协议类型为 0806，协议类型占两个字节。

其最后面是 CRC 循环冗余码，用于差错控制，即检验帧的正确性。

最后，以太网帧为了提供足够快的响应速度而具有长度限制，其数据部分的最大长度受到 MTU 控制，最小长度不能小于 46B，如 ARP 请求为 28B，为了满足最小长度需要填充到 46B（PAD）。

MTU 是根据不同类型的网络给出的最大传输单元的限制，如以太网的 MTU 为 1500B，16MB/s 的令牌环（IBM）的 MTU 为 17914B，其作用是保证网络有足够快的响应速度，另外 MTU 指的是以太网帧数据部分的长度，并非以太网帧的长度。假设需要发送的 UDP 数据报长度大于 MTU 减去 IP 首部长度，此时数据报在 IP 层就会进行分片。以太网 MTU 格式如图 7-7 所示。

图 7-7   以太网 MTU 格式

设备应使用加密的传输协议对通信进行加密，应采用 TLS 传输协议的安全加密套件。设备在传输敏感信息时应使用安全的加密算法对敏感信息进行额外的加密。

设备应使用 HTTPS 协议而非不安全的 HTTP 协议。

通信信道加密测试步骤如下。

① 使用具有流量劫持能力的路由器对设备进行配网。

② 控制设备进行日常功能使用。

③ 使用 WireShark 打开路由器所劫持的数据包。

④ 无 HTTP 数据则为合规。

HTTPS 证书校验测试步骤如下。

① 查看设备 HTTPS 访问数据方案。

② 检查方案中是否存在跳过 HTTPS 证书校验的配置。

③ 无跳过 HTTPS 证书校验配置则为合规。

Wi-Fi 接入点口令测试步骤如下。

① 对于 Wi-Fi 接入点有口令的设备，将电脑连接设备 AP 热点。

② 使用空密码进行登录。

③ 检查设备是否存在固定、默认的密码。

④ 空密码无法登录，无固定默认密码则为合规。

Wi-Fi 接入点用途测试步骤如下。

① 使电脑连接设备 AP 热点。

② 关闭其他网络适配器，使用浏览器尝试是否可以访问互联网。

③ 无法访问互联网则合规。

（2）低功耗蓝牙（BLE）协议

参见图 4-38 示，蓝牙协议栈自下而上分为 PHY（物理层）、LL（链路层）、HCI（主机控制器接口层）、L2CAP（逻辑链路与适配协议规范）、ATT（属性层）、GATT（通用属性规范）、SMP（安全管理器规程）、GAP（通用访问规范）。

有物理按键的蓝牙设备应通过物理按键进行绑定确认或开启绑定窗口，以避免设备重复绑定或在用户不知情的情况下被他人绑定的风险。蓝牙协议应使用 4.2 及以上版本，以防止泄露蓝牙连接层密钥。

蓝牙配对测试步骤如下。

① 重置设备，打开蓝牙，与设备进行配对。

② 查看设备是否需要通过物理安全或通电方式进行配对。

③ 需要通过物理安全或通电的方式进行配对则合规。

蓝牙广播测试步骤如下。

① 使设备进入蓝牙广播状态。

② 使用蓝牙 dongle 工具，抓取蓝牙通信包。

③ 通过 WireShark 打开数据包，检查是否存在 password、key、userid、control 等敏感字符。

④ 不存在以上敏感字符则合规。

蓝牙协议版本测试步骤如下。

① 检查开发方案中所使用的 BLE 协议版本号。

② BLE 协议版本号大于等于 4.2 则合规。

蓝牙随机地址测试步骤如下。

① 对于高敏感类设备，使用蓝牙 dongle 监听周围蓝牙广播。

② 将设备重复开机关机多次。

③ 查看蓝牙 MAC 地址是否有变化。

④ MAC 地址存在变化则合规。

蓝牙敏感信息通信测试步骤如下。

① 手机 root，安装抓包工具，与被测试设备配对。

② 在 APP 操作连接设备，发送敏感控制指令。

③ 对于观察监听到的蓝牙数据包，确认其是否存在明文的敏感数据。

④ 无明文敏感数据则合规。

（3）ZigBee 协议

ZigBee 技术主要用于无线个域网（WAPN），是基于 IEEE 802.15.4 无线标准研制开发的，名字则来源于蜂群的通信方式，蜜蜂之间通过跳 ZigZag 形状的舞蹈来交换信息，以便共享食物的方向、位置和距离。

ZigBee 技术的特点，也正是我们迫切需要的，非常适用于当前物联网时代。

- 功耗低。ZigBee 网络节点设备工作周期较短，收发信息功率低，并且采用休眠模式，所以 ZigBee 技术特别省电，避免了频繁地更换电池或充电，从而减轻了网络维护的负担。
- 成本低。ZigBee 协议栈设计简单，因此它的研发和生产成本相对较低，普通网络节点硬件上只需 8 位微处理器以及少量的软件即可实现，无需主机平台。
- 延时短。通信延时和从休眠状态激活的延时都非常短，设备搜索延时为 30ms，休眠激活延时为 15ms，活动设备信道接入延时为 15ms。
- 传输范围小。在不使用功率放大器的前提下，ZigBee 节点的有效传输范围一般在 10～75m，基本上能够覆盖普通的家庭和办公场所，具体情况则依据实际发射功率的大小和各种不同的应用模式来设定。
- 工作频段灵活。
- 数据传输速率低。
- 数据传输的可靠性高。
- 网络容量大。1 个 ZigBee 网络最多可支持 255 个设备，也就是说，1 个主设备可以与另外 254 个从设备相连接，1 个区域内最多可以同时存在 1000 个 ZigBee 网络。

ZigBee 设备应使用 ZigBee 3.0 版本，防止攻击者利用旧协议版本的默认 TCLK 密钥进行攻击。

7.5 移动 APP 安全测试

为了方便快捷地添加、控制物联网设备，需要各个品牌商开发对应的 APP，或共享设备接入协议，但由此引发的 APP 的权限控制、恶意破解、核心代码被窃取、恶意代码注入、APP 劫持、数据泄漏等安全风险层出不穷。

1）客户端安全

安装包使用 APP 从属方证书进行签名后进行发布，而不是使用第三方开发商的证书进行签名。应使用加固方案对代码进行混淆保护，APK 包中代码未进行混淆会在代码被反编译后泄露源码信息。应对 APK 包或者 dex 文件做完整性校验，否则容易被修改客户端文件、篡改客户端行为，容易出现盗版、内购破解、植入广告和恶意代码等。

2）组件安全

禁止导出一切非必要的 Android 组件，如需导出组件，需加签名权限保护。Content Provider 组件实现的 openFile()接口，需要检查传入参数，防止针对参数的攻击。应尽量避免通过外部获取的 ComponentName 和 Action 来构建 Intent。对于需要外部传入 ComponentName 和 Action 的，需要建立白名单严格校验。对于需要外部传入 ComponentName 和 Action，且无法确定具体 ComponentName 和 Action 的，需要对组件添加签名保护，或建立调用者 APP 的白名单保护。Webview 禁止开启文件跨域。

3）存储安全

限制私有目录下的文件权限，严格控制读写和执行权限的授予。开发过程中应尽量避免在日志中输出敏感信息，上线前应去除不必要的日志输出。

4）移动 APP 安全测试工具

移动 APP 安全测试中常用工具包括 Android APP 模糊测试工具、APKTool、Dex2jar 等。

（1）Android APP 模糊测试工具

IntentFuzzer 是一款针对 Android APP 的模糊测试工具，IntentFuzzer 可以尝试获得和启动所有可以获取到的组件，尝试触发包括拒绝服务类及权限提升类漏洞，进而提升 APP 的服务质量，改进权限控制。

（2）APKTool

APKTool 是 GOOGLE 提供的 APK 编译工具，能够反编译及回编译 APK，同时安装反编译系统 APK 所需的 framework-res 框架，具有清理上次反编译文件夹等功能，需要 Java 支持。

Android 应用打包时，会使用 aapt 对工程中的资源文件进行编译，一般情况下将 APK 打开后，都是编译后的资源文件，这些文件基本不可读无法理解，APKTool 工具可以将 Android 项目中编译后的资源文件反编译出来。

（3）Dex2jar

Dex2jar 这个源码包，可以将 dex 文件转换为 java 文件，也可以将 dex 文件转换为 smail 文件等。

7.6 服务端安全测试

在物联网系统中，服务端作为后台功能与数据存储的支撑，同传统 Web 端一样存在着相应的安全漏洞，同时 APP 端和物联网设备的存在也扩展了服务端的安全风险，攻击者可通过攻击 APP 及物联网设备作为跳板，进而向服务端内网发起攻击。

1）Web 端功能测试

服务端功能开发及上线测试时，应对功能进行安全测试，提前发现常见 Web 端安全漏洞，如 SQL 注入、远程命令执行、文件上传、越权等。

VAF 是一款功能强大的 Web 模糊测试工具，基于对 GET 请求 URL 参数及 POST 请求的数据进行模糊测试，能够帮助安全人员更加快捷自动化地发现由请求参数导致的 Web 端安全漏洞。

2）服务端接口

针对不同服务间 API 接口的调用应控制未授权访问，可使用 iauth 等认证协议，验证请求是否携带正确的 token，通过白名单或访问控制限制访问 IP 来源。

接口传入参数需进行校验，严格验证传入参数的内容及类型。应根据业务控制传出参数的数据敏感性。

3）调用组件

服务端在开发过程中使用到的第三方组件或开发框架，应确保不存在安全漏洞，或一旦发现组件出现安全漏洞能够第一时间进行处置修复，如 fastjson、log4j 等。

4）代码安全

开发过程中注意避免及检查使用危险函数导致的代码执行漏洞。应该检查业务逻辑，避免存在越权、非授权等逻辑漏洞。严格禁止将敏感信息如密钥、口令硬编码在代码中。开发过程中可以使用自动化扫描工具对代码进行安全检查，如本地 IDE 安全检查插件、代码静态扫描工具。

5）服务端安全测试工具

服务端安全测试过程中，常见工具包括 BurpSuite、SQLMap、W3af 等。

（1）BurpSuite

BurpSuite 是用于攻击 Web 应用程序的集成平台。它包含了许多工具，并为这些工具设计了许多接口，以加快攻击应用程序的过程。所有的工具都共享一个能处理并显示 HTTP 消息、持久性、认证、代理、日志、警报的一个强大的可扩展的框架。BurpSuite 是一个集成化的渗透测试工具，它集合了多种渗透测试组件，使我们能更好地自动化地或手工地完成对 Web 应用的渗透测试和攻击。在渗透测试中，使用 BurpSuite 将使得测试工作变得更加容易和方便，即使在不具备娴熟的技巧的情况下，只要我们熟悉 BurpSuite 的使用，也可以使得渗透测试工作变得轻松和高效。

（2）SQLMap

SQLMap 是一个流行的开源 Web 应用安全测试工具，它可以自动地在目标网站中执行检测并利用网站数据库中的 SQL 注入漏洞。它包含多种特性，且拥有一个强劲引擎，可以毫不费力地执行渗透并对 Web 应用的 SQL 注入漏洞进行查找。SQLMap 支持很多数据库服务，包括 MySQL、Oracle、PostgreSQL、Microsoft SQL 服务器等。并且，该测试工具支持多种 SQL 注入的方法。

（3）W3af

W3af 是一个流行的 Web 应用安全测试框架。它由 Python 写成，可以提供一个高效且针对 Web 应用的渗透测试平台。该工具可检测出超过 200 种 Web 应用安全问题，包括 SQL 注入和跨站脚本注入等。

第 8 章
智能物联网隐私测试

8.1　智能物联网隐私概述

随着社会文明进程的发展，隐私保护也渐渐得到人们的重视。2018 年 5 月 25 日欧盟正式颁布了《通用数据保护条例》（General Data Protection Regulation，GDPR），它是对于欧盟公民数据处理制定的一套统一的法律和更严格的规定，也规定了对违规行为的严厉处罚。随后，许多国家也相继立法保护公民隐私权利。2021 年 11 月 1 日，我国的《中华人民共和国个人信息保护法》正式生效，其中有 11 个维度高于 GDPR 中对隐私数据的保护力度，且在有关法律的基础上，进一步明确了个人信息处理活动中的权利义务边界，细化、完善了个人信息保护应遵循的原则和个人信息处理规则。

8.1.1　智能物联网的隐私威胁

当前，智能物联网的隐私威胁大致分为以下两种。

1）基于数据的隐私威胁

数据隐私问题主要是指物联网中数据采集、传输和处理等过程中的秘密信息泄露。从物联网体系结构来看，数据隐私问题主要集中在感知层，如感知层数据聚合、数据查询和 RFID 数据传输过程中的数据隐私泄露问题，和处理中进行各种数据计算时面临的隐私泄露问题。数据隐私往往与数据安全密不可分，一些数据隐私威胁可以通过数据安全的方法解决，只要保证了数据的机密性就能解决隐私泄露的问题，但有些数据隐私的问题则只能通过隐私保护的方法解决。

2）基于位置的隐私威胁

位置隐私是物联网隐私保护的重要内容，主要指物联网中各节点的位置隐私以及物联网在提供各种位置服务时面临的位置隐私泄露问题，具体包括 RFID 阅读器位置隐私、RFID 用户位置隐私、传感器节点位置隐私以及基于位置服务中的位置隐私问题。

8.1.2　隐私测试依据

隐私的测试依据源于各个国家的隐私法条，在隐私测试前，需针对国家进行隐私排查，了解当地的隐私条款、政治因素、民族文化等，从而制定具体的隐私测试方案。以下为常见的隐私法律法规，常常作为隐私测试的理论支撑。

- 《中华人民共和国个人信息保护法》。
- 《智能家用电器个人信息保护要求和测评方法》。
- 《人脸识别数据安全要求》。
- 欧盟《通用数据保护条例》（简称 GDPR）。
- 韩国《个人信息保护法》《位置信息法》。
- 美国加州隐私法律、FTC（联邦贸易委员会）官方指引。

8.2 智能物联网产品国内隐私测试

国内隐私测试的理论依据来源于《中华人民共和国个人信息保护法》和 GB/T 40979—2021《智能家用电器个人信息保护要求和测评方法》中的隐私要求，详细可列为以下内容。

8.2.1 个人敏感信息定义与测试

个人信息（personal information）是指以电子或者其他方式记录的能够单独或者与其他信息结合识别特定自然人身份或者反映特定自然人活动情况的各种信息，如表 8-1 所示。

表 8-1 个人信息分类示例表

个人信息分类	个人信息内容
个人基本资料	姓名、生日、性别、民族、国籍、家庭关系、住址、电话号码、电子邮箱等
个人教育工作信息	职业、职位、工作单位、学历、学位、教育经历、工作经历、培训记录、成绩单等
个人通信信息	通讯录、好友列表、群列表、电子邮件地址等联系人信息、通信记录和内容、短信、彩信、电子邮件，以及描述个人通信的数据等
个人位置信息	行踪轨迹、精准定位信息、住宿信息、经纬度等
个人身份信息	身份证、护照、驾驶证、军官证、工作证、出入证、社保卡、居住证、教师证、学生证等
个人财产信息	银行账号、鉴别信息（口令）、存款信息（包括资金数量、支付收款记录等）、房产信息、信贷记录、征信信息、交易和消费记录、流水记录，以及虚拟货币、虚拟交易、游戏类兑换码等虚拟财产信息
网络身份标识信息	系统账号、IP 地址、邮箱地址，及前述有关的密码、口令、口令保护答案、用户个人数字证书等
个人生物性识别信息	基因、指纹、虹膜、声纹、掌纹、耳廓、巩膜、静脉、面部特征等
个人健康生理信息	个人因病医治等产生的相关记录，如病症、住院志、医嘱单、检验报告、手术及麻醉记录、护理记录、用药记录、药物食物过敏信息、生育信息、诊治情况、以往病史、家族病史、现病史、传染病史等，以及与个人身体健康状况相关的信息，如体重、身高、肺活量、体脂等
其他个人信息	可能会导致歧视、不公正待遇的信息，如婚史、性生活或性取向、未公开的违法犯罪记录，以及揭示种族或民族、政治观点、宗教或者哲学信仰、工会成员的信息等
设备标识信息	唯一标识个人设备的信息，如设备 MAC 地址、唯一设备识别码（设备 ID/IMEI/Android ID/IDFA/OPENUDID/GUID、SIM 卡 IMSI 信息等）、硬件序列号等，以及软件列表等描述个人设备基本情况的信息
智能家电系统采集信息	智能家电系统（包括智能家电、控制端应用及云平台）采集的与用户设备或用户行为有关的信息，包括但不限于：设备运行信息，如开关机状态、运行时长、设备操作数据等；文件信息，如照片、音频、视频、文本等；日志信息，如用户登录、设备操作等可以表征用户行为的信息

个人信息分类	个人信息内容
特定家庭信息	从设备信息中形成的家庭成员关系的信息、一个家庭的年用水或能源消耗等
用户画像信息	为了评估自然人的工作表现、经济状况、健康、个人偏好、兴趣、可靠性、行为方式、位置或行踪等进行的自动化处理形成的信息

个人敏感信息（personal sensitive information）是一旦泄露或者非法使用，容易导致自然人的人格尊严受到侵害或者人身、财产安全受到危害的个人信息，包括生物识别、宗教信仰、特定身份、医疗健康、金融账户、行踪轨迹等信息，以及不满十四周岁未成年人的个人信息。只有在具有特定的目的和充分的必要性，并采取严格保护措施的情形下，个人信息处理者方可处理个人敏感信息。个人敏感信息举例可参考表 8-2 所示。

表 8-2　个人敏感信息示例表

个人信息分类	个人信息内容
个人身份信息	身份证、护照、驾驶证、军官证、工作证、出入证、社保卡、居住证、教师证、学生证等
个人财产信息	银行账号、鉴别信息（口令）、存款信息（包括资金数量、支付收款记录等）、房产信息、信贷记录、征信信息、交易和消费记录、流水记录等，以及虚拟货币、虚拟交易、游戏类兑换码等虚拟财产信息
网络身份标识信息	系统账号、IP 地址、邮箱地址，及前述有关的密码、口令、口令保护答案、用户个人数字证书等
个人生物性识别信息	基因、指纹、虹膜、声纹、掌纹、耳廓、巩膜、静脉、面部特征等
个人健康生理信息	个人因病医治等产生的相关记录，如病症、住院志、医嘱单、检验报告、手术及麻醉记录、护理记录、用药记录、药物食物过敏信息、生育信息、诊治情况、以往病史、家族病史、现病史、传染病史等，以及与个人身体健康状况相关的信息，如体重、身高、肺活量、体脂等
其他个人信息	可能会导致歧视、不公正待遇的信息，如婚史、性生活或性取向、未公开的违法犯罪记录，以及揭示种族或民族、政治观点、宗教或者哲学信仰、工会成员的信息等

针对个人信息的敏感程度使用不同等级的安全防护，且收集个人敏感信息需要有合理的理由，如因相关功能或服务而不得不收集，无其他方案能代替。

隐私测试时，针对下述个人敏感信息相关的法律要求，需进行覆盖以下测试。

① 处理个人敏感信息前，需单独告知用户，单独获取同意后，才可收集其个人敏感信息。对于此项要求，我们在有关收集个人敏感信息的功能和服务触发时，需查看是否有单独的敏感信息弹窗弹出，且弹窗上的文案是否有写明下述信息：

- 公司的名称或者姓名和联系方式；
- 个人信息的处理目的、处理方式，处理的个人信息种类、保存期限；
- 个人行使用户权利的方式和程序；
- 为什么一定需要处理用户的个人敏感信息；
- 处理用户个人敏感信息对个人的影响。

此外，我们需要以抓取数据包的方式，查看同意敏感信息弹窗前，网络数据包中是否包含个人敏感信息，在用户同意之前，禁止收集个人敏感信息。企业也具有自证义务，建议在用户同意个人敏感信息时，记录用户同意的环境和动作，用于后期自证声明。

② 收集不满十四周岁未成年人信息前，需获得未成年人父母或其他监护人同意，并制定专门的儿童信息保护规则。针对此项要求，定义为儿童产品或者涉及收集儿童信息的产品，我们还需要检测产品使用前是否有获得其父母或监护人同意的逻辑，以及除了隐私政策的告知外，是否还有专门的儿童信息保护规则的告知，是否采取了技术手段保护已收集

的未成年人信息。

③ 处理个人敏感信息前，传输和存储个人敏感信息时，是否根据所处理个人信息的敏感程度、重要性等，采取了不同级别的加密措施。

④ 个人生物识别信息与个人身份信息是否分开存储或仅存储个人生物识别信息的摘要信息。

⑤ 是否对个人敏感信息的访问、修改进行了权限控制等，对此可尝试登录不同权限的账号对存有个人敏感信息的数据库进行访问或尝试修改数据，确保分权限等级控制该数据库的访问和修改权限。

8.2.2 隐私政策内容披露相关要求与测试

在首次运行、用户注册等时候，有弹窗、突出链接等明示方式提醒用户阅读隐私政策。要给予用户拒绝同意的权利，若用户不同意隐私政策的条款，不得收集用户的任何个人数据。此处执行在隐私测试时，也需要用到抓包工具，例如常见的 Charles，我们要确认在同意隐私政策之前，未收集用户的数据。

隐私政策内容中需要披露下述内容。

- 个人信息控制者的基本情况，如公司的名称或者姓名和联系方式。
- 收集、使用个人信息的业务功能，以及各业务功能分别收集的个人信息类型。涉及个人敏感信息的，需明确标识或突出显示。
- 个人信息收集的方式、存储期限、涉及数据出境情况等个人信息处理规则。
- 对外共享、转让、公开披露个人信息的目的、涉及的个人信息类型、接收个人信息的第三方类型，以及各自的安全和法律责任。
- 个人信息主体的权利和实现机制，如查询、更改方法、删除方式、注销账户的途径、撤回隐私授权同意的方法、获取个人信息副本的方法、对信息系统自动化决策结果进行投诉的方法等。
- 提供个人信息后可能存在的风险，及不提供个人信息可能产生的影响。
- 遵循的个人信息安全基本原则，具备的数据安全能力，以及采取的个人信息安全保护措施，必要时可公开数据安全和个人信息保护相关的合规证明。
- 处理个人信息主体询问、投诉的渠道和机制，以及外部纠纷解决的机构及联系方式。

隐私测试过程中，需要依据智能物联网产品本身的功能特性去判断收集的个人信息的合理性和必要性，是否遵守权责一致、目的明确、最小必要的原则。如一款扫地机器人包含定时清扫功能，定时时只需获取时区的信息即可，不应获得精准定位的信息去满足功能和服务的需求。需要检查所获取权限是否在实现功能的必要范围内，敏感信息的处理方式是否合理等，例如一款激光测距仪可测量上传图片或照片中事物间的距离，获得图片或者相机权限即可，无需获得录音的权限。

测试方法一般使用自动化工具扫描或者日志关键字段搜索的方式，判断设备端和移动应用端收集的数据和调用的权限是否和隐私政策内容中所披露的一致。

隐私政策等个人信息收集使用的规则应易于访问，从主控页面到阅读隐私政策内容，操作不应多于四步。无论是设备端阅读隐私政策还是移动端应用阅读隐私政策，都不应将其置于不相关菜单或隐蔽位置。

由于智能物联网产品软件会进行后期的迭代，若后期迭代后收集数据的情况用当前的隐私政策内容已不能覆盖，需更新隐私政策内容，并且需要告知用户隐私政策更新内容的概括说明，同时要重新获得用户的同意。此时隐私测试需注意搭建用户环境，同意过旧版本的隐私后，测试更新弹窗的告知情况。此弹窗要求与个人敏感信息弹窗类似，也需要检测用户同意日志的记录用于后期的自证。

8.2.3　个人信息共享与转让相关要求与测试

个人信息的共享指的是个人信息控制者向其他控制者提供个人信息，且双方分别对个人信息拥有独立控制权。

个人信息的转让指的是将个人信息由一个控制者向另一个控制者转移的过程。

《中华人民共和国个人信息保护法》（以下简称《个保法》）第二十三条规定，个人信息处理者向其他个人信息处理者提供其处理的个人信息的，应当向个人告知接收方的名称或者姓名、联系方式、处理目的、处理方式和个人信息的种类，并取得个人的单独同意。接收方应当在上述处理目的、处理方式和个人信息的种类等范围内处理个人信息。接收方变更原先的处理目的、处理方式的，应当依照本法规定重新取得个人同意。

我们在此项测试中需要确认的是隐私政策内容中是否有披露涉及第三方共享与转让个人数据的具体情况，另外当用户个人数据传输给第三方处理或控制时，查看是否以弹窗的形式向用户告知了接收方的名称/姓名、联系方式、处理目的、处理方式和个人信息的种类，并取得单独同意。用户同意前不得传输任何数据，我们需检查用户同意前个人数据是否传输给第三方服务。

企业还需以合同的方式和第三方确认应满足个人信息的安全要求，及在个人信息安全方面分别应该承担的责任与义务。若有委托第三方处理个人信息，需确保第三方在委托关系终止时删除个人信息。

8.2.4　个人信息存储地域相关要求与测试

《个保法》第四十条要求，关键信息基础设施运营者和处理个人信息达到国家网信部门规定数量的个人信息处理者，应当将在中华人民共和国境内收集和产生的个人信息存储在境内。确需向境外提供的，应当通过国家网信部门组织的安全评估；法律、行政法规和国家网信部门规定可以不进行安全评估的，从其规定。

基于上述立法要求，海外用户数据和国内用户数据应做地域隔离，国内的用户数据和服务调用仅在国内服务器处理和存储。隐私测试中需通过网络抓包工具，例如 Charles 这类开源的工具，查看智能物联网产品设备端、移动应用程序端操控等发出的所有调用的网络请求 API，使用 DNS 解析的工具，用国内的 DNS 解析，确认其 IP 是否显示为境内。禁止国民的个人信息出海存储、处理。

AIoT 智能物联网全栈测试技术：从原理到实战

8.2.5　个人信息存储期限相关要求与测试

《个保法》第十九条规定，除法律、行政法规另有规定外，个人信息的保存期限应当为实现处理目的所必要的最短时间。

第四十七条规定，有下列情形之一的，个人信息的处理者应当主动删除个人信息，个人信息处理者未删除的，个人有权利请求删除：

处理目的已实现、无法实现或者为实现处理目的不再必要；

个人信息处理者停止提供产品或者服务，或者保存期限已届满。

一般情况下，隐私验证个人信息存储期限的测试方法有以下几种。

① 隐私政策中，确认是否明确规定了个人信息的存储期限，检查存储期限的设定是否符合法律法规要求，以及是否与实际业务需求相匹配。

② 模拟用户的实际操作，测试个人信息的存储和删除功能。例如使用 IoT 设备一段时间，检查设定的存储期限到达后，个人信息是否被自动删除或进行相应的处理。

③ 通过数据库管理工具，查询存储个人信息的数据库表格和数据记录。查看是否存在存储期限相关字段，如数据创建的时间、预计删除时间等。统计不同时间段内数据的存储情况，检查是否存在超过规定存储期限的数据未被清除的情况。

8.2.6　撤回授权同意相关要求与测试

隐私政策的内容应易于访问，从主控页面到隐私政策的阅读不能超过四步。同理，撤销授权同意时，从主控页面到撤回同意的步骤也不得超过四步。

撤回授权同意时，应当有弹窗提示用户撤销授权后的后果，不得有注销字眼，撤销授权的方式或途径需在隐私政策内容中披露、告知用户，且撤销授权后，云端存储的设备相关数据应删除或匿名化处理。

隐私测试一般采取在测试环境中模拟用户生成个人数据后，执行撤销操作的方式，查看是否有删除个人数据的请求信息上报给服务器，并查看服务器是否有执行删除数据的日志生成，再在绑定设备后，在移动终端应用上查看之前生成在应用中的数据是否也删除，显示为空。

8.2.7　个人信息的删除相关要求与测试

用户删除智能物联网产品或控制应用端的个人信息后，或注销账号后，或个人信息在超过存储期限后，应立即停止智能物联网产品、控制客户端与云平台对用户个人信息的使用，并对其使用期间生成的数据进行删除或匿名化处理，故需要为用户提供删除云端数据和本地数据的途径和能力。

其中设备本地的数据可以通过将产品恢复出厂设置达到删除数据的目的，也可通过在APP 中删除设备或者解绑设备达到删除本地数据的目的。而云端隐私数据的删除，需通过撤回授权同意的方式进行。个人数据删除的方式或途径，需在隐私政策或用户协议中告知用户，让用户可以通过产品功能自行删除设备信息或通过提交申请的方式删除设备信息。如有违反法律、法规或者双方约定收集、使用个人信息时，用户要求删除，应及时删除，

185

并将披露给第三方的数据也同步删除。

针对此合规要求，测试时需查看披露删除数据的方式或途径，并在尝试执行该方式后，查看是否可以达到真实删除数据的目的。

8.2.8 注销账户相关要求与测试

当用户想注销账户时，需提供便捷的操作，在注销前需验证用户身份，不同意用户注销的需明确告知用户不同意的原因，注销账户后，需将个人信息删除或匿名化处理。

在进行注销账户的合规测试时，需先验证注销流程测试，检查注销的入口是否易于找到和操作；其次需验证注销的步骤，检查每个步骤是否清晰明确，是否存在误导用户或故意设置复杂障碍的情况；然后测试异常情况的处理，故意在注销流程中制造异常情况，如网络中断，检测系统是否能够正确处理并确保用户数据的安全性和完整性；最后验证数据是否删除或匿名化处理，通过数据库查询方式检测该用户账号下是否彻底被删除，确保这些数据不再能关联或识别个人身份存在数据库中。

8.3 智能物联网产品海外隐私测试

海外隐私测试所参考的隐私标准较为复杂，需根据具体的销售地区而制定，下面我们针对一些有代表性的进行说明。

8.3.1 GDPR 地区隐私测试

《通用数据保护条例》（GDPR）为欧洲联盟的条例。该条例的适用范围极为广泛，任何收集、传输、保留或处理涉及欧盟所有成员国内的个人信息的机构组织均受该条例的约束。比如，即使一个主体不属于欧盟成员国的公司，只要满足下列两个条件之一，均受GDPR 的条例约束：为了向欧盟境内可识别的自然人提供商品和服务（包括免费服务）而收集、处理他们的信息；为了监控欧盟境内可识别的自然人的活动而收集、处理他们的信息。

1）GDPR 的地域适用范围

GDPR 的直接管辖区域除了欧盟之外，还包括冰岛、挪威、列支敦士登这三个国家。所以目前有 32 个国家在 GDPR 的管辖范围：英国、奥地利、比利时、保加利亚、塞浦路斯、克罗地亚、捷克、丹麦、爱沙尼亚、芬兰、法国、德国、希腊、匈牙利、爱尔兰、意大利、拉脱维亚、立陶宛、卢森堡、马耳他、荷兰、波兰、葡萄牙、罗马尼亚、斯洛伐克、斯洛文尼亚、西班牙、瑞典、英国、冰岛、挪威、列支敦士登。

此处需强调英国和瑞士两个国家。瑞士虽然位于欧洲腹地，但它既不在欧盟，也不在EEA（European Economic Area，指欧洲经济区）国家名单中，并不是 GDPR 直接适用的国家。不过，瑞士有自己的联邦数据保护法案（Swiss Federal Data Protection Act），在 GDPR 发布后，该法案参考 GDPR 做了修订，可认为是类似 GDPR 的法案。而英国虽已脱欧，但从英国本国角度出发，脱欧并不影响境内公司遵守 GDPR。GDPR 在英国的 DPA 法律（Data Protection Act，即英国数据保护法）中推行，在英国脱欧后，它将继续实施。

2）GDPR 数据处理原则

GDPR 规定，适用 GDPR 的所有数据处理活动均需遵守下述七项数据处理原则，这七项原则是 GDPR 隐私保护精神的核心体现，也是企业合规体系的重要组成部分。数据控制者和处理者必须严格遵循这些原则，否则将会构成严重违规行为，可处以 2000 万欧元或 4%全球营业额的最高罚款。

（1）公平、透明和合法

公平意味着企业处理用户数据的行为不能损害用户的利益，任何含有歧视意味、有误导性或未告知用户的数据处理行为都是不允许的。如设计 AI 算法时应避免产生歧视和不平等的计算，且应定期评估其使用的算法是否会导致歧视、不平等，并及时做出调整。

透明意味着企业需清晰、公开地告知用户使用产品时企业是如何收集及使用用户个人数据的。所以隐私政策内容中应详细披露使用产品时收集数据的情况及目的。

合法即为处理数据的行为须有法律支撑，GDPR 第六条中列举了数据处理的六项合法事由，分别为：已取得用户同意、对履行合同是必要的、对履行法律义务是必要的、为保护用户或其他人的正当利益、对公共利益是必要的、符合企业的正当利益。

（2）目的限制

GDPR 规定，企业只能基于"具体、明确及合法的目的"收集个人数据，如果企业的处理目的发生了变化，应第一时间确认新目的是否超出了之前的目的范围。一旦新目的与之前的目的有冲突，企业在重新获取用户同意后，才可继续处理数据。

（3）数据最小化

GDPR 规定，数据控制者所收集或处理的个人数据应"够用、相关且为处理目的所需"。这也就意味着企业收集的用户数据不得超出提供的服务和产品功能范围，收集数据和其功能/服务一一对应。隐私政策内容中披露收集数据和使用数据的内容需符合实际收集情况，且收集的数据仅用于披露的功能或服务的目的。

（4）准确

GDPR 第六条第四款规定，个人数据必须准确且必要时随时更新，考虑到个人数据处理的目的，应采取一切合理措施，确保不正确的个人资料立即被删除或更正。不准确的个人数据有可能会对数据主体的权利产生威胁。所以需在软件中或隐私政策内容中给用户提供更正或删除个人数据的路径或方法，让用户行使相应的权利。

（5）存储限制

数据在存储时也应遵循最小化原则，即不再需要的数据应及时删除，不需要识别个人身份的数据应在假名化、匿名化后再存储。

（6）完整与保密

GDPR 规定，数据控制者应当以确保个人数据适度安全的方式进行处理，包括使用适当的技术或组织措施来对抗未经授权或非法的处理、意外遗失或灭失、保护措施损毁。企业应采取技术方式或组织手段，确保数据安全性，避免用户数据泄露或者遗失。

（7）问责与合规

GDPR 第五条第二款规定，"控制者应对遵守第一款中的规定负责，并能做出证明（可问责性）"。如果发生数据隐私或安全事件，数据的控制者需要提供证据，证明自己已严格遵守 GDPR 上述原则，否则需承担相应的责任。若用户阅读产品隐私政策内容后，同意了该隐私政策内容，应将同意日志保存，并在日志中记录用户同意时的隐私政策的版本及时间戳，用于后期自证。

3）GDPR 个人敏感信息分类

GDPR 与《中华人民共和国个人信息保护法》中规定的个人敏感信息分类稍有差别，根据 GDPR 中的规定，涉及以下一种或一种以上类别的个人数据视为敏感数据：种族或民族出身、政治观点、宗教/哲学信仰、工会成员身份、涉及健康的数据、涉及性生活或性取向的数据、基因数据、经处理可识别特定个人的生物识别数据。

除目前个人敏感数据明确包括基因数据和生物识别数据外，上述类别大致与荷兰《个人数据保护法》的类别相似。此外，根据 GDPR，处理照片并不当然地被认为是处理个人敏感数据。仅在通过特定技术方法对照片进行处理，使其能够识别或认证特定自然人时，照片才被认为是生物识别数据。

GDPR 原则上是禁止处理个人敏感数据，但 GDPR 中也规定了下述一些特殊情况。

① 数据主体明示同意。该等同意应当是自由作出的、特定的、知情的且明确的。根据此项规定，若出海 GDPR 地区的智能物联网设备涉及上述个人敏感数据，需用二次弹窗明示收集敏感数据的目的，获取同意才可收集。

② 在劳动法、社会保障法或社会保护法领域，雇主对此类数据的处理必须在欧盟或成员国法律或集体协议授权的范围内进行。

③ 在数据主体因为身体上或法律上的原因（紧急情况）不能作出同意时，为保护数据主体或他人的重大利益之目的所必需的处理。

④ 处理是由具有政治、哲学、宗教或工会目的的非营利团体进行的，并且该处理仅涉及团体成员或前成员，同时，相关数据在未经数据主体同意的情况下不会向第三方披露。

⑤ 涉及已由数据主体公开的个人数据的处理。

⑥ 为合法诉求的成立、行使、抗辩或法院行使其司法职能之目的所必需的处理。

⑦ 根据欧盟或成员国的法律，为重大公共利益所必需的处理。该处理所追求的目的应当是适当的，且包含合理的数据保护措施。

⑧ 根据欧盟或成员国的法律或与医疗专业人士的合同，为预防医学或职业医学，为评估雇员的工作能力、医疗诊断、提供卫生或社会保健或治疗或卫生社会保健系统和服务管理之目的所必需的处理。

⑨ 根据欧盟或成员国法律规定以适当的、特定的措施保障数据主体的权利和自由，在公共健康领域中为公共利益之目的所必需的处理。例如抵御严重的跨境卫生威胁，或确保医疗保健和医药产品或医疗器械的高标准。

⑩ 根据欧盟或成员国法律，为公共利益、统计、科学或历史研究之目的所必需的处理。该处理所追求的目的应当是适当的，尊重数据保护的基本权利，并采取了适当的、特定的措施以保障数据主体的基本权利和利益。

4）GDPR 隐私测试重点

针对 GDPR 中规定的用户个人信息收集、处理、披露、分享及用户权利的保障等要求，需有针对性地对智能物联网产品进行隐私测试。

（1）告知同意

GDPR 关于告知用户的规定与《中华人民共和国个人信息保护法》基本相同，测试点基本需覆盖以下几点。

- 检查当用户在进入应用或绑定设备时，在收集数据之前是否要求用户同意隐私政策，且有拒绝的选项。
- 检查点击同意隐私政策，是否有记录上报服务器，记录隐私政策版本情况。
- 检查隐私政策文案内容是否包含收集情况、使用情况、保护情况和实现权利沟通机制等内容。
- 在产品或移动终端应用中查看隐私政策内容时，检查从起始页到隐私政策页面是否控制在四步以内。

（2）数据收集

- 针对收集的数据，需与隐私政策内容中比对，判断隐私政策内容中是否有详尽的披露，是否符合最小必要的收集原则，是否有特定的服务目的才收集。
- 检查移动终端应用或产品端是否有撤销隐私授权实现路径，且操作步骤控制在四步以内。
- 检查撤销隐私授权后，设备端和移动端应用是否停止收集用户数据，设备端、客户端和服务端是否停止处理数据，并且查看服务器端个人数据是否已被清除。

（3）数据分享及披露

检查提供服务和产品时，是否有三方 SDK 或 API 的引用，是否涉及分享数据给第三方，确定是否与第三方签署 DPA，并检测分享过程是否将对传输通道及内容进行加密。

（4）用户权利保障

- 检查是否有途径满足访问权的要求。限期一个月内，用户有权让数据控制者告知如下信息：
  - ➤ 个人数据是否被处理、处理的目的；
  - ➤ 个人数据的类别；
  - ➤ 已经或未来将要披露给的个人数据接收者或其分类；
  - ➤ 个人数据存储预设期间；
  - ➤ 用户应享有的个人数据纠正、清除、限制处理、拒绝处理的权利；
  - ➤ 用户向监管机构投诉的权利；
  - ➤ 个人数据来源（当非从用户处获得信息时）；
  - ➤ 自动化决策的存在、逻辑、重要性和后果；
  - ➤ 跨境传输（如涉及）采取的适当安全保障措施；
  - ➤ 用户可要求提供数据副本。
- 检查是否有途径满足纠正权的要求，限期立即，对不正确不完善的信息进行纠正完善，完成后通知用户。
- 检查是否有途径满足持续控制权的要求，限期一个月内，能以结构化、通用化、可机读格式向个人提供并且不阻碍用户将数据转移给其公司。
- 检查是否有途径满足删除权（被遗忘权）的要求，限期立即，在用户撤回同意等情形下，需清除相关数据，并通知数据处理者清除数据。
- 检查是否有途径满足限制处理权的要求，限期一个月内，在如需核实不准确信息等情形下，除存储数据以外不进行其他处理，即冻结账户，实施限制处理前通知用户。

- 检查是否有途径满足广告拒绝权的要求，限期一个月内，用户有权拒绝使用其个人信息进行精准化营销。
- 检查是否有途径满足自动化决策拒绝权的要求，限期一个月内，用户有权拒绝用户画像类自动化决策并对其实施影响的功能。
- 检查是否保存实现用户数据权利的记录。

（5）数据存储

需检查涉及 GDPR 地区的产品和服务收集的个人信息是否均存储在 GDPR 境内，并且确认传输的个人信息是否是加密的。一般通过抓包方式，查看数据是否加密，通过 DNS 解析，查看实际数据存储地理位置，判断是否合规。

（6）直接营销

对于收集个人信息用于营销的产品，需检查是否有提供可退订直接营销的路径和方法，达到退订广告或拒绝营销的目的。

8.3.2　韩国隐私测试

韩国于 1995 年就推出了有关个人隐私信息保护的法律，并且于 2015 年将该法修订为《个人信息保护法》，正式对个人信息保护提出立法措施。韩国《个人信息保护法》（即 PIPA）中制定了个人信息保护的国家政策、个人信息处理和保护的详细程序和方式，对数据保护进行了规定，是韩国主要的个人数据保护法。韩国的法律和法规中要求企业处理个人数据的原则和用户享有的用户权利趋近于 GDPR 的要求。

1）韩国地区个人信息的处理原则

韩国地区的个人信息处理原则具体分为以下 8 点。

- 个人信息控制者应明确处理个人信息的目的，并在此目的所需的范围内合法地收集最少的个人信息。
- 个人信息控制者应在处理个人信息的目的所需的范围内适当处理个人信息，不得将其用于该目的以外的目的。
- 个人信息控制者应在处理个人信息的必要范围内确保个人信息的准确性、完整性和最新性。
- 个人信息控制者应根据个人信息的处理方式、种类和风险程度，考虑到侵犯信息主体权利的可能性，对个人信息进行安全管理。
- 个人信息控制者应公开个人信息处理方针等个人信息处理相关事项，并保障信息主体的访问请求权等权利。
- 个人信息控制者处理个人信息时应尽量减少对信息主体隐私的侵犯。
- 即使个人信息以匿名或假名的方式处理也能达到收集个人信息的目的，对于可以匿名化的目的，个人信息控制者将匿名处理，对于不能匿名化的目的，则以假名处理。
- 个人信息控制者应遵守并履行本法及相关法律法规规定的责任和义务，努力取得数据主体的信任。

针对上述数据处理原则，隐私测试过程中需要通过测试工具判断设备或者移动客户端收集的数据是否符合隐私政策内容，且符合在功能或者服务所提供的范围内进行收集的要求。在达到收集目的或用户撤回同意后，检查设备数据是否有删除、假名化或匿名化处理以保护用户隐私安全。

同时，数据主体（即用户）应享受以下权利。

- 被告知个人信息处理信息的权利，即隐私政策内应详尽披露用户被收集的个人信息是如何收集、处理、存储的。
- 选择和决定是否同意处理个人信息的权利、同意范围等，即企业需要提供隐私政策弹窗，让用户可读隐私政策内容，且提供同意或拒绝的按钮。
- 检查个人信息是否已被处理并要求访问个人信息的权利，即企业需要提供一个途径或者方法，当用户需要访问或者要求下载收集数据副本时，可通过该途径实现，并在隐私政策内容中向用户明示。隐私测试需按照提供方法判断实际能否访问或下载数据副本内容。
- 要求暂停、更正、删除和销毁个人信息的权利，即企业需要提供给用户申请停止收集、更正、删除、销毁数据的方法或路径，实现方法可在移动端提供，也可以提供平台提交申请的方式，同上面的要求一样，方法需要披露在隐私政策内容中。
- 因处理个人信息而造成的损害，得到及时、公正的救济的权利。

2）韩国地区隐私测试注意事项

2021 年，欧盟得出 Adequacy Decision 的结论，韩国的法律和法规提供了与 GDPR 相同的数据保护水平。故很多测试点可复用 GDPR 的测试内容，但也有仅针对韩国的测试注意事项。韩国地区除正常的隐私政策内容披露检测外，还需查看针对韩国用户的隐私附录内容，该附录是配合隐私政策一起阅读的，附录内容中需总结性披露产品或服务收集的个人信息的种类、收集的数据、使用的目的、收集的方式、个人信息的保留和使用期限、向第三方提供个人信息、个人信息处理委托，以及个人信息销毁流程及方法。

8.3.3 美国隐私测试

《加州消费者隐私法案》（即 CCPA）是继欧盟《通用数据保护条例》（GDPR）颁布后，又一部数据隐私领域的重要法律，CCPA 于 2018 年 6 月 28 日正式发布，随后两年内陆续进行了多次修订，2020 年 7 月 1 日正式实施。CCPA 是美国首次关于数据隐私的全面立法，CCPA 的出台弥补了美国在数据隐私专门立法方面的空白，它旨在加强加州消费者隐私权和数据安全保护，被认为是美国当前最严格的消费者数据隐私保护法。

1）CCPA 的适用范围

《加州消费者隐私法案》保护的主要对象为任何在加利福尼亚地区的居民的自然人，也就意味着企业面向加州居民提供的服务，都必须遵守 CCPA 的隐私条款。

CCPA 规定，该法案适用于在加利福尼亚州以获取利润或经济利益为目的开展经营活动的企业，其业务涉及收集及处理个人信息，且满足以下一项或多项条件：

年收入超过 2500 万美元（注：2500 万美元指的是该企业的全球营收总额，并不单指在加州的营收）；

为商业目的，每年单独或总计购买、收取、出售或共享 50000 及以上消费者、家庭或设备的个人信息；

年收入中有 50% 及以上是通过销售消费者的个人信息获得。

2）CCPA 的法律要求

CCPA 中主要规定了企业对于收集、使用、共享加州居民的个人信息需进行披露、用户具体的行使权利、儿童隐私保护、禁止歧视和销售个人信息等内容。下面来了解该法律具体的内容。

（1）加州居民拥有的权利

消费者有权要求收集消费者个人信息的企业向该消费者披露该企业收集的个人信息的类别和具体部分。

在企业收集用户的个人信息之前，告知用户收集的个人信息类型以及如何处理这些信息。一般来说，企业不能因为用户行使 CCPA 规定的权利而歧视用户。企业不能让用户放弃这些权利，任何表明用户放弃这些权利的合同条款都是不可执行的。

（2）CCPA 规定的个人信息

个人信息是指可识别用户或用户的家人，与用户及其家人相关联的信息。它可能包括姓名、社会安全号码、电子邮件地址、购买产品的记录、互联网浏览历史、地理位置数据、指纹以及从其他个人信息推断出的信息。这些信息可能被用于创建有关用户的偏好和特征的档案。

（3）不得出售个人信息

用户可以要求企业停止出售其个人信息（"选择退出"），即退出权。除某些例外情况外，企业在收到用户的退出请求后不能出售其个人信息，除非用户稍后提供授权允许企业再次这样做。企业必须至少等待 12 个月才能要求用户选择重新出售其个人信息。

（4）知情权

用户可以要求企业披露其如何收集、使用、共享或出售了用户个人信息，涉及用户的哪些个人信息，以及企业收集、使用、共享或出售这些信息的原因。具体来说，可以要求企业披露以下内容。

① 收集的个人信息类别。

② 收集的特定个人信息。

③ 企业收集个人信息的来源类别。

④ 企业使用个人信息的目的。

⑤ 企业与之共享个人信息的第三方类别。

⑥ 企业向第三方出售或披露的信息类别。

企业必须在提出请求的 12 个月内向用户提供上述信息，且必须免费向用户提供。

（5）删除权

用户可以要求企业删除从其收集的个人信息，并告诉企业的服务提供商也这样做。但是，有许多例外情况允许企业保留用户的个人信息，列举如下。

① 商家无法验证用户请求。

② 为完成用户交易、提供合理预期的产品或服务，或用于某些保修和产品召回目的。

③ 对于某些业务安全事件。

④ 对于符合合理的消费者期望或提供信息的上下文的某些内部用途。

⑤ 遵守法律义务，行使合法索赔或权利，或捍卫合法索赔。

⑥ 如果个人信息是某些医疗信息、消费者信用报告信息或不受 CCPA 约束的其他类型的信息。

（6）不受歧视的权利

企业不能仅仅因为用户行使了 CCPA 规定的权利而拒绝提供商品或服务，向用户收取不同的价格或提供不同级别或质量的商品或服务。

但是，如果用户拒绝向企业提供其个人信息或要求其删除或停止出售个人信息，并且该个人信息是该企业向用户提供商品或服务所必需的，则该企业可能无法提供相应的服务。

3）《加州隐私权法》

2020 年 11 月 3 日，《加州隐私权法》（即 CPRA）获得通过，CPRA 修订了 CCPA，并为消费者提供了额外的隐私保护。CPRA 的大部分规定将于 2023 年 1 月 1 日正式生效，并可追溯至 2022 年 1 月。该法案对 CCPA 进行全面的修改。凭常识也能感受到这一事件的不寻常之处：立法和法律的实施都需要一定的稳定性。

4）CPRA 重点修订内容

CPRA 修订的内容中增加了增加数据主体的权利、企业日常管理合规要求等。此次修订，加强了对个人隐私的保护，并增加企业的责任和透明度。重点修订内容如下。

（1）公司主动披露义务

公司须在收集客户信息之前，主动向客户提供公司的如下信息。

① 客户信息的类别、收集目的。该信息是否将被转卖或分享至第三方。

② 公司对该信息的保留期限。

③ 公司是否收集客户敏感信息。该敏感信息的类别、收集目的。该信息是否将被转卖或分享至第三方。

（2）新的政府机构的设立

CPRA 设立了一个新的监管机构，即加利福尼亚隐私保护局（California Privacy Protection Agency），该机构被赋予充分的行政权力和管辖权来实施 CPRA 法案。该机构将调查并举行听证会，以确定企业、服务提供商或合同商的运作是否符合 CPRA 的要求。这与之前由州检察官（Attorney General）全权执行的 CCPA 法案的区别甚巨。

（3）新增要求

目标公司对个人信息的收集、使用和存储、分享都需要与公司提供商业服务的目的密切相关。

与国内实名制要求不同，国外大部分情况下目标公司都不会收集与公司提供的服务无关的任何个人信息。因此在资料搜集过程中，尤为重要的是筛选出与服务真正有关的信息，切忌模式化收集信息。否则即便是作为选填信息设置（如收集客户的生日信息，以便日后发送生日优惠提示），也有可能会引起法律问题。另一方面，本法并未强制要求公司储存客户个人数据，及时删除无用信息是保护自己的良方。此项与 GDPR 要求中的最小必要原则收集原则相似。

对于在美国地区提供的产品和服务，我们应当树立这样一种数据处理意识：数据是一种负担，拿在手里的数据越少越好。

（4）企业主动公布的内容

企业需要主动公布的内容包括被搜集的个人信息的种类、个人信息搜集的渠道、是否将个人信息用于商业用途、企业与哪些类别（如政府、广告公司）的第三方分享了该个人信息和客户要求企业告知其已搜集的个人信息的权利。

（5）企业可不必完成的内容

完好保存在一次性交易过程中获得的客户个人信息。

（6）公司日常合规要求

公司需要在公司网页上以及内部管理制度中提及：消费者不应由于要求披露信息而受到歧视待遇，消费者享有的修改其个人信息的权利，消费者制止公司出售其个人信息至第三方的权利。

企业需主动公布的关于个人信息的内容，包括以下内容。

① 列出公司已收集的个人信息的类别。

② 列出公司已出售或者已透露至第三方的个人信息。若公司未向他方出售和透露任何个人信息，公司应公布这一事实。

③ 公司是否出售或向第三方透露已经匿名化处理的患者信息以及该信息类别（若有）。

④ 公司通过何种渠道获取上述各类信息。

⑤ 公司内部合规培训的义务。

⑥ 公司应设置为消费者答疑（数据安全方面）的客服人员，公司应当保证这些人员知晓消费者所享有的权利，并且能熟练地指导消费者行使其权利。

（7）对服务商和合同方的要求

服务商和合同方在履行对目标公司的合同义务的过程中会接触到各类个人信息，其有权不向消费者提供该类个人信息。但是当目标公司需要向消费者提供个人信息时，服务商与合同方应协助公司的信息收集工作。

若公司由于并购、破产或其他原因使得第三方获得了对公司的控制权，并因此获取了原公司所收集的个人数据，该行为不构成对个人信息的销售行为。但是，如果新公司实质上改变了这些信息的内容、用途和分享方式，消费者有权获得通知，并行使相应权利。

5）美国地区隐私测试注意事项

由于 CCPA 和 CPRA 中规定了很多有关数据控制者（即企业）需要在收集、使用数据前披露用户可行使权利的内容，因此隐私政策内容中，我们需要针对用户权利内容披露和途径上进行针对性的检查。例如：用户的知情权内容是否在隐私政策内容中详细披露，并且是否提供可以获得该用户收集使用数据的途径。

8.3.4　隐私语言

对于海外市场，产品隐私政策语言的展示要求为用户能看得懂，也就是意味着隐私政策内容要做本地化处理，即在用户阅读隐私政策内容时，至少要展示所销售地区的官方语言。即使不销售的地区，也要提供通用语言的隐私政策供用户阅读，例如英文隐私政策，从而避免通过非官方销售渠道获取产品的用户，在无法了解个人数据如何收集、处理、存储的情况下使用。

隐私测试过程中，需了解隐私语言展示的逻辑，查看各销售地区是否能展示正确的官方语言隐私政策，并符合当地用户的阅读习惯。此外，我们还需重视排版的准确性，例如阿拉伯语、希伯来语是从右到左显示（右对齐）并阅读。

AIoT 智能物联网全栈测试技术：从原理到实战

8.3.5 数据存储

不同销售地区，数据存储的要求不同。针对 GDPR 要求，GDPR 地区产生的个人信息应存储在 GDPR 地区内。可选定 GDPR 范围内的某一个国家搭建服务器存储，且需符合 GDPR 要求的安全存储要求。

而对于有些国家，例如俄罗斯，有明确的法律要求该地区个人信息数据需本地化存储，即只能存在俄罗斯境内。还有一些由于政治因素要求个人信息本地化存储的国家。目前全球有超过 60 个国家都有对数据本地化存储的要求，我国对于数据本地化存储的要求尤其严格，因此对于数据本地化存储的要求，企业要解读当地监管机构对于数据本地化存储的要求程度。

而有一些国家，并没有明确的法律法规要求，在跨境传输上，数据控制者必须公布外包工作的范围和外包商，包括接受的第三方、该第三方的目的、要供应的个人信息、保留期限，以及数据主体的拒绝权。如果向外国第三方提供个人信息，控制者必须事先获得数据主体的同意。

对于海外地区的数据和国内的数据要做完全的隔离，海外的个人数据严禁回传国内。隐私测试过程中可通过抓包工具查看设备或者服务中调用的接口，并通过 DNS 解析 IP 后，判断服务器存储是否合规。

本章分别介绍了国内外隐私相关的法律要求及测试重点，也介绍了保护隐私的重要性。隐私权的法律保护，既是人权保障的现实需要，也是网络信息技术发展的必然要求。应针对各国相关隐私权法律法规，严格设计、开发我们的产品，测试严把隐私合规质量，守住隐私法律红线。

第9章
智能物联网接入产品测试

本章重点从智能物联网产品测试维度进行介绍,覆盖测试环境搭建、智能设备测试和全屋智能系统测试。智能设备测试主要从智能摄像机、智能扫地机、智能音箱和智能灯四个典型的设备测试入手进行介绍。全屋智能系统测试主要从全屋照明系统、全屋安防系统和全屋影音系统的测试进行展开介绍。

9.1 测试环境搭建

随着数以亿计的智能物联网产品进入广大用户的家中,如何保证物联网产品与家居环境的协调一致,是智能物联网产品打造极致用户体验的第一准则。接下来展开介绍测试环境搭建相关内容。

9.1.1 为什么要构建标准测试环境

全屋智能是新一代物联网信息技术的高度集成和综合应用,已成为全球科技革命与产业变革的核心驱动之一,是社会绿色、智能、可持续发展的关键基础与重要引擎,拥有大量的创新机会和广阔的市场空间。根据 IDC《2025 年中国智能家居市场十大洞察》,传统家电加速进入产品结构升级,向智能化、个性化等方向迈进,2025 年中国智能家居市场预计出货 2.81 亿台,同比增长 7.8%。智能家居已从单独的智能家居产品时代迈入全屋智能家居时代,如何实现单个智能设备与住宅环境的匹配性,如何评估智能家居设备构成的全屋智能家居环境是否符合用户需求,是现阶段及未来全屋智能家居打造极致用户体验的第一准则。

当前,全屋智能系统正面临着前所未有的网络复杂性和设备多样性挑战。系统中集成了多种传输协议,包含 Wi-Fi、Bluetooth、ZigBee 和 PLC 等各种无线与有线的传输协议。其中无线协议之间的信号共存与数据竞争尤其激烈,为了保证绝大多数的用户在使用全屋智能业务时的用户体验,尽可能地贴合用户家居环境,我们需要构建一个全屋智能的统一的、标准的、可量化的标准测试环境,从而对其测试进行定量的业务体验测试。

总结而言,全屋智能存在三个挑战:一是稳定性差,即全屋智能网络易受一些无线频率(如 Wi-Fi、BLE、微波炉等,以 2.4GHz 为主)的干扰,在传输过程中受墙体、金属等障碍物影响,导致存在衰减且不利于全屋覆盖;二是智能家居产品品类多样,接入方式不一，难以形成有序、完整的生态。不同智能家居企业各自为战，在连接和操作体验上各异，互相之间不能兼容，束缚了用户的自由选择权，也限制了智能家居系统的扩展和延伸；三是由智能家居产品组成的全屋智能场景在不同空间和使用场景上体验各异，缺少统一的行业标准。

9.1.2 环境构建关键因子

在构建全屋智能标准测试环境的实践中，我们主要进行了以下几点的考量。

（1）覆盖范围

现阶段家用全屋智能的绝大多数产品均采用无线方式进行覆盖，而无线传输的覆盖能力取决于功率，因为国家标准法规的要求和产品自身性能的限制，小米的无线设备功率基本在 12～18dB 之间（Wi-Fi 网关与蓝牙网关设备功率在 15～22dB 范围内），很难满足单网关对复杂的家居环境的全覆盖，因此，必然采用分布式组网来进行全屋覆盖。根据当前的家居户型大数据，我们定义了三套典型的现代户型结构，并对其综合布网。

- 90m² 户型：单 AP，1～2 个网关，设备信号均保持在−70dBm 以上。
- 150m² 户型：多 AP，3～4 个网关，设备信号均保持在−70dBm 以上。
- 别墅户型：企业级 AP，多网关组网，设备信号均保持在−70dBm 以上。

（2）共存与干扰

在全屋智能的无线传输中主要应用了蓝牙和 Wi-Fi 两套协议标准，而这两套协议标准在全屋智能的应用均工作于 2.42～2.48GHz 频段，导致其无法避免地存在共存与干扰。蓝牙和 Wi-Fi 协议的信道分布如图 9-1 所示，可以看到蓝牙的 37/38/39 这三个广播信道与 Wi-Fi 信道是有重合的，信道的重合在相关用户场景下会导致对应协议接入的设备在消息上的延迟甚至控制的失败。

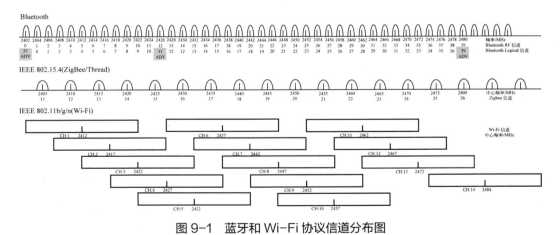

图 9-1　蓝牙和 Wi-Fi 协议信道分布图

总结一下具体干扰的来源有如下三类。

- Wi-Fi 类数据业务：包含手机、平板、电脑、机顶盒等的数据业务。特点是发包时间长，数据量大，空口占用率高，既干扰全屋智能的数据传输，同时自身的业务也易被阻塞。

- 蓝牙类数据业务：包含蓝牙耳机、蓝牙音箱、蓝牙遥控器等数据业务。特点是发包间隔短，采用跳频传输，干扰频段范围大，但自身健壮性强，如果部分设备重传比例高的话，会对全屋智能业务带来持续的干扰。
- 非协议类干扰：如微波炉、电磁炉等非数据类业务。其对当前的射频波形产生干扰，特点是设备周边干扰强，但是因为其自身带屏蔽效果，所以干扰信号衰减快，干扰范围有限。

因此，用户家居环境中主要的干扰仍然是 Wi-Fi 与蓝牙业务，所以针对全屋智能家居组网，采用信道划分的方式进行。

（3）设备数量

用户家居环境中智能设备主要以 Wi-Fi 和 BLE 两种接入方式为主，根据当前的家居设备数大数据统计，以 150m² 户型为例，最大约存在 50 个 Wi-Fi 设备和 100 个 BLE 设备。

- Wi-Fi 设备中，常规的智能家居设备约有 20 个，如电视、冰箱、电风扇、摄像头等，其余为分布在各个房间的灯、空调、加湿器等。
- BLE 设备则主要以 BLE Mesh 设备为主，设备类型包括 Mesh 灯、窗帘电机、墙壁单火开关等，其次是常用的 BLE 设备，如门锁以及各类传感器（如温湿度计、人体传感器、光照传感器等）。
- 此外，BLE 设备的接入还依赖于 BLE 网关或 BLE Mesh 网关，根据设备信号 −70dBm 的要求，一般要求 1 个网关管理 2 个房间。

9.1.3 仿真环境搭建

基于 9.1.2 节中得到的用户典型家居环境下的覆盖范围、共存干扰和设备数量，结合用户家居环境的典型特征，布局用户家居测试环境。

为了方便进行测试环境布局，我们将家居环境细分为"七大智能空间"和"八大智能子系统"（如图 9-2 所示）。家居环境的"智能空间"通过用户家居环境常见户型空间得来，"智能系统"通过当前智能物联网产品的功能规格划分而来。下面详细介绍"七大智能空间"和"八大智能子系统"的概念。

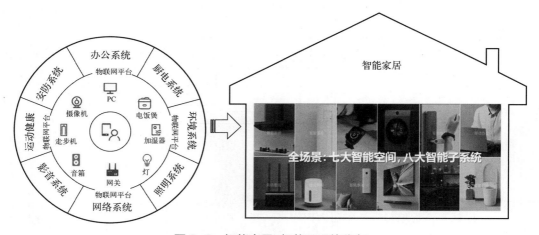

图 9-2　智能家居-智能子系统分布

在将家居环境按照上述"七大智能空间"和"八大智能子系统"拆分后，通过如下四步进行用户家居仿真环境构建。

第一，基于大规模线上用户数据采样分析，明确用户智能家居环境下智能物联网产品数量、类型以及布局点位信息。

第二，基于用户大数据分析结果，结合"七大智能空间"和"八大智能子系统"的概念划分，在单元式住宅（一居室、两居室、三居室、四居室等）和别墅型住宅环境下，在不同空间布局对应数量的智能物联网产品，构建对应的智能子系统。

第三，在上述模拟的用户家居环境下，进行网络环境信息校验。主要涉及各智能空间下的智能物联网产品网络信号强度情况，明确是否符合前文中的标准规范。

第四，通过模拟不同的用户典型场景下的网络使用场景（比如：电视端播放视频、手机端运行游戏、手机端观看直播等行为），校验构建的家居环境是否符合前文中信道利用率的标准规范。

通过上述四步构建的家居测试环境，能够最大程度还原用户家居环境。在该标准环境下进行智能物联网产品测试，能够最大程度保证真实用户家居环境下的体验，真正做到"走进用户、贴近用户、以用户为中心"。

9.2 智能扫地机测试

对智能扫地机进行测试时，需借助 ISO 25010 软件质量模型（如图 9-3 所示）工具，描述智能扫地机的功能性、安全性、互用性、可靠性、可用性、效率、可维护性和可移植性等。

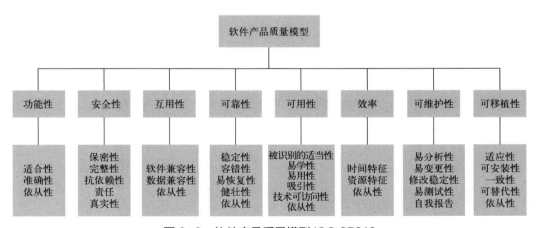

图 9-3 软件产品质量模型 ISO 25010

在智能扫地机的测试评估中，测试环境是决定其清扫与回充功能表现的关键因素。障碍物类型、空间布局等变量将直接影响扫地机的清洁效果与可靠性。下面主要从测试环境和测试方案维度进行展开描述。

9.2.1 智能扫地机测试环境

进行智能扫地机清洁能力测试时，我们重点关注除尘率和覆盖率，核心覆盖的环境是硬地板除尘、边角除尘。

硬地板除尘能力测试环境如图 9-4 所示，测试台的长为 2000mm，宽为 1150mm，高为 300mm。中央测试区域是长为 1300mm，宽为 500mm 的布灰区域，需均匀散布 $50g/m^2$ 的米粒用于除尘能力测试。

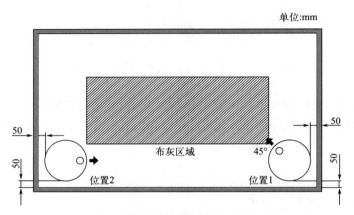

图 9-4　硬地板除尘率测试环境示意图

边角除尘率测试环境如图 9-5 所示。需要在标准除尘能力测试台（长 2000mm，宽 1150mm，高 300mm）的边沿和转角区域进行测试。在沿边宽 50mm 的扫灰区域，均匀散布 $50g/m^2$ 的米粒。

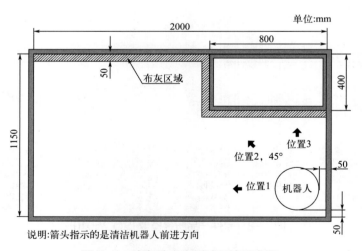

图 9-5　边角除尘率测试环境示意图

进行智能扫地机回充能力测试时，我们重点关注房间多维度和多房间的回充率。多房间回充率测试环境如图 9-6 所示。测试环境面积为 $20m^2$，回充区域和充电座分布在不同房间，通过测试回充区域和充电座之间往返成功率和耗时来评估多房间的回充率。

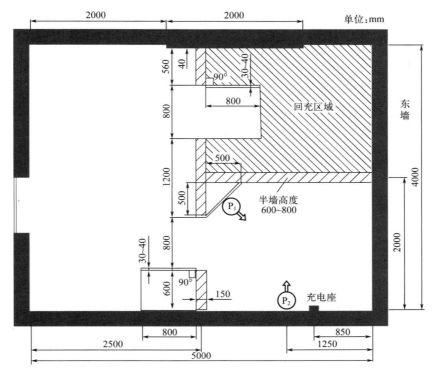

图 9-6　多房间回充测试环境示意图

单房间多维度回充率测试环境如图 9-7 所示。扫地机回充位置在充电座 180°的范围内均匀分布，需考虑方向的变化同时兼顾距离变化对回充率的影响。

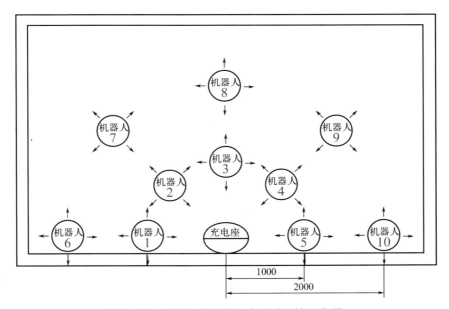

图 9-7　单房间多维度回充测试环境示意图

9.2.2　智能扫地机测试方案

对智能扫地机进行测试时，同样是借助 ISO 25010 软件质量模型（见上一小节描述）来描述扫地机相关特性的功能性、安全性、互用性、可靠性、可用性、效率、可维护性和可移植性这些相关测试关注点。下面我们结合清扫功能进行测试展开详细描述。

① 功能性维度。重点关注清扫功能是否正常，不同模式切换后能否正常运行等。

② 安全性维度。重点关注清扫数据是否明文上传，是否符合实际家居环境。

③ 互用性维度。重点关注在不同的家居户型、不同的手机、连接不同路由器等情况下，扫地机能否正常运作。

④ 可靠性维度。重点关注连续清扫的稳定性，是否存在异常中止；设备遇到故障后，清除故障是否可以继续清扫；在周边环境障碍较多的情况下，能否正常清扫。针对扫地机避障能力，我们会考虑家居环境下各种常见情况（如表 9-1 所示），涉及家具、家电、地毯、移动物体（人物、宠物等）等。

表 9-1　扫地机清洁能力可靠性测试

场景	测试项	测试要求
避障场景专项	地毯识别避障	前提条件为中长毛地毯，扫地机开启地毯避障开关，扫地机清扫过程中识别地毯自动躲避地毯不清扫，测试 20 次计算成功率
	家具/家电场景避障	数据线（充电线）散落地上，扫地机开始清扫，测试 20 次计算扫地机识别数据线避障成功率
	多房间特征场景	计算扫地机清扫过程中识别袜子和鞋子成功率，测试 20 次，计算扫地机避障成功率
	散落物体场景	窗帘底下清扫，测试 20 次，计算识别窗帘成功率
	移动物体场景	前提条件为扫地机支持宠物开关，扫地机设置中开启宠物开关，扫地机清扫过程中成功识别宠物，自动躲避宠物，测试 20 次计算成功率
	特殊场景	沙发，茶几，餐桌带椅子，床，电视柜，床头柜，吧台凳，电风扇（底座圆形）
脱困场景专项	餐桌椅组合	1 张餐桌，4 张餐椅
	椅子电线组合	1 张餐桌，4 张餐椅+电线或者充电线
	椅子家具组合	办公椅，沙发，一侧两张吧台椅
	异型椅子组合	吧台椅，U 形椅子，餐桌椅
越障场景专项	门轨压条最大越障高度	放置高度为 2cm 的门轨或者压条模拟条，扫地机清扫模式

⑤ 可用性维度。重点关注清扫开启/暂停以及清扫数据查看的易用性。比如，清扫开启入口是否包含设备端、语控等多途径，方便用户按照自己需求开启清扫。

⑥ 效率维度。重点关注点击清扫后设备响应清扫的速度，设备清扫耗时，以及设备除尘/脏的能力等。表 9-2 列举了部分扫地机清洁能力效率测试指标。

⑦ 可维护性维度。重点关注扫地机清扫出现故障时，能够自行上报并同步相关解决方案，方便及时修复并继续进行清扫工作。

⑧ 可移植性维度。重点关注扫地机在不同楼层、不同户型、不同家具布局等情况下的清洁能力，以及在出现环境变更后，设备的自适应能力等。

针对智能扫地机的回充功能、自清洁功能、地图管理等功能，均可以参考上述测试方案设计思路，借助 ISO 质量模型工具进行不同测试类型下质量点的拆解分析，保证产品特性全方位覆盖。

表 9-2 扫地机清洁能力效率测试指标

场景	测试项	测试要求
清洁能力专项	硬地板除尘率	测试方法：扫地机进行清扫。时间不超过 15min 判定方法：计算被测扫地机吸收的米粒质量与测试台散布的米粒质量比值
	边角除尘率	测试方法：扫地机默认清洁模式或者最佳工作模式，进行清扫，测试时间不超过 15min 判定方法：计算吸回的米粒质量与测试台撒米粒质量的比值
	清洁面积覆盖率	测试方法：在 20m² 带障碍范围内均匀散布带颜色的粉尘，扫地机自动清扫模式跑机 30min 测试区域：该区域主要由房体内尺寸 5m×4m，高 2.5m 房体组装而成，内部模拟家具为沙发、茶几、餐桌、椅子、落地风扇、电源线、地毯、压线条等 判定方法：计算已清扫面积与 20m² 的比值

9.3 智能音箱测试

智能音箱的交互过程中，无论是智能语音识别、智能家居控制还是内容资源服务，核心涉及的首要场景是音箱唤醒。下面将以音箱唤醒功能作为案例进行介绍，主要从测试环境、测试方案、测试用例集等三个维度进行展开描述。

9.3.1 智能音箱测试环境

唤醒功能测试分为唤醒测试和误唤醒测试两部分。全部测试都需要在声学实验室进行。实验室是针对模拟智能物联网产品实际使用场景专门修建的专业实验室，下面结合实验室设备和相关布局进行介绍。

（1）实验室测试设备

实验室使用的设备清单如表 9-3 所示。旨在模拟智能产品的实际使用环境，实现反射混响的声学性能测试，主要用于智能产品的麦克风阵列测量，语音质量的评估等。

表 9-3 实验室测试设备清单

序号	仪器名称	备注
1	计算机	音频输入
2	人工嘴	音频信号播放
3	测量仪器	测量声压级和混响时间
4	监听音箱	音频信号播放
5	转台	角度调整
6	录音麦克风	录制音频
7	声卡	录制音频

人工嘴是一种特殊的人工声源，亦称仿真嘴或人造嘴。它是用一只小型扬声器安装在特殊形状的障板上构成的，障板形状的设计是使其模拟人嘴的平均指向性和辐射图案，且仿真嘴必须有恒定的声压输出。国内常用的仿真嘴有 BK 公司的 4216 型、4219 型仿真嘴

和国产的 NZ1 型仿真嘴。

监听音箱是没有加过音色渲染（音染）的音箱，但又和高保真不同，监听相当于全保真。监听音箱是一种专业用的音响器材，其特点是能够平衡地还原高、中、低三个频段的声音，对声音的回放不进行任何的修饰、渲染，真实还原音频信号。

（2）仪器的选择与摆放

智能物联网待测设备与人工嘴距离 3m，智能音箱测试环境如图 9-8 所示。待测设备放置于房间一角，人工嘴距离待测设备 3m，噪声源音箱距离待测设备 3m。人工嘴和待测设备放置于支架上，人工嘴距离地面 1.5m，待测设备距离地面 1m，噪声源音箱放置于地面。

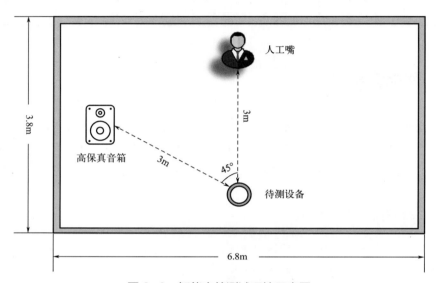

图 9-8　智能音箱测试环境示意图

9.3.2　智能音箱测试方案

根据所选测试维度，改变人工嘴及高保真音响距离待测设备的位置与角度，构建不同声学场景，噪声源音箱播放不同场景噪声，每个场景人工嘴播放固定人数的唤醒语料，每段唤醒语料包含 5 次唤醒词，同时重复播放一段长度相等的噪声。

测试空间选择室内环境，四面开阔，待测设备距离墙体距离均大于 1m，两面离墙厚度为 60cm，室内混响时间 T_{60} 为 450ms±30ms。

噪声场景主要基于家居环境下的噪声来源进行模拟。从场景上划分为洗衣机、谈话、厨房、拖动家居、电视等场景，具体如表 9-4 所示；从噪声类型层面，主要覆盖点声源干扰；从噪声距离待测设备距离和角度层面，可分为 1m 和 2.5m，以及 45° 和 90°；从信噪比层面覆盖 0dB、5dB 和 10dB 的典型家居场景。

唤醒语料的录制时，需要从年龄、性别、口音、语速等情况综合考虑。年龄需要覆盖到老人、成人和儿童，口音需要覆盖不同地区人员，语速覆盖正常（0.8s 以上）、较快（0.65～0.8s）等。除此之外，需要考虑录制语料时，录制人员和设备的距离，覆盖近距离和远距离。录制语料时，每条语料长度不小于 20s，并保证前 3s 以及最后 3s 内没有目标唤醒词或待识别语音。

表 9-4 噪声来源场景列表

序号	噪声场景	噪声来源
1	厨房	油烟机、燃气灶、消毒柜、洗碗机、热水器、排气扇、电饭煲、微波炉、电烤箱、电磁炉、电压力锅、料理机、电热水壶等
2	电视	电视、音响、DVD、功放、收/录音机等
3	谈话	正常谈话、窃窃私语、吵闹/惊叫等
4	家具	拖动家具、走动、装修等
5	其他	汽车鸣笛、汽车过往、飞机、风雨雷声、猫狗叫声等

9.3.3 智能音箱测试用例集

从语料库中抽取唤醒词 250 条作为测试集，其中成人 100 条，老人 25 条，儿童 25 条，方言 50 条，语速较快 50 条，在不同噪声场景下进行唤醒压力测试。测试关注的指标为唤醒率、误唤醒率、响应时间、句错率等。

- 误唤醒率，指的是用户未进行交互而设备被唤醒的概率。在模拟用户使用的场景下，多人多次测试，随意叫一些非唤醒词内容，被成功唤醒的次数与总测试次数的比值就是误唤醒率。如果误唤醒率高，就可能出现你在和别人说话，智能音箱突然插嘴的情况。
- 响应时间，指从用户说完唤醒词到设备给出反馈的时间差。
- 句错率（sentence error rate，SER），指的是唤醒句子识别错误的次数除以总的句子个数。
- 唤醒率指用户交互的成功率，专业术语为召回率（recall）。语音唤醒的主要目的是激活设备，使其进入交互工作状态。理论上，最好的状态就是只说一次唤醒词，设备就能立即响应。唤醒率在不同环境下，不同音量唤醒下，差别是非常大的。

9.4 智能摄像机测试

下面我们将结合智能摄像机的特性规格和前面介绍的 ISO 25010 软件质量模型的质量点进行相关测试的详细描述。

① 功能性维度。重点关注摄像机各大功能是否正常。比如：摄像机是否可以正常开启和休眠，能否为不同摄像机画面设置时间水印，人形监测报警功能开关和参数设置功能是否正常。

② 安全性维度。重点关注智能摄像机使用过程中数据的安全性。智能摄像机属于安全等级较高的产品，必须使用相关安全芯片保证安全性。安全芯片内部必须拥有独立的处理器和存储单元，用于实现生成、存储、管理密钥、加密数据以及真随机数生成的功能，也可用于为设备提供加密和安全认证服务，还可用于对身份认证安全、通信安全、数据存储安全、密钥安全、固件和接口安全的保护。同时，密钥数据只能输出，不能输入，加密和解密的运算也必须在安全芯片内部完成，并只将结果输出到上层（外部），以避免密钥被泄

露。最后，针对数据上传的保密性，需要重点关注局域网控制、不安全端口、数据传输/存储加密等相关功能是否正常。

③ 互用性维度。在绑定和功能方面，重点关注不同的家居户型、不同的手机、连接不同路由器等情况下，摄像机能否正常运作；在存储方面，重点关注不同品牌、不同大小、不同类型的存储设备能否正常运作，能否保存智能摄像机录制的相关视频/图片等内容。

④ 可靠性维度。在智能摄像机绑定阶段，重点关注绑定成功率，异常情况（比如断电、断网等）下摄像机应对策略的准确性。对于摄像机绑定后的控制功能，比如报警功能，重点关注侦测灵敏度，是否能够准确识别情况并及时触发报警。对于视频流功能，主要关注的是视频在手机、智能电视、智能音箱、智能摄像机上持续播放的稳定度。对于 AI 监测功能或者移动侦测功能，重点关注的是被监测事件发生时，摄像机对事件的准确识别率和误识别率，以及事件发生后，相关监测事件上报成功率等指标。整体可靠性维度关注指标如表 9-5 所示。

表 9-5　智能摄像机可靠性测试指标

测试项	测试项指标
绑定	绑定成功率
控制功能	报警触发成功率
视频流	视频（非）预连接连通率
	视频连通成功率（手机、TV、音箱、摄像机）
	设备端持续在线播放
	手机端视频直播播放
	TV 端视频直播播放
	音箱端视频直播播放
AI 监测/移动侦测	哭声监测准确度
	哭声监测视频上报成功率
	手势监测准确度
	手势监测视频上报成功率
	宠物监测准确度
	宠物监测视频上报成功率
	人形监测准确度
	人形监测视频上报成功率
	画面变动监测准确度
	画面变动监测视频上报成功率

⑤ 可用性维度。重点关注智能摄像机控制功能的易用性，人形侦测标记的可读性等。比如，人形监测时，是否框选中对应检测到的人形并标记对应人像库的信息，辅助用户准确识别人形信息，方便后续相关操作。

⑥ 效率维度。在智能摄像机绑定阶段，重点关注绑定的耗时，异常情况下（比如断电、断网等）设备应对和恢复耗时。对于设备绑定后的控制功能，比如报警功能，重点关注侦测报警耗时，是否在用户接受范围内快速通知用户做出应对。对于视频流功能，主要关注的是视频在手机、智能电视、智能音箱、智能摄像机端持续播放的顺畅度，是否存在卡顿

或者资源占用超标等问题。对于 AI 监测功能或者移动侦测功能，重点关注的是被监测事件发生时，事件识别的耗时，以及事件发生后，相关监测事件上报的耗时等。整体效率维度关注指标如表 9-6 所示。

表 9-6　智能摄像机效率测试指标

测试项	测试项指标
绑定	绑定耗时
控制功能	报警触发上报耗时
视频流	视频（非）预连接连通耗时
	视频连通耗时（手机、TV、音箱、摄像机）
	设备端持续在线播放流畅性
	手机端视频直播播放流畅性
	TV 端视频直播播放流畅性
	音箱端视频直播播放流畅性
AI 监测/移动侦测	哭声监测视频上报耗时
	手势监测视频上报耗时
	宠物监测视频上报耗时
	人形监测视频上报耗时
	画面变动监测视频上报耗时

⑦ 可维护性维度。重点关注摄像机出现故障时，能否自行上报并同步相关解决方案，方便及时修复。

⑧ 可移植性维度。重点关注摄像机在不同楼层、不同户型、不同家具布局、不同安装位置等情况下，摄像机控制、报警等能力是否正常，以及在出现环境变更后，设备的自适应能力等。

针对智能摄像机的其他功能，均可以参考上述测试方案设计思路，借助 ISO 质量模型工具进行不同测试类型下质量点的拆解分析，保证产品特性全方位覆盖。

9.5　智能灯测试

智能灯主要拥有开关控制、基础参数设置（亮度、色彩、色温、饱和度等）、模式调节（多灯工作模式、情景模式等）三大核心功能和高阶功能（延时、凌动开关等功能）。详细规格介绍如图 9-9 所示。

对智能灯进行测试时，考虑到灯类型的复杂，将智能灯整体测试分为智能灯通用能力测试和不同类型灯的特有测试用例。整体测试用例同样借助的是 ISO 25010 软件质量模型（见前文描述），描述智能灯相关特性的功能性、安全性、互用性、可靠性、可用性、效率、可维护性和可移植性这些相关测试关注点。下面先介绍智能灯通用能力测试，整体测试覆盖点如图 9-10 所示。

① 功能性维度。重点关注状态控制、基础参数设置、模式调节和高阶功能可用性。同时，测试时需要关注通过不同手段（比如物理按键、遥控器、应用、语控等）控制智能灯

时，设备状态的同步性。

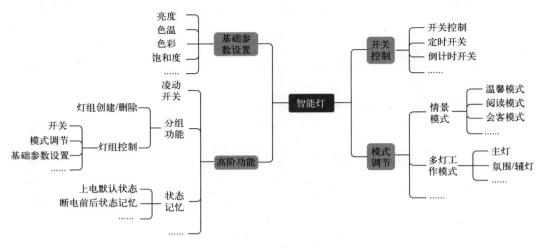

图 9-9　智能灯功能规格示意图

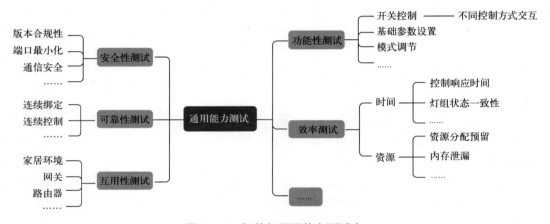

图 9-10　智能灯通用能力测试点

② 效率维度。在时间方面，重点关注设备各类控制（控制类型包括开关控制、模式条件、基础参数设置等。控制方式覆盖应用控制、遥控器控制、语音控制等）耗时、灯组设备响应一致性等，保证用户操作设备后无缝感知设备状态变更。在资源方面，重点考虑设备存储空间（覆盖 RAM、Flash 等）分配、内存泄漏等。

③ 安全性维度。参考第 7 章和第 8 章内容，重点关注设备固件更新测试、端口最小化、设备通信等。

④ 互用性维度。重点关注在不同的家居户型、不同的手机、连接不同路由器或不同网关等情况下，智能灯能否正常配网绑定，能否正常响应相关控制命令。

⑤ 可靠性维度。重点关注绑定和控制的稳定性以及特殊场景下设备应对的合规性，保证设备在任何情况下都能正常应对，不会出现无响应、死机等问题。

对于不同类型灯的特有测试用例，此处我们以 BLE Mesh 接入的筒灯为代表，介绍筒灯的专项测试用例。从用户核心场景配网绑定和控制两大特性出发，图 9-11 展示了筒灯相关专项测试点。

AIoT 智能物联网全栈测试技术：从原理到实战

配网绑定场景，主要测试的是智能灯在不同场景下的配网绑定，能否正常接入 IoT 云端。绑定场景主要涉及绑定方式（包含应用端、音箱端等）、绑定设备数量（包含单个设备、多个设备）、特殊场景（包含网关和智能灯绑定顺序、单网关和多网关绑定场景、断电断网场景等）。绑定测试重点关注功能性、可靠性、效率等质量点。功能性层面，关注不同场景下能否正常绑定智能灯；可靠性层面，关注不同场景下，多次连续绑定是否成功，绑定过程中出现断电、断网等异常情况时，设备状态是否正常；效率层面，重点关注不同场景下的设备绑定时间，设备多次绑定时内存资源占用情况等。

控制场景，主要测试的是智能灯在不同场景下的控制是否正常。控制场景主要涉及控制方式（包含应用端、音箱端、遥控器/物理按键、智能联动场景等）、控制设备数量（包含单个设备、多个设备、灯组等）、特殊场景（包含中继、单网关和多网关、快速控制、断电/网等）。控制测试重点关注功能性、可靠性、效率等质量点。功能性层面，关注不同场景下能否正常控制智能灯，控制功能遍历开关控制、模式控制、基础参数设置等场景；可靠性层面，关注不同场景下，多次连续控制是否成功，控制过程中出现断电、断网等异常情况时，设备状态是否正常；效率层面，重点关注不同场景下设备的控制时间，设备多次绑定成功的等待时间等。

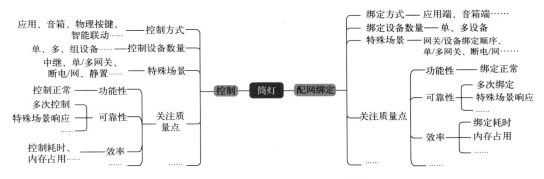

图 9-11　智能灯-筒灯专项测试点

9.6　全屋智能系统测试

全屋智能以住宅为平台，利用网络通信技术、智能控制技术、传感器技术将与屋子里的智能物联网设备（比如摄像机、扫地机等）的控制权通过一个主机（比如网关、APP、音箱等）集成并实现全屋智能调控，构建高效的智能住宅管理系统，提升家居安全性、便利性、舒适性、艺术性，并实现环保节能的居住环境。

9.6.1　全屋智能测试环境

前面提到，为了进行智能物联网产品测试，构建了仿真用户家居场景的专项测试环境。测试环境覆盖"七大智能空间，八大智能子系统"。下面针对全屋智能测试环境下典型智能空间和智能子系统的结合进行介绍。

对于智能客厅，智能子系统布局如图 9-12 所示，下面展开介绍智能客厅涉及的全部智能子系统。客厅覆盖照明系统（涉及筒灯、射灯、吸顶灯、灯带、吊灯等不同类型灯），影音系统（涉及智能电视、智能音箱等）、网络系统（涉及路由器、智能网关等）和环境系统（涉及智能空调、智能加湿器、智能空气净化器等）。其涉及的核心智能场景覆盖观影场景、聚会场景等。比如：观影场景下，对照明系统和影音系统进行控制，保证良好的观影效果；聚会场景下，可以根据场景定制不同的音乐，同时不同的音乐搭配不同的灯光效果，制造最符合用户预期的聚会场景等。

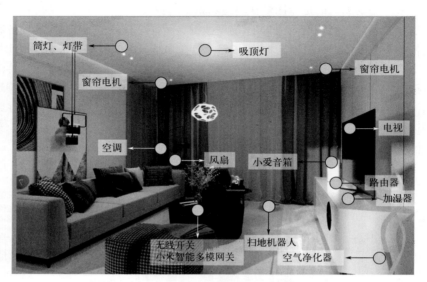

图 9-12　客厅环境下的智能子系统覆盖示意图

智能玄关布局的智能子系统，主要覆盖照明系统（主要是筒灯类型）、网络系统（主要涉及智能网关、智能中控屏等设备）和安防系统（涉及智能门锁、智能猫眼、人体传感器、光照度传感器等）。其涉及的核心智能场景覆盖回家场景、离家场景、访客来访场景等。比如：回家场景下，依赖智能门锁识别到人员入户，根据当前光照情况，控制照明系统保证良好照明效果，同时，可以通过玄关的网络系统，对全屋的其他智能子系统（比如环境系统的空调、影音系统等）进行一键控制；离家场景下，可以通过玄关的网络系统，进行全屋智能设备的一键关闭操作，保证离家安全；访客来访场景下，玄关的智能猫眼识别到访客，可以和客厅的影音系统联动，展示来访人员，同时，可以判定是否有陌生人员来访，若为陌生人，可以进行智能门锁的布防。

9.6.2　全屋智能测试标准

评估全屋智能化决策质量，主要是依据中国通信标准化协会团体标准 T/CCSA 357—2022《移动互联网+智能家居系统用户体验评测方法》。该标准中，全屋智能系统用户体验由整体体验、连接能力、人机交互能力、感知能力、控制、决策与学习六部分的评分加权求和得出，如图 9-13 所示。

AIoT 智能物联网全栈测试技术：从原理到实战

图 9-13 全屋智能系统用户体验评测要点

9.6.3 全屋照明系统测试

全屋照明系统主要是对全屋的照明设备进行控制。照明系统的照明设备可以分为吸顶灯、筒射灯、灯带、风扇灯等。根据布局空间的不同，可以分为客厅照明、厨房照明、卧室照明等。虽然在不同空间下，用户有不同的照明体验需求，但整体的测试规则依然按照ISO 25010 软件质量模型（图 9-3）和全屋智能测试标准规范进行拆解得来。下面以控制能力作为突破点进行展开介绍。

1）感知能力维度

全屋照明系统能通过人体的移动信息、睡眠状态、运动状态和人在室内的相对距离/速度/方位、人在室外的绝对位置等信息，控制不同空间的照明系统，做到人来灯亮/人走灯灭、不同状态/光照下调整灯光亮度等。测试关注的是核心场景功能是否齐备，可靠性上关注感知精准度和照明系统控制的精准度；效率维度重点关注照明系统响应时间等。整体基于感知能力维度的照明系统测试场景如表 9-7 所示。

表 9-7 基于感知能力维度的照明系统测试场景

核心场景举例	条件	动作	测试指标
人来灯亮/人走灯灭	系统可感知人体经过	照明系统开/关	1.功能性：感知丰富度、场景功能
睡眠模式灯光	系统可感知人是否处于睡眠状态	照明系统切换日光/月光模式	2.互用性：感知准确度、误感知率、场景长时间稳定性等
人随灯走	系统可感知人体在室内的相对距离/速度/方位	照明系统规划路径	3.效率：感知耗时、场景响应时间等

2）人机交互能力维度

全屋照明系统能通过不同用户的情绪调节不同的灯光效果，记录不同用户在不同时间段对照明系统的使用习惯并主动设置等。测试关注的是核心场景功能是否齐备，情绪感知能力丰富度；可靠性上关注情绪感知精准度和照明系统匹配的精准度；效率维度重点关注照明系统响应时间等；可用性层面关注情绪/行为感知交互的易用性等。整体基于人机交互能力维度的照明系统测试场景如表 9-8 所示。

表 9-8　基于人机交互能力维度的照明系统测试场景

核心场景举例	条件	动作	测试指标
灯随心亮	系统可感知用户情绪	照明系统调节灯光/亮度/色彩	1.可靠性：感知准确度、误感知率、场景长时间稳定性、用户行为分析匹配度等 2.效率性：用户行为学习耗时、场景执行耗时等 3.易用性：用户行为学习使用难易度、核心场景设置复杂度等
灯随人设	系统可感知用户不同时间段的不同行为习惯	照明系统切换阅读/观影模式	

9.6.4　全屋安防系统测试

全屋安防系统主要对全屋的安防设备进行控制。安防系统的设备分为摄像机、猫眼/门铃、传感器、报警器等。通过对环境危险（比如天然气泄漏、火灾、漏水等）和行为风险（比如门锁强拆、破窗行为、陌生人来访等）进行高效率监控和响应，保证全屋的安全性，让用户居家安心，外出放心。

1）整体体验维度

重点关注前期购买安装、中期联动/升级使用、后期维护耗材购买等全生命周期的用户体验。基于整体体验维度的安防系统测试场景如表 9-9 所示。

- 前期购买安装层面，重点关注安防系统推荐和产品百科是否覆盖了用户的核心接入体验需求，比如水路安全、火灾预警和入户安全等，针对不同的安全要求，是否有对应的安防系统设备，配套提供相关的防护。
- 中期使用环节，重点关注设备在遇到故障时，报警提示以及在线升级修复功能是否正常且稳定可靠。
- 后期维护阶段，安防系统普遍为低功耗设备，属于电池供电设备，因此，重点关注电池在电量过低/耗尽时，能否及时提醒，并直接同步推送购买链接等易用性维度的质量。

表 9-9　基于整体体验维度的安防系统测试场景

核心场景维度	核心场景举例	测试指标
购买安装	水路安全/火灾安全/入户安全等安防系统设备套餐推荐和安装	1.可靠性：预警准确度、误报警率、风险解决稳定性等 2.效率性：风险预警耗时、风险解决耗时等 3.易用性：安防场景构建体验、故障修复可理解性等
使用体验	1.风险预警：监测到风险后预警 2.风险解决：监测到风险后解决 3.扩展能力：故障自修复	
维护体验	耗材提醒和推荐	

2）控制维度

全屋安防系统关系到用户的家居安全，在各类异常情况下的控制可靠性需要重点考虑。比如家庭网络出现异常时，全屋安防系统能否正常控制智能物联网设备通断/报警等操作，保证家居安全告知及时，解决方案落地有效，这是控制维度测试的重点。下面会从测试方法和测试指标等维度对家庭网络异常时全屋安防系统能力测试进行介绍。

（1）测试方法

正式介绍测试方法前，我们普及一下本地化控制的概念。为了保证在网络异常情况下，智能物联网设备能够正常被控制，通过智能物联网技术，将云端的 AI 能力移植到和被控制的智能物联网设备在同一局域网的网关设备（例如音箱、路由器、电视等家庭常备设备）上，保证在网络异常情况下，由本地网关设备代替云端进行 AI 控制。这类将借助云端实现的功能切换至局域网内的网关设备的功能称为本地化控制功能。本地化控制场景可以按照下述方法进行构建。

首先，环境中的智能物联网设备需要具备网关的能力。

其次，全屋安防系统和具备网关能力的设备接入相同的测试网络，保证设备处于同一局域网下。同时，智能物联网设备和网关需要绑定在同一个账号下的同一个家庭内。

最后，全屋家居安防系统功能（比如检测到漏水时进行报警和关水阀操作）在平台或者应用侧已完成设置，且相关智能物联网设备维持上电状态。

在上述环境中，我们通过网络的通断，可以实现本地化控制、连接等功能的测试。

（2）测试指标

整体本地化测试主要包含连接和控制能力相关指标。基于本地化能力的安防系统测试场景如表 9-10 所示。

- 连接维度：重点关注物联网设备和网关之间的互联互通。比如在物联网设备断网/电情况下，设备接入网关的可靠性和效率。
- 控制维度：重点关注物联网设备在接入网关设备后，被网关控制的可靠性和效率。比如在断网情况下，水浸传感器检测到漏水情况，能否触发报警器报警，同时关闭水阀。

表 9-10　基于本地化能力的安防系统测试场景

核心场景维度	核心场景举例	测试指标
控制	1.入户报警：检测到非法撬锁时，自动报警 2.水路安防：水浸传感器检测到漏水时，自动报警并关闭阀门	1.功能性：本地场景下，功能正常可用 2.可靠性：本地触发预警准确度、误报警率；设备断电/断网情况，切换本地场景准确性等 3.效率性：本地触发风险预警耗时、风险解决耗时；设备断电/断网情况，切换本地场景耗时等
连接	1.风险预警：监测到风险后预警 2.风险解决：监测到风险后解决 3.扩展能力：故障自修复	

9.6.5　全屋影音系统测试

本小节将以音频资源在手机/平板和音箱/电视端的流转的场景进行展开介绍。

为了保证测试的完备性，依据音频流转功能实现原理将整个过程拆分为几个关键阶段，并针对关键阶段进行重点测试。主要分为设备发现、音频内容发现以及音频内容流转等阶段。同时，为确保音频能在多种设备上进行流转，需要将设备交叉组合并进行相应测试。

（1）测试组合

主要根据音频流转对象进行组合。主要涉及手机、平板、音箱和电视，可以组成以下四种组合。

- 手机音频流转到电视。
- 手机音频流转到音箱。
- 平板音频流转到电视。

- 平板音频流转到音箱。

（2）测试前提

① 全屋智能影音系统中的音箱和电视设备，具备音视频播放功能。

② 全屋智能影音系统和手机/平板接入相同的测试网络，保证设备处于同一局域网下。同时，设备需登录同一个智能物联网平台账号。

③ 全屋智能影音系统和手机/平板确保音频流转功能处于开启状态。

（3）测试步骤

首先，在手机/平板端使用非当前家庭网络播放音频资源；接着，变更手机/平板连接的网络，切换到当前家庭网络；最后，检查音频是否可以自动流转到电视/音箱端。

（4）测试指标

测试指标包含设备发现、音频内容发现和音频流转等不同阶段。在设备发现阶段，我们重点关注局域网内设备发现连接准确度和效率，以及对不在同一局域网或不同账号下设备的误识别率。在音频内容发现阶段，重点关注不同类型、不同平台音频资源流转表现。在音频流转阶段，重点关注音频资源流转成功率和耗时等关键指标。相关指标举例解读如表 9-11 所示。

表 9-11　影音系统测试指标

阶段	关注点	测试指标
设备发现	1.符合条件设备的发现 2.不符合条件设备的误识别 3.不同设备同类的发现	1.功能性：设备可发现、音频可流转等 2.互用性：发现准确度、误发现率、长时/高频发现/流转稳定性等 3.效率：发现耗时、流转耗时、播放流畅度等 4.可用性：不同设备、不同平台、不同类型音频资源发现和流转
音频内容发现	1.不同平台音频资源的发现 2.不同类型音频资源的发现	
音频流转	1.音频流转的准确性 2.音频流转的速度 3.音频流转后播放顺畅度	

AIoT 智能物联网全栈测试技术：从原理到实战